# Geschichte  G L A S  Gegenwart

Walter Nachtigall

Volker Oppitz

Eduard Pech

Hans-Joachim Pohl

# GLAS

Unterhaltsamer
Streifzug
durch
Geschichte
und
Gegenwart
eines
faszinierenden
Stoffes

Verlag die Wirtschaft Berlin

ISBN 3-349-00226-9

© Verlag Die Wirtschaft 1988
1055 Berlin, Am Friedrichshain 22
Lizenz-Nr. 122; Druckgenehmigungs-Nr. 195/522/88
LSV 0309
Gesamtgestaltung: Wolfgang Geisler
Grafik: Hans-Joachim Wolff
Printed in the German Democratic Republic
Gesamtherstellung: Grafische Werke Zwickau
Bestell-Nr.: 675 922 3
04200

# Inhaltsverzeichnis

# Vorwort

... am meisten beeindruckt hat mich auf meiner Reise
der Besuch in der hiesigen Glashütte. Ich hatte mir die
Glasherstellung etwas anders vorgestellt. Jedenfalls habe
ich die größte Hochachtung vor diesen Leuten, die einen so
unentbehrlichen Stoff herstellen. Ich war immer schon der
Ansicht, daß es wichtigeres gibt als Gold.
Glas zum Beispiel halte ich für nützlicher.

THEODOR FONTANE

Wir kennen ihn alle, diesen scheinbar einfachen und doch so komplizierten, diesen höchst traditionellen und doch so zukunftsträchtigen, geheimnisumwitterten Werkstoff.

Glas begegnet uns in tausendfacher Gestalt. Ohne Gläser, in denen sich die Strahlen des einfallenden Lichts funkelnd brechen, ist der festlich gedeckte Tisch ebenso unvorstellbar wie der Weihnachtsbaum ohne strahlenden Glasbehang. Verfügten wir nicht über Fernglas und Mikroskop, die in Makro und Mikro unser Gesichtsfeld erweitern, wären wir ebenso hilflos wie ohne Brillen- und Fensterglas, ohne splitterfreies Sicherheitsglas in unseren Kraftfahrzeugen und ohne Beleuchtungsglas in Haus, Wohnung oder am Arbeitsplatz. Und wer aufmerksam die neuesten wissenschaftlich-technischen Entwicklungen verfolgt, hat gewiß auch schon etwas von den schier unglaublichen Fortschritten auf dem «Glassektor» gehört, von jenen hauchdünnen Glasfasern zum Beispiel, die bald in den Telefonkabeln zu unser aller Nutzen «den Ton angeben» und die guten alten Werkstoffe Kupfer und Blei in absehbarer Zeit aus dem Rennen werfen werden.

Sehen wir uns doch einmal um in unseren «vier Wänden»! Was hat sich im Laufe der Jahre nicht alles angesammelt an hellen oder farbigen, glatten oder kunstvoll geschliffenen Vasen, Schalen, Tellern, Schüsseln, Nachahmungen und Nachbildungen aus Glas; an Leuchten, Lüstern und Lampen; an gläsernen Kochtöpfen und Backformen, Trinkgefäßen, Flaschen und Flacons; an Industriegläsern aller Art und sonstigen großen und kleinen Gegenständen aus Glas, angefangen beim Bildschirm des Fernsehers, dem Aquarium oder Terrarium bis hin zur Sichtscheibe im Grillgerät oder zu den herrlich bunten Glasmurmeln unserer Kinder und Enkel, die so manch längst vergessen geglaubtes Kindheitserlebnis auch in uns selbst wieder wachrufen. Ganz zu schweigen von Reiseandenken, die vom unnützen, aber liebgewordenen Kitsch bis zur echten Rarität reichen, jenen faszinierenden «Papiergewichten» oder Briefbeschwerern beispielsweise, mit denen seit jeher phantasiereiche Glasmacher in freien Minuten, oft hinter dem Rücken der Glashüttenbesitzer, Geschicklichkeit und Einfallsreichtum bewiesen. Und was wären gar unsere Frauen und Mädchen ohne – Spiegel? Zählen Sie doch einmal, wie viele sich davon allein in Ihrer Wohnung finden. Sie werden sich wundern!

Woher kommt er, der altbekannte und für den jeweiligen Zweck immer wieder neu zu bestimmende Werkstoff Glas? Wie ist er in unser Leben eingetreten, wie und warum haben wir uns an ihn gewöhnt, wie haben wir uns ihn – und auch ihm – unterworfen? Auf diese und viele andere Fragen wollen wir unterhaltsame und allgemeinverständliche Antworten geben, Ihnen diesen faszinierenden Stoff nahebringen, Ihr Interesse an ihm wecken. Wir wollen Geheimnisse um das Glas lüften, seine Vergangenheit und Gegenwart in Text und Bild beschreiben und auch da und dort einen Blick in die Zukunft werfen. Wir wollen Sie miterleben lassen, wie die Pfeilspitze aus Glasgestein und das Glas selbst «erfunden» wurden, wie der angesehene Beruf des Glasmachers entstand, wie die «Böttger des Glases», oft auf der Suche nach ganz anderen Schätzen, auch immer mehr Erkenntnisse zur Glasherstellung gewannen und zu nutzen verstanden, die noch heute zu den gesicherten Grundlagen der industriellen Glasherstellung gehören. Lassen Sie uns gemeinsam erleben, wie das Glas nach Europa kam und sich hier ausbreitete. Begleiten Sie uns auf unserem Weg durch die Geschichte des Glases bis in unsere Zeit, in der es längst zum unentbehrlichen und

Zwei jener faszinierenden «Briefbeschwerer» aus Glas,
die begehrtes Sammelobjekt sind. Sie stammen
von Josef Jekal, einem Glasmacher aus Gehlberg
in Thüringen. Nur sehr geschickten Glasmachern
mit jahrzehntelanger Erfahrung gelangen derart
komplizierte, schöne Stücke
(Privatbesitz)

begehrten täglichen Gebrauchsgut geworden
ist. Dabei denken wir noch nicht einmal in erster
Linie an all die erwähnten Gegenstände aus
Glas, die uns persönlich lieb und unverzichtbar
sind. Denn das Fernglas, das Mikroskop, Objektive für Film- und Fernsehkameras wie viele
andere Dinge aus und mit Glas sind ja nicht nur
schlechthin Gebrauchsgüter und Hilfsmittel im
Alltag, sondern zugleich auch höchst leistungsfähige Produktionsinstrumente, deren technische und wirtschaftliche Bedeutung buchstäblich Tag für Tag zunimmt.

Zu den Manuskriptentwürfen für dieses
Buch erhielten wir viele Ratschläge und Hinweise – von Kunstexperten und Naturwissenschaftlern, Historikern, Ökonomen und Technologen, sämtlich Kenner des Glases. Sie haben
uns zu immer neuen Überlegungen angespornt.
Mögen all jene Verständnis zeigen, deren Vor-
schlägen wir nach reiflicher Überlegung nicht in
jeder Hinsicht folgen konnten. Sind doch verschiedene Meinungen oft nur Ausdruck unterschiedlicher Sicht der Dinge. Es war unsere Absicht, ein «Volkslesebuch vom Glas» zu schreiben. Ob dies gelungen ist, mag der Leser selbst
beurteilen. Für kritische Hinweise und Anre-
gungen sind wir jederzeit dankbar.

Die Autoren

9

# Glas – was ist das?

Glas heißt es, weil es durch seine Klarheit Einblicke
freigibt. Denn, was im Innern von Metallen verwahrt wird,
das bleibt verborgen. Im Glase aber erscheint jede
Flüssigkeit und jedes andere Ding so wie es drinnen ist auch
draußen, und ist gleichsam verschlossen
und doch offenbar.

Hrabanus Maurus

Immer wieder kann man lesen, die Geschichte des Glases sei vor allem Kunstgeschichte, daneben aber auch ein Stück Geschichte der Technik. Wie einseitig ist doch diese Meinung! Glasgeschichte ist ein Stück Menschheitsgeschichte, ist immanenter Bestandteil der Geschichte der Produktivkräfte und Produktionsverhältnisse – ist Kunstgeschichte, Technikgeschichte, Wirtschaftsgeschichte, Kulturgeschichte in einem. So wollen wir sie jedenfalls verstehen, und nur so komplex kann man den Werdegang dieses wunderbaren Stoffes auffassen, der dem Edelstein gleicht und doch wiederum von ihm so verschieden ist wie die Nacht vom Tag, der zerbrechlich und doch auch wieder hochfest, farblos oder farbig schillernd, kristallklar oder undurchsichtig sein kann. Mit dem Wandel der Zeiten haben sich auch die Vorstellungen vom Glas gewandelt, mit ihnen seine Anwendungsgebiete und damit letztlich auch das Glas selbst.

Glas war zuerst Schmuck allerhöchsten Ranges. *Lithos chyte*, «gegossener Stein», nannten es die Griechen, *vitrum* die Römer. Der germanische Norden übertrug den latinisierten Namen des Bernsteins, *glaesum*, auf den neuen glänzenden Stoff, den man Jahrhunderte aus dem Mittelmeerraum importieren mußte, bevor sich die Glasherstellung auch in germanischen Gebieten ausbreitete. Und viele weitere Jahrhunderte hat es gedauert, bis die Verwendung von Gebrauchsgegenständen aus Glas so selbstverständlich geworden ist wie heute.

Aber so weit sind wir noch lange nicht. Gehen wir daher zurück in die Jahrtausende alte Geschichte zu den allerersten Anfängen des Glases, zu einem glasartigen Gestein …

Vor langer, langer Zeit, es mag 20 000 Jahre her sein, bearbeitete ein junger Steinzeitjäger im fernen Äthiopien mit einem Gesteinsbrocken ein anderes Felsstück, das für eine Opferstätte

bestimmt war. Plötzlich zerbarst der Stein in seiner Hand. Überrascht betrachtete der Jäger die glatte, schwarzglänzende Bruchfläche, in der sich feine Risse zeigten. Vorsichtig klopfte er mit einer Bruchkante auf den felsigen Untergrund. Da sprang ein Scheibchen ab, messerklingengleich und scharf.

Behutsam nahm der Jäger das lange und schmale Steinblatt auf. Ihm kam der Gedanke, daß dies eine vorzügliche Pfeilspitze sein könnte. Er band das Steinplättchen mit Fasern an einer Stockspitze fest und spannte den Bogen. Tief bohrte sich die Spitze in den Baumstamm, den der Jäger als Ziel gewählt hatte. Aber bei dem Versuch, sie aus dem festen Holz zu ziehen, brach sie ab. Biegsam war der Splitter wahrlich nicht, aber unerhört hart und scharf! Nach Stunden, als sich die Sonne bereits dem Horizont zuneigte, eilte der junge Mann aufgeregt zum nahegelegenen Lager. Würde er seine Stammesgenossen von dem Vorteil überzeugen können, der sich aus der neuen Pfeilspitze künftig für die Jagd ergab?

Das «schwarze Gold» der Vorgeschichte

Natürlich ist diese Geschichte unserer Phantasie entsprungen. Wer hätte sie uns auch überliefern sollen aus jener fernen Zeit, die noch keine Schriftsprache kannte. Wenn man aber historischen Berichten und den berichtenden Historikern unserer Zeit über jene Jahrtausende ferne Entwicklungsepoche der Menschheit Glauben schenken kann, sollte sich so oder ähnlich die erste nützliche Verwendung eines in der Natur vorgefundenen Glasstückes zugetragen haben.

Wie wir heute wissen, war es nicht Glas im eigentlichen Sinne, das unser Jäger und seine Nachfahren fortan für ihre Jagd-, Haushalts-

und Kriegsgeräte verwendeten. Es war *Obsidian*, ein irdisches, vulkanisches Glas vom «Aluminium-Silikat-Typ», wie der Fachmann sagt. Das ist sogenanntes Gesteinsglas, reich an Kieselsäure, einem Grundbestandteil des Glases, vorwiegend von schwarzer, manchmal auch grauer oder rotbrauner Farbe. Geologisch alte Obsidiane werden als *Pechstein* bezeichnet. Die unserer Phantasie entsprungene Entdeckungsgeschichte der Pfeilspitze wurde durch einen Bericht des römischen Offiziers, Beamten und Schriftstellers *Plinius d. Ä.*, präzise: Gaius P. Secundus (Major), angeregt, der von 23 bis 79 unserer Zeitrechnung lebte und neben vielen anderen Schriften eine 37 Bücher umfassende «Naturgeschichte» *(Naturalis historia)* verfaßt hat. In einem dieser Bände zählt er Obsidian ausdrücklich zu den Glasarten, beschreibt ihn als «von schwarzer Farbe, manchmal auch durchscheinend» und nennt als Fundort Äthiopien.

Inzwischen wissen wir, daß die Menschen ihre Bekanntschaft mit Glas bereits in der Altsteinzeit, vor etwa 30 000 Jahren gemacht haben, als sie lernten, natürliches Gesteinsglas zu nutzen, das sie an bestimmten Stellen vorfanden. Das waren sogenannte Tektite, flaschengrüne bis schwärzliche Glasmeteorite, die vor etwa 250 bis 300 Jahrtausenden in großem Streubereich auf die Erde niedergingen. Sie bestanden aus sogenanntem Aluminiumsilikatglas mit einem recht hohen Gehalt an Kalzium, Magnesium und Eisen, also Stoffen, die diesen Mineralien wie auch eben dem Obsidian seine Härte sowie die glatten und glänzenden Bruchflächen mit den rasierklingenscharfen Ecken und Kanten verleihen.

Diese Eigenschaften machten Obsidian in den vor- und frühgeschichtlichen Kulturen des Mittelmeerraums, des alten Orients und Ägyptens zum begehrten Ausgangsmaterial für die Herstellung von Schneidwerkzeugen, Schabern, Klingen, Pfeilspitzen und ähnlichen Gegenständen. Daß wir darüber heute so gut Bescheid wissen, verdanken wir einer weiteren herausragenden Eigenschaft dieses vorgeschichtlichen Stoffes, die in diesem Buch in bezug auf Glas noch des öfteren eine Rolle spielen soll. Es ist seine überaus große – wenngleich nicht unbegrenzte – chemische Beständigkeit gegen Verwitterung. So sind aus den verschiedensten Gegenden der Alten Welt Jahrtausende alte Gegenstände erhalten geblieben, die es den Historikern und Naturwissenschaftlern erlauben, mit Hilfe exakter Untersuchungen manches Rätsel der Geschichte zu lösen.

In den mittelamerikanischen Kulturen, besonders in den Kulturen Mexikos, aber auch in anderen Ländern, verwendete man Obsidian seit Jahrtausenden, sogar noch bis in die spanische Kolonialzeit hinein, für die Herstellung verschiedenster Geräte und Werkzeuge. Einer geradezu sensationellen Meldung aus unseren Tagen zufolge fand der Archäologe P. Shits von der Universität Boulder bei Ausgrabungen in El Salvador zahlreiche Obsidianmesser, die die Ureinwohner Mittelamerikas vor 2500 Jahren benutzt hatten. Die elektronenmikroskopische Untersuchung ergab, daß die Obsidianklingen wesentlich schärfer als jede beliebige Rasierklinge und auch besser sind als die Stahlskalpelle, die heute die Chirurgen benutzen. Selbst die kürzlich entwickelten Diamantskalpelle sind bei weitem nicht so scharf wie die Obsidianmesser der alten Azteken. Vergleichende Berechnungen hätten ergeben, daß die Herstellung eines Obsidianmessers nur 10 Dollar, die eines Diamantskalpells aber 1000 bis 3000 Dollar kostet. Es sollen sich auch schon die ersten ernsthaften Nutzer solcher medizinischer Obsidianskalpelle gefunden haben. Wenn man der Nachricht

Glauben schenken darf, hat F. Hardenberg, Chefchirurg einer Klinik in Boulder, mit einem solchen «neuen alten» Messer bereits mehrere Augenoperationen durchgeführt.

Aus der Zeit, in der sich die geschilderte Geschichte der Pfeilspitzenerfindung zugetragen haben mag, gibt es recht zahlreiche Funde solchen Gesteinsglases, das damals für vielerlei Zwecke der Lebenserhaltung von unschätzbarem Wert gewesen sein muß. So breitete sich auch die Technologie seiner Verarbeitung historisch gesehen relativ rasch aus. Die Menschen brachten es bald zu hoher Meisterschaft, gebrauchsfertige Pfeilspitzen, Schaber und Messer abzuspalten. Meist mußten die Stücke nicht einmal nachgearbeitet werden, so gut gelang es manchem geschickten «Handwerker» jener Zeit, sie von dem Rohstück, der Abschlagknolle, zu trennen. Nachgearbeitete Stücke nennt man heute «retuschiert». Sie sind indes selten, weil es mit den unzureichenden Mitteln jener Zeit sehr mühsam war, das äußerst harte und spröde Gesteinsglas in die gewünschte Form zu bringen. Einfache Schmuckstücke, wie geschnittene *Schmucksteine*, sogenannte *Gemmen*, knopfartige Stücke und ähnliche sind daher die häufigsten aus jener Zeit erhaltenen Gegenstände. Bei der literarisch überlieferten figürlichen Gestaltung von Obsidian aus der Zeit des römischen Kaisers Augustus wird es sich allerdings wohl eher um Imitationen aus echtem schwarzem Glas gehandelt haben, dessen Herstellung ja zu jener Zeit nicht nur bereits bekannt, sondern schon weithin zu hoher Blüte gelangt war.

Doch bleiben wir vorerst bei der «Vorgeschichte» des Glases. Noch ist die Glasherstellung weithin unbekannt, und Obsidian ist wegen seiner hochgeschätzten Eigenschaften sehr begehrt geworden. In der Zeit des Übergangs vom Jagd-Nomadentum zum Ackerbau werden die Menschen in großen Gebieten seßhaft. Das war vor gut 8000 bis 5000 Jahren. Aus den Akkerbauern und Viehzüchtern sondern sich da und dort Handwerker ab, die es auf einigen Gebieten zu hohem Können bringen. Die Bearbeitung von Materialien, so auch der Rohknollen aus Obsidian, macht deutliche technische Fortschritte.

Obsidian wurde zu dieser Zeit zum begehrten Handelsobjekt. Wer es besaß, verfügte über scharfe Pfeilspitzen für seine Krieger, über lange flache Klingen, die sich als gute Schneidwerkzeuge bewährten und ihrem Besitzer manchen Vorteil gegenüber jenen einbrachten, die nur herkömmliche Werkzeuge hatten, zumeist aus Feuerstein. Aber auch Gefäße aus Obsidian waren in Mode gekommen, und es gab immer mehr Leute, vor allem Sklaven, die es mit unerhörter Geschicklichkeit und Geduld verstanden, verschiedenartige Schalen, Knopfbecher und ähnliche Gegenstände aus dem Gesteinsglas herauszuarbeiten und aufzubohren. Fragmentfunde von solchen Stücken vom Beginn des 3. Jahrtausends v. u. Z. lassen eine feine Profilierung und unglaublich dünne Wandung erkennen. Das erklärt auch, warum uns aus dieser Zeit kaum ein ganzes Stück erhalten geblieben ist. Wenn wir an die Zerbrechlichkeit der heute üblichen Gebrauchsgläser denken, ist das im Hinblick auf die «Gläser» aus damaliger Zeit nur allzu verständlich.

## Fernhandel mit Obsidian

Im Zusammenhang mit dem Glasgestein Obsidian ist noch etwas anderes von Interesse. Nur in den seltensten Fällen entsprachen die Fundorte der Obsidianknollen auch ihren Bearbeitungsorten. So sind viele vorgeschichtliche Lagerstätten bekannt, an denen die Altertumsforscher bis heute keinerlei Zeugnisse einer Bearbeitung von Glasgestein nachweisen konnten. Andererseits sind zahlreiche Fundorte von Gegenständen aus Obsidian überliefert, an denen das Gesteinsglas niemals lagerte, aber doch bearbeitet wurde. Es liegt somit auf der Hand, daß der Rohstoff schon vor Jahrtausenden über weite Entfernungen von den Fundstätten zu den Bearbeitungsstätten gelangte. Hier liegen die allerersten Anfänge des späteren großen Geschäfts mit dem Glas, die Anfänge des späteren weltweiten Rohstoffhandels.

In den inzwischen gut bekannten Gebrauchseigenschaften des Gesteinsglases hatten findige Händler und Herrscher auch seine wirtschaftliche Bedeutung erkannt. Sie ließen nichts unversucht, es selbst über weiteste Entfernungen und unter größten Entbehrungen ihrer Beamten und Sklaven zu jenen zu bringen, die bereit waren, es mit Gold, Edelsteinen und anderen hochgeschätzten Dingen zu bezahlen. Und es wurde herbeigeschleppt, was die Schiffe, Lasttiere und Sklaven aushielten: Von Sardinien, Melos und Thera im Mittelmeer, aus Kappadokien, aus Ercis am Van-See in Armenien, aus Äthiopien und aus dem Kaukasus, von Südwest-Arabien und vielen anderen nah und fern gelegenen Lagerstätten brachte man die Obsidian-Rohbrocken auf schier endlosen und gefahrvollen Transportwegen in die damaligen Kulturzentren der Welt, um sie den Reichen und Herrschenden teuer feilzubieten.

Diese Zentren lagen beim Übergang vom 7. zum 6. Jahrtausend in einem Gebiet, das heute von den Historikern als «Fruchtbarer Halbmond» bezeichnet wird. Es war ein von Regenfeldbau bestimmter ausgedehnter Siedlungsraum in Form eines nach Süden hin offenen Halbmondes, der sich vom Persischen Golf, Obermesopotamien, Nordsyrien bis in die palä-

Fragmente eines Bechers aus Obsidian
(Staatliche Museen zu Berlin,
Vorderasiatisches Museum)

stinensische Küstenregion des Mittelmeers erstreckte. Aus Kappadokien beispielsweise kamen die Knollen nach Palästina, aus der Gegend westlich des Van-Sees in das nördliche Zweistromland, in die Zagros-Region bis zum Persischen Golf und auf die Arabische Halbinsel. Aus Kappadokien und Armenien oder auch aus Äthiopien wurde Obsidian in die Siedlungen der großen Flußtalkulturen Mesopotamiens und Ägyptens gebracht und dort von kunstfertigen Sklaven in Gebrauchsgüter verwandelt.

Aber auch in späteren Hochkulturen ist Obsidian noch in reichlichen Mengen verwendet worden. Auf dem berühmten Schlachtfeld von Marathon, wo im Jahre 490 v. u. Z. die Athener den sieggewohnten Persern die erste Niederlage zufügten und damit die spätere Machtstellung Athens begründeten, sind Unmengen von todbringenden Pfeilen mit Obsidianspitzen ver-

15

schossen worden. Weitere Abschlagknollen, Abschläge, Klingen und Pfeilspitzen aus Obsidian, die man in den Museen der Welt aufbewahrt, wurden in Uruk (heute Warka, Irak) sowohl aus dem 4. Jahrtausend v. u. Z., aber auch aus jüngeren Epochen, in Assur (aus dem 2. Jahrtausend v. u. Z.) und in Sendschirli, Tell Halaf (4. Jahrhundert v. u. Z.) gefunden. Aus römischer Zeit stammen die schon erwähnten Gemmen. Wie viele mögen die römischen Patrizier ihren Gemahlinnen, Geliebten oder Gespielinnen für schöne Stunden und erwiesene Dienste geschenkt haben? Und wie oft sind sie wohl beim Kauf der Schmuckstücke von findigen Händlern und habgierigen Beamten mit billigen Imitationen aus künstlichem schwarzem Glas betrogen worden?

## Wie das «echte» Glas entstand

Ein Sturm hat die flachen Wasser des Belus in jener Nacht tief aufgewühlt. Das schwer mit Soda beladene Schiff ist ein Spielzeug der Naturgewalten. Die Männer triefen vor Nässe, liegen festgekrallt am Bordrand auf der kostbaren Ladung. Den Kaufmann und Eigentümer des Nachens beherrscht nur ein Gedanke, und er brüllt ihn in das Tosen des Sturms hinein, «Steuermann, leg an, die Fracht, leg an, die Fracht!» Endlich gelingt es, das Schiff auf Grund zu setzen, Planken splittern, und die Männer haben Mühe, das Wrack auf das Ufer zu ziehen.

Als der Morgen graut, hat sich der Sturm gelegt. Die Männer sitzen um ein Feuer, das sie in Ermangelung von Steinen mit Sodastücken umgeben haben. In einem irdenen Krug siedet Wasser.

Plötzlich steht einer der um das Feuer sitzenden Schiffer auf, greift nach einem Stock und stochert am Rand der Glut herum. Als er den Stock hochhält, tropft eine zähe Flüssigkeit ab und erstarrt rasch in dem feuchten Sand. Zögernd greift jemand nach einem dieser Tropfen, verbrennt sich die Finger, flucht, schlägt dann mit einem Stein darauf. Der erkaltete Tropfen zerspringt und zeigt eine glatte, schwarzglänzende Bruchfläche. «Das sieht aus wie der scharfe Stein», orakelt der Steuermann, und die anderen stimmen ihm zu: «Der scharfe Stein».

Dieser «scharfe Stein» war das, was die Römer später als Obsidian bezeichneten.

Den Belus wird man heute vergebens auf Landkarten suchen. Es ist die altertümliche Bezeichnung für den Fluß Naman in der biblischen Landschaft um Bethlehem, eher ein Rinnsal als ein Fluß und nicht schiffbar. Offenbar hat sich die geschilderte Episode zur regenreichen Winterzeit zugetragen, in der das Flüßchen stark anschwillt und für die kleinen Flußschiffe des Altertums befahrbar gewesen sein kann.

Wann, in welchem Jahr oder Jahrhundert vor der Zeitrechnung sich die Episode ereignet hat, wissen wir nicht. Plinius hat sie uns überliefert. Er selbst hat sie möglicherweise einer der über 2500 Quellen entnommen, auf denen seine *Naturalis historia* aufbaut, und die reichen mitunter tausend Jahre zurück, ohne indes auch nur grobe Zeitangaben zu enthalten. Zweifel an dieser Darstellung überhaupt sind erlaubt.

Niemand weiß bis heute genau, wie, wo und wann die Glasherstellung ihren Ursprung nahm. Allgemein gelten das einstige Phönizien, aber auch Ägypten und Mesopotamien, das sogenannte Zweistromland zwischen Tigris und Euphrat im heutigen Irak, aufgrund verschiedener Funde als Wiege der Glasherstellung, aber schlüssig bewiesen ist das nicht. Wie auch immer – das Glas wurde entdeckt, erfunden, und der Mensch lernte, es in immer größeren Mengen herzustellen und in den vielfältigsten Formen zu nutzen.

Was aber ist Glas wirklich?

Nehmen wir die Eigenschaften des Glases, die wir vom alltäglichen Umgang mit ihm seit langem kennen: lichtdurchlässig; spröde, daher leicht zerbrechlich; bemerkenswert temperaturbeständig; ziemlich unempfindlich gegen Laugen, Säuren und andere Stoffe, also chemisch beständig – ein Begriff, der wohl den meisten von uns noch aus dem Chemieunterricht erinnerlich ist. Außerdem durften wir das Glas bislang mit ruhigem Gewissen zu den elektrischen Nichtleitern zählen, ohne daß uns jemand ernsthaft widersprochen hätte.

## Eine «feste Flüssigkeit»

So weit, so gut. Läßt sich das Glas aber jetzt, nachdem uns seine wichtigsten Eigenschaften bekannt sind, näher beschreiben? Leider immer noch nicht, zumal heutzutage Eingeweihte verhalten lächeln, wenn wir die landläufigen Kenntnisse von den Eigenschaften des Glases zum besten geben. Ist doch inzwischen gut bekannt, daß sich die Strahlungsdurchlässigkeit des Glases über den sichtbaren Bereich des Spektrums hinaus für das ultraviolette und infrarote Licht erweitert hat, daß seine Festigkeit durch spezielle Behandlung wesentlich erhöht werden kann und dann Anwendungen ermöglicht, die noch vor wenigen Jahren undenkbar waren. Durch chemische Verfestigung beispielsweise werden bereits weitgehend bruchsichere Gebrauchsgläser angeboten, die sich unter großer Beanspruchung – etwa in Gaststätten und Hotels – bestens bewähren.

Auch hat man herausgefunden, daß Glas in bestimmter Zusammensetzung ionenleitend ist. Sein Einsatz als Halbleiter in der Elektro-technik ist bereits weit verbreitet. Mit dem elektrischen Nichtleiter ist es demnach auch so eine Sache. Und erst recht mußten wir an der chemischen Beständigkeit des Glases zu zweifeln beginnen. Es hat sich nämlich herausgestellt, daß nicht wenige glaszerstörende Umwelteinflüsse wirken; daß Glas zum Beispiel von bestimmten alkalischen Lösungen deutlich angegriffen wird, ja, daß sogar Wasser Gläser bestimmter Zusammensetzung zerstören kann!

In diesem Zusammenhang sei überhaupt darauf hingewiesen, daß Glas nicht immer gleich Glas ist. Die Wissenschaft beherrscht seine Eigenschaften und Verhaltensweisen heute so gut, daß es möglich ist, sie bewußt zu steuern. So kann man bei speziellen Glasarten auf bestimmte Eigenschaften – zum Beispiel optische – verzichten und dafür andere – zum Beispiel die Temperaturwechselbeständigkeit – stärker ausprägen.

Ferner kommt technisch verwendbares Glas in der Natur nicht vor. Es ist immer Produkt menschlicher Arbeit, entstanden durch Mischen und Verarbeiten anderer Ausgangsstoffe. *Glas ist stets ein von Menschen bewußt und künstlich hergestellter Stoff.*

Aber auch diese Feststellung hilft uns nicht wesentlich weiter, weil es für die Kennzeichnung vieler Stoffe recht unerheblich ist, ob sie in der Natur vorgefunden oder künstlich hergestellt werden. Für Diamanten beispielsweise gibt es bereits künstlich hergestellte Substitute (Fianit), die bei entsprechendem Schliff nicht einmal Fachleuten sofort als synthetisch erkennbar sind.

Worin aber liegt nun endlich «des Pudels Kern»? Was ist es, das den Charakter des Glases ausmacht, was hat das Wesen dieses Stoffes bislang so verborgen?

Es ist der innere Aufbau, seine *Struktur*, die das Glas von der üblichen Materie eindeutig unterscheidet: Wenn die Schmelze eines Stoffes abkühlt, beginnt er von einem bestimmten Punkt an gewöhnlich sehr schnell zu erstarren und – bei genauerer Untersuchung – zu kristallisieren. Es bilden sich Kristalle, deren innere Bausteine eine bestimmte, den erstarrten Stoff eindeutig kennzeichnende Anordnung haben.

Bei zähflüssigen Schmelzen – zu vergleichen etwa mit dickflüssigem Bienenhonig – sind die inneren Transportvorgänge, die sich während des Erhitzens oder Erkaltens vollziehen, behindert, und mag es dabei vielleicht nur um die für den Kristallaufbau notwendige Drehung der Bausteine in eine Richtung gehen, damit sie zum Kristallbauwerk passen. In diesem Fall verläuft die Kristallisation relativ langsam.

Bei ausreichend rascher Abkühlung ist es möglich, die Schmelze so erstarren zu lassen, daß sie nicht vollständig, unter Umständen gar nicht kristallisiert. Man sagt hierzu, daß die Temperaturgebiete der Kristallkeimbildung und des Kristallwachstums ausreichend schnell durchfahren werden müssen. Das Erstarrungsprodukt ist dann *amorph*, gestaltlos. *Solche Stoffe nennt man Gläser.* Der Vorgang ist, einfach ausgedrückt, folgender: Beim Abkühlen durchläuft die Glasschmelze einen Temperaturpunkt, bei dem sie eigentlich kristallisieren und in einen Festkörper übergehen müßte. Das tritt jedoch nicht ein, die Schmelze passiert einen sogenannten *Transformationsbereich* der Temperatur und erstarrt allmählich zu einem Festkörper, bei dem die Kristallisation *ausgeblieben* ist. Dieser Festkörper aus Glas ist ein zwar ziemlich formstabiler Stoff in festem Aggregatzustand, aber in Wirklichkeit ist er amorph geblieben wie die Flüssigkeit, aus der er erstarrte. «Flüssigkeit mit fixierter Struktur» ist daher eine treffende Be-

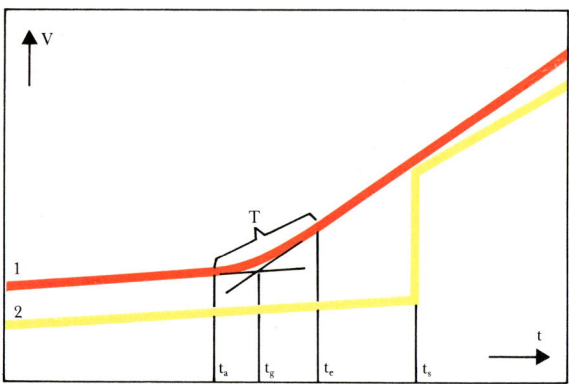

Zustandsbereiche bei Glas und Kristallen in Abhängigkeit von der Temperatur

zeichnung für den Glaszustand mit spezifischen Eigenschaften. Weit verbreitet nennt man den beschriebenen Vorgang «Unterkühlung», und Glas wurde daher lange Zeit auch als «unterkühlte Flüssigkeit» bezeichnet.

Aus der Tatsache, ein nichtkristallisierter Festkörper zu sein, resultiert das prinzipiell unterschiedliche Schmelzverhalten des Glases gegenüber den Metallen und allen kristallinen Körpern, wie zum Beispiel auch Eis. Diese Körper bleiben während der Erwärmung zunächst im festen Aggregatzustand. Wenn die Schmelztemperatur, die beispielsweise bei Aluminium 660 °C, bei Eis 0 °C beträgt, erreicht ist, geht der feste Körper plötzlich in die flüssige Phase über. Gleiches vollzieht sich bei Abkühlung der Schmelze. Ist der Erstarrungspunkt erreicht, nimmt sie in der Regel sofort den festen Aggregatzustand an, sie kristallisiert und kühlt dann weiter ab.

Ganz anders beim Glas. Ein Glasbrocken *erweicht* bei zunehmender Erhitzung. Er verliert allmählich seine ursprüngliche Form und fließt schließlich zu einer zähflüssigen Schmelze auseinander, die bei weiterem Erhitzen «flüssiger»,

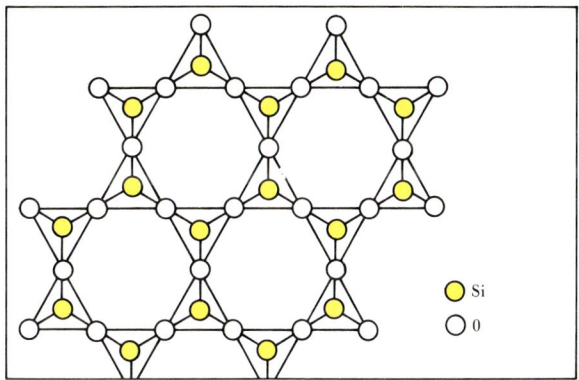

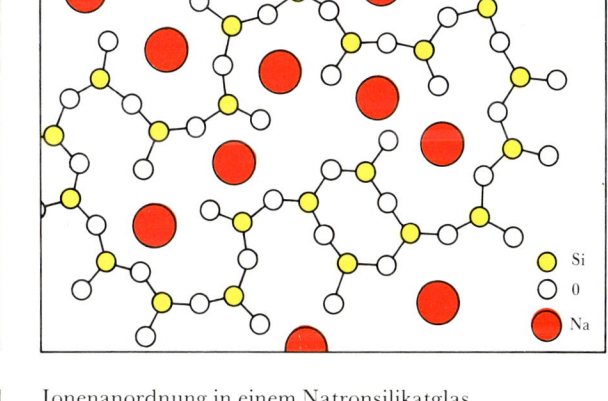

Ionenanordnung in einem Natronsilikatglas.
Beim Einbringen von Natriumoxid (Na₂O) in Quarzglas
finden die großen Natrium-Ionen nach Sprengung
der Sauerstoffbrücken in den entstehenden größeren
Hohlräumen Platz
(Nach Zachariasen und Warren)

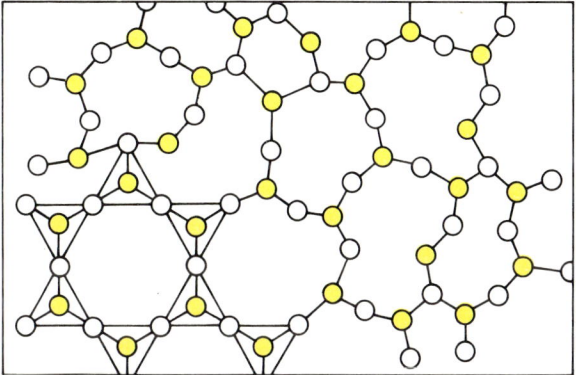

Schematische Darstellung von SiO₄-Strukturen
als ebener Schnitt durch die vorliegenden
[SiO₄]-Tetraeder-Raumnetzwerke
(Nach Zachariasen und Warren)
oben: Gesetzmäßig geordnete Vernetzung von
[SiO₄]-Tetraedern im Bergkristall
(kristallisierte Kieselsäure)
unten: Ungeordnete dreidimensionale Vernetzung von
[SiO₄]-Tetraedern im Quarzglas
(amorphe Kieselsäure)

der gleiche. Die dünne Glasschmelze wird in einem bestimmten *Erstarrungsbereich* immer zähflüssiger, bis sie schließlich wieder in den festen Aggregatzustand übergeht, ohne dabei zu kristallisieren.

Zugegeben, das alles ist nicht ganz einfach zu verstehen. Aber diese Prozesse sind selbst äußerst kompliziert und daher nun einmal auch nicht leicht erklärbar. Sie verlangen schon ein wenig «Vertiefung in die Materie». Vielleicht kann die Übersicht auf S. 20 helfen, die Unterschiede zwischen Kristallen, Glas und Flüssigkeiten zu verdeutlichen.

Die Abbildungen zeigen die Zustandsbereiche bei Glas und Kristallen in Abhängigkeit von der Temperatur sowie einige typische Strukturbilder.

Für die vorstehenden kurzen Feststellungen findet der näher interessierte Leser in unserem Literaturnachweis reichlich Quellen zu tiefergehendem Studium. Als Grundlage dafür und als Ausgangspunkt für weitere Überlegungen mag

«dünner» wird. Hier gibt es keinen plötzlichen Übergang vom festen in den flüssigen Aggregatzustand, ein genau bestimmter Schmelzpunkt läßt sich nicht angeben. Es gibt lediglich einen *Erweichungsbereich*, der je nach Art des Glases recht unterschiedlich ist.

In umgekehrter Richtung ist der Vorgang

diesem Leser die folgende zusammenfassende Definition des Glaszustandes dienen, die von der Kommission für Terminologie bei der Akademie der Wissenschaften der UdSSR formuliert wurde und international allgemein anerkannt ist: «Als Glas werden alle amorphen Körper bezeichnet, die man durch Unterkühlung einer Schmelze erhält, unabhängig von ihrer chemischen Zusammensetzung und dem Temperaturbereich ihrer Verfestigung, und die infolge der allmählichen Zunahme der Viskosität die mechanischen Eigenschaften fester Körper annehmen. Der Übergang aus dem flüssigen in den Glaszustand muß reversibel sein.»

Natürlich gibt es noch viele andere Versuche, den Glaszustand allgemein und speziell zu definieren, und die Auffassungen hierzu sind bis heute nicht ganz einheitlich. Das liegt wohl hauptsächlich daran, daß der *Zustand* Glas noch lange nicht vollständig erforscht ist. Mit neuen Forschungsergebnissen erschließen sich verständlicherweise auch für den *Stoff* Glas immer neue Einsatzgebiete.

So war von völlig neuen Glasstrukturen jüngst aus Großbritannien zu hören. Die erstaunlichen Neuentwicklungen bestehen aus Kalium-, Natrium- und Phosphoroxiden, geschmolzen im Platintiegel bei 1100 Grad Celsius. Das stark wasserlösliche Glas enthält kein Silizium (!), und seine Wasserlöslichkeit läßt sich auf jeden gewünschten Konzentrationsgrad einstellen. Es kann sich auch in medizinisch und hygienisch unbedenkliche Komponenten auflösen, so daß es in der Medizin und Landwirtschaft einsetzbar ist.

Aus pulverisiertem Glas dieser Art lassen sich beliebig kleine hochporöse Sinterkörper herstellen, die man mit organischen Wirkstoffen imprägnieren kann. Wenn sich das Glas in Wasser oder in Körperflüssigkeit auflöst, gibt es die Wirkstoffe zeitlich konstant und genau kontrollierbar frei.

Die Unterschiede
zwischen Kristallen, Glas und Flüssigkeiten

| Kriterien | Kristalle | Glas | Flüssigkeiten |
|---|---|---|---|
| Ordnung der Bausteine | Ferngeordnet über viele Bausteine hinweg | Nahgeordnet über wenige Bausteine hinweg | Nahgeordnet über wenige Bausteine hinweg |
| | Geometrisch regelmäßig angeordnet | Geometrisch nicht regelmäßig, zueinander unverschieblich angeordnet | Geometrisch nicht regelmäßig, zueinander verschieblich angeordnet |
| Stoffarten | Isolatoren (z.B. alle Edelsteine, Schwefel, Quarz) | Fast immer Isolatoren (z.B. Schwefel, Quarz) | Alle Stoffe als Schmelze (z.B. auch Wasser) |
| | Halbleiter (z.B. Silizium, Germanium, Cadmium-Selen) | Halbleiter (z.B. Cadmium-Selen, Germanium, Selen, Silizium) | Leitende Flüssigkeiten Halbleiter Isolatoren |
| | Metalle | Neuerdings: Metalle mit amorpher, d.h. glasartiger Struktur | |
| Zustand | fest | fest | flüssig |

Der Einsatz solcher Gläser wird gegenwärtig in der Landwirtschaft beim Einbringen von Pflanzenschutzmitteln, Spurenelementen und Pestiziden in den Boden getestet.

Wenden wir uns jetzt dem *Stoff* Glas, seinem eigentlichen Aufbau zu. Glas kann heute in unter-

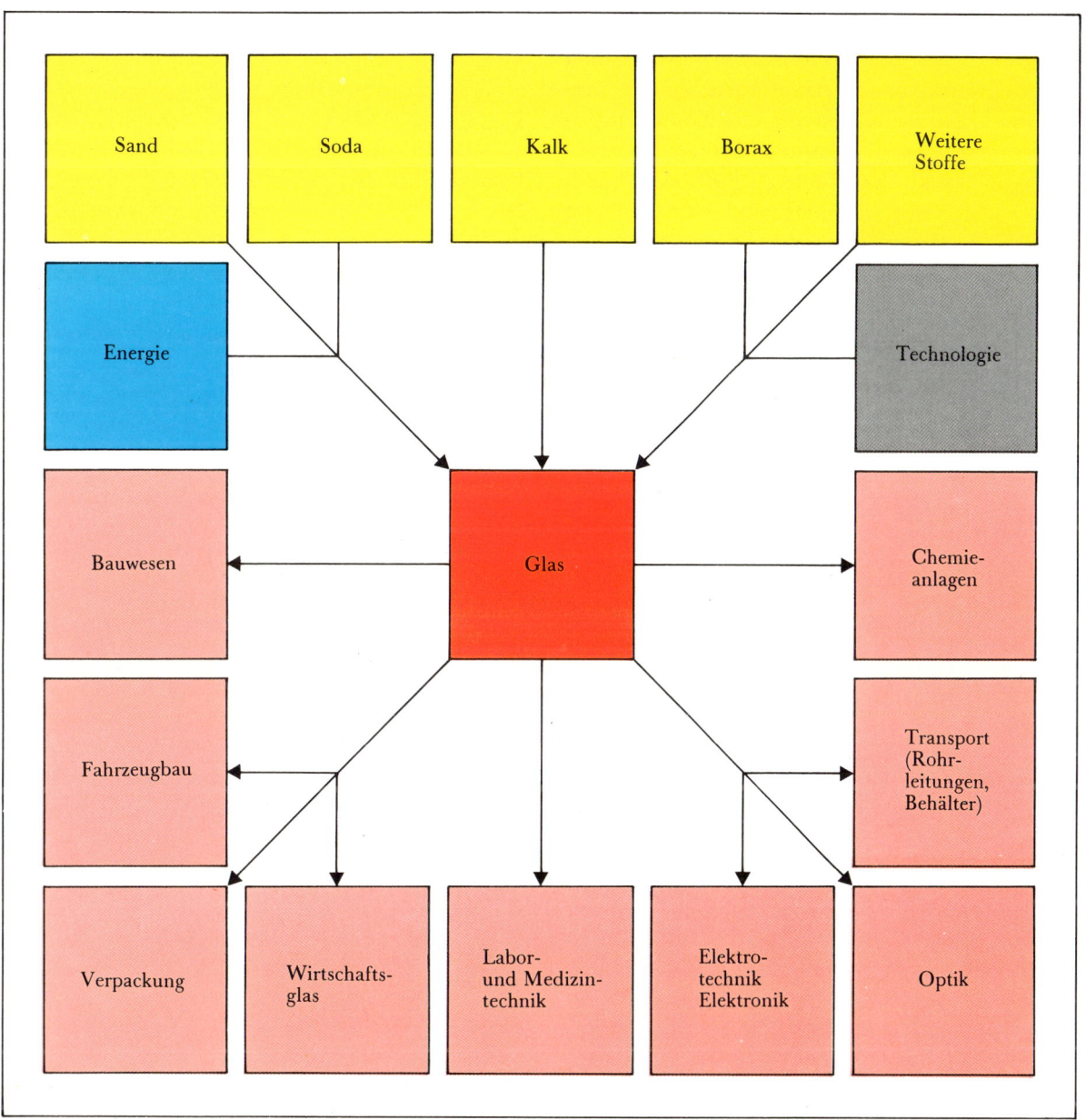

Ausgangsstoffe und Hauptanwendungen des Glases
(Nach Spauszus/Schnapp)

schiedlichsten Zusammensetzungen hergestellt werden, wobei seine Eigenschaften wesentlich von den sonstigen Zuschlagstoffen, weniger von den seit Jahrtausenden bekannten und seitdem kaum wesentlich veränderten Grundstoffen abhängen. Es sind – landläufig ausgedrückt – Sand, Soda (oder Pottasche) und Kalk.

Um bestimmte Eigenschaften des Glases auszuprägen, werden der Mischung aus diesen Grundstoffen wohldosiert verschiedene weitere Stoffe in Form von Oxiden oder Salzen zugegeben. Das Gemenge wird in ein Schmelzgefäß gebracht und bei Temperaturen von 1200 bis 1600°C zu einer homogenen Masse geschmolzen. Früher, vor Jahrtausenden, mußten im allgemeinen schon 1100–1200°C reichen, mehr war damals aus technischen Gründen meist nicht möglich. Daraus erklären sich die Unvollkommenheiten der damaligen Gläser.

Der Schmelzvorgang verläuft in 4 Etappen:

Die erste erstreckt sich bis zur *Silikatbildung*, an deren Ende sich noch ungelöstes, kristallines Siliziumdioxid in der Schmelze befindet.

Dann folgt die *Glasbildung*, die den Lösungsvorgang des am Ende der Silikatbildung noch vorhandenen kristallinen Siliziumdioxids umfaßt.

Es schließt sich die *Läuterung* an, bei der die während des Schmelzprozesses entstandenen Gase allmählich an die Oberfläche der Schmelze gelangen und entweichen. Diese Etappe ist für die Qualität des erschmolzenen Glases besonders wichtig. Beim Schmelzen von 1 Tonne Glas werden rund 20 Kubikmeter Gas frei – und nicht ein Bläschen davon soll in der Glasschmelze verbleiben! Bei optischen Spezialgläsern beträgt die erlaubte Menge Gaseinschluß $0,00001\% - 0,1\,cm^3$ pro Kubikmeter –, und das natürlich auch nur fein säuberlich auf die gesamte Schmelze verteilt, also ohne Spezialmeßgeräte praktisch nicht feststellbar. Verständlicherweise spielen in diesem Zusammenhang die richtigen Läutermittel eine große Rolle. Und wenn früher alle Stränge reißen wollten, dann war immer noch des Glasmachers letzte Weisheit – die Runkelrübe! Mancher schwor aber auch auf die Kartoffel: Eine Kartoffel oder eine Runkelrübe, in die Glasschmelze geworfen, verbrennt sofort; das Oxidationsgas bildet große Blasen, die viele kleinere aus der Glasschmelze mit an die Oberfläche reißen. Natürlich kann man sich in der heutigen Praxis derart «unwissenschaftliche» Methoden kaum noch vorstellen.

Dann folgt schließlich das *Abstehen*. Hierbei wird die während der Läuterung von Gasen befreite und schon teilweise homogenisierte Schmelze weiter homogenisiert und allmählich auf eine Temperatur abgesenkt, bei der das Glas in eine Form gegossen oder vom Glasmacher bzw. von der Glasverarbeitungsmaschine in die gewünschte Form gebracht werden kann.

Während dieser Formgebung muß sich die Temperatur des Glases so weit verringern, also seine Viskosität (Zähigkeit) so weit erhöhen, daß die erzeugten heißen Glasgegenstände ihre vorbestimmte Gestalt behalten und sich nicht etwa unter ihrem eigenen Gewicht wieder verformen. Die Gegenstände müssen dann vorsichtig weiter abgekühlt werden, weil davon weitgehend die inneren mechanischen Spannungen abhängen. Zu rasche Abkühlung führt zu hohen Spannungen, die das Glas sehr bruchempfindlich machen.

Ein besonderes Kapitel der Glasherstellung ist seit alten Zeiten das *Färben des Glases*, und nicht wenige Geheimnisse hängen gerade damit zusammen, welche Stoffe dem Gemenge beizugeben sind, damit das fertige Glas den gewünschten einmaligen, bisher noch nicht gekannten Farbeffekt erhält.

Zur Herstellung farbiger Gläser bediente man sich schon in der Antike verschiedener Metall-

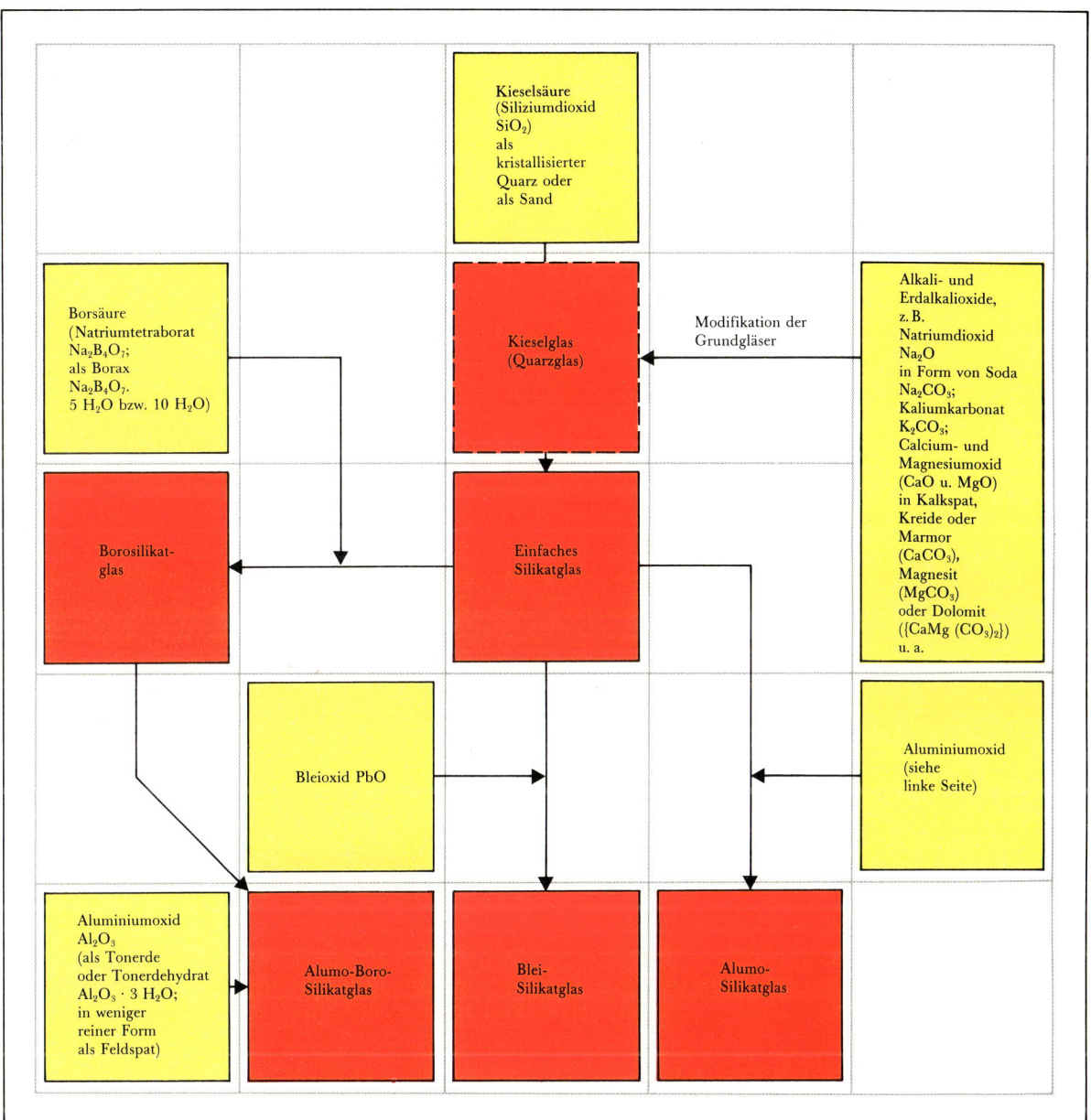

Die verschiedenen Gruppen von Silikatgläsern,
ausgehend vom wichtigsten Glasrohstoff Kieselsäure
(ohne optische Gläser)
(Nach Spauszus/Schnapp)

oxide. In seiner Naturgeschichte – übrigens eine Hauptquelle zur Information über antike Techniken – erwähnt Plinius solche Zusätze bereits.

Kobaltoxid ergibt blaues, Kupferoxid grünes und rotes, Chromoxid gelbes Glas; Zinnoxid macht das Glas weiß und undurchsichtig, mit Goldzusatz erhält man das berühmte Rubinglas. Je nach der Qualität der Oxide, ihrer Mischung, der Temperatur und der Dauer ihrer Erhitzung fällt die Färbung verschieden aus. Es lassen sich also mit einem Metalloxid verschiedene Färbungen oder Farbschattierungen erzielen.

Beim antiken Glas hat die natürliche Verunreinigung des Sandes durch Blei und Eisen zu bestimmten Verfärbungen geführt. Mit diesen Beimischungen von Metalloxiden hängt es zusammen, daß antike Gläser – vor allem, wenn sie in die Erde gerieten – oft gewisse Zersetzungserscheinungen zeigen. Auch die von Sammlern geschätzte Irisschicht (Irisieren) ist das Ergebnis eines von Oxidbeimengungen ausgelösten chemischen Umwandlungsprozesses.

Es gibt genügend Beweise für die reichen Kenntnisse der frühgeschichtlichen Glasmacher, ihren Erzeugnissen schöne Farben zu verleihen. Funde beweisen, daß man sich in Phönizien, Mesopotamien und Ägypten frühzeitig darauf verstand, Glas (und Keramik) zu färben. Die Töpfer der Insel Kreta übernahmen um 1650 bis 1500 v.u.Z. ägyptische Techniken, um ihre Fayencen mit Glasuren aus sogenanntem Schwarzlot zu versehen. Spektroskopische Analysen der Universität von Oxford an 50 kretischen Figuren aus den Jahren von 1700 bis 1500 v.u.Z. führten zu dem verblüffenden Schluß: Die schwarze Glasur der Fayencen ist nach mesopotamischer Färbungstechnik mit einem eisenhaltigen Schwarzlot (eine Schmelzfarbe aus Metallpulver und einem leicht zu verflüssigenden Glas) erzeugt worden.

Erst später führten die Kreter die in Ägypten gebräuchliche Schwarzfärbung mit einem Mangan-Schwarzlot ein. Das Schwarzlot gewannen die Töpfer aus Hartmanganerz, dem Psilomelan, einem bariumreichen Manganhydroxid. Dieses wurde etwa 1500 v.u.Z. durch Weichmanganerz – Pyrolusit oder Braunstein – ein Mangandioxid, ersetzt. Möglicherweise waren die bekannten Psilomelanvorkommen erschöpft oder das Pyrolusit war inzwischen billiger zu haben. Beide Minerale kamen auf Kreta nicht vor und mußten eingeführt werden.

Keramikfunde beweisen, daß schon im 3. Jahrtausend vor unserer Zeitrechnung die Handwerker Ägyptens Schwarzlot mit Hilfe von Mangan aus Psilomelan verwendet haben. Der Wechsel zum Mangan aus Pyrolusit erfolgte wie auf Kreta in der Mitte des 2. Jahrtausends.

Die Fayencen statt mit einem eisen- mit einem manganhaltigen Schwarzlot zu färben und darauf die Einbrennprozesse einzurichten, war eine große technologische Leistung. Denn zum Brennen der schwarzen Glasur aus Mangan benötigte man statt der bei Eisen angewandten reduzierenden Atmosphäre, die durch Luftabschluß erzielt wird, eine oxydierende, die sich nur durch andere Brennöfen mit reicher Sauerstoffzufuhr erzeugen ließ.

Glasfärben ist eine Kunst, die auch heute noch den Fachleuten viel Kopfzerbrechen bereitet. Welchen Zweck die Farbgebung auch verfolgen mag, ob es das dekorative Aussehen von Gebrauchsglas oder das gewünschte Absorptionsverhalten technischer Gläser ist, mit dem eine ganz bestimmte Strahlungsdurchlässigkeit erzielt werden soll – es sind stets zwei Verfahren, nach denen man Glas färbt: Die *Ionenfärbung* und die *Anlauffärbung*. Der wesentliche Unterschied beider Verfahren liegt darin, daß die Ionenfärbung durch Lösen von Metallionen nach dem Einschmelzen des Gemenges im erstarrten Glas so-

Farbbildner (sog. Chromophore)
und die durch sie hervorgerufene Anlauffärbung
des Glases

| Bezeichnung | Chemische Formel | Farbe |
| --- | --- | --- |
| *II–VI-Verbindungen*[1] | | |
| Kadmiumsulfid-Zinksulfid-Mischkristalle | CdS/ZnS | hellgelb |
| Kadmiumsulfid | CdS | gelb |
| Kadmiumsulfid-Kadmium-Selenid-Mischkristalle | CdS/CdSe | orange |
| Kadmiumselenid | CdSe | rot bis dunkelrot |
| Kadmiumselenid-Kadmiumtellurit-Mischkristalle | CdSe/CdTe | dunkelrot |
| *Metallkolloide* | | |
| Gold | Au | rot |
| Kupfer | Cu | rot |
| Silber | Ag | gelb bis gelbbraun |

Früher hat man Rubingläser auch mit Schwermetallsulfiden oder -seleniden, z. B. Antimonsulfid ($Sb_2S_3$), Eisensulfid (FeS), Eisenselenid (FeSe), Kupfersulfid (CuS), Nikkelsulfid (NiS) und anderen, hergestellt. Aus verschiedenen Gründen haben sie heute keine praktische Bedeutung mehr.

Metalloxide
und die durch sie hervorgerufene Ionenfärbung
des Glases

| Oxid | | Farbe |
| --- | --- | --- |
| Bezeichnung | Chemische Formel | einschließlich aller möglichen Schattierungen entsprechend der Stoffkonzentration |
| Eisen-III-Oxid | $Fe_2O_3$ | gelbbraun |
| Eisen-III-Oxid plus Eisen-II-Oxid | $Fe_2O_3 + FeO$ | grün |
| Eisen-II-Oxid | FeO | blaugrün |
| Manganoxid | $Mn_2O_3$ | violett |
| Manganoxid + Eisen-III-Oxid | $Mn_2O_3 + Fe_2O_3$ | braungelb, braun bis gelb |
| Chromoxid | $Cr_2O_3$ | grüngelb bis rotgelb |
| Wolframoxid | $WO_3$ | gelb |
| Vanadiumpentoxid | $V_2O_5$ | grün |
| Titanoxid | $TiO_2$ | verstärkt die Färbung anderer Ionen |
| Ceroxid | $CeO_2$ | gelb bis braun |
| Titanoxid + Ceroxid | $TiO_2 + CeO_2$ | gelb |
| Kupfer-II-Oxid | CuO | blau |
| Kupfer-I-Oxid | $Cu_2O$ | rot |
| Neodymoxid | $Nd_2O_3$ | purpur |
| Kobaltoxid | CoO | blau (in Baratgläsern rosa) |
| Uranoxid | UO | gelb |

Die Zugabe von Kobaltoxid CoO
und Nickeloxid NiO zu Phosphatgläsern
ergibt ultraviolettdurchlässige schwarze Gläser

[1] II-VI-Verbindungen: Verbindungen der II. Gruppe des periodischen Systems – von 2-wertigen Metallen – mit solchen der VI. Gruppe.

fort spektral eindeutig und nicht mehr veränderlich vorliegt, während beim «Anlaufen» die färbende Wirkung der Beimengungen durch eine erneute Temperaturbehandlung, das sogenannte Tempern des Glases, überhaupt erst entsteht bzw. noch ausgeprägt werden kann. Dabei konzentrieren sich die gelösten Moleküle in kolloidaler Verteilung oder in bestimmten Tröpfchen im Glas und bilden mit dem Glasmaterial selbst unter dem Mikroskop erkennbare Mischkristalle. Übrigens entsteht die herrliche rote Farbe der als Rubine bekannten Gläser durch «Anlaufen» (Tempern bei mehr als 700 °C), wobei sich die kolloidale Lösung der färbenden Metalle bzw. Stoffe Gold (Goldrubin), Kupferoxid (Kupferrubin) und Kadmiumsulfid-Selenid (Selenrubin) im bereits festen Glas verändert.

Die beiden Übersichten auf S. 25 nennen zusammenfassend die wichtigsten Stoffe bzw. Metalloxide, mit deren Hilfe die Anlauffärbung und die Ionenfärbung des Glases erfolgt.

Der entgegengesetzte Prozeß des Glasfärbens ist das *Entfärben* des Glases. Bereits in der Antike war bekannt, daß sich durch Beimischung von verkleinerten Glasscherben der hohe Schmelzpunkt des Gemenges herabsetzen und die Glasmasse veredeln läßt. Ebenso bekannt sind aus dieser Zeit Versuche, die zufälligen Verfärbungen des Glases durch die unvermeidlichen Verunreinigungen des Sandes mit Eisen- und anderen Be-

standteilen auszuschalten. Man fand heraus, daß sich bestimmte Zusätze als Entfärbungsmittel eignen. Solche «Reinigungsmittel» erhielten später den Namen «Glasmacherseifen». Braunstein und Arsenik fanden dafür früher breite Verwendung. Heute dienen vor allem Nickeloxid und Selenverbindungen zum Entfärben.

Fast alle Glasartikel werden nach dem Erkalten noch irgendeiner Nachbehandlung unterzogen, um sie zu konfektionieren, zu komplettieren, zu dekorieren oder in anderer Weise für den vorgesehenen Verwendungszweck zu veredeln. Das bedingt verschiedenste Herstellungs-, Verarbeitungs- und Bearbeitungsverfahren, die viele Lehr- und andere Fachbücher über Glas füllen. Wir haben nicht vor, sie im einzelnen zu beschreiben. Die dargestellte Übersicht soll genügen. Auf dieses oder jenes Veredelungsverfahren kommen wir ausführlicher zurück. Hauptsächlich aber wollen wir in den folgenden Kapiteln durch die Geschichte des Glases, seiner Herstellung und seines Gebrauchs streifen. Dabei wollen wir sehen, wie das Glas den Menschen seit dem Altertum bis in unsere Zeit als Kultur- und Gebrauchsgut, aber auch als Produktionsmittel begleitet und welche herausragende Rolle es dabei für die Entwicklung der Produktivkräfte in großen Gebieten der Erde spielt. Zugleich werden wir erkennen, was alles wir noch vom Glas zu erwarten haben ...

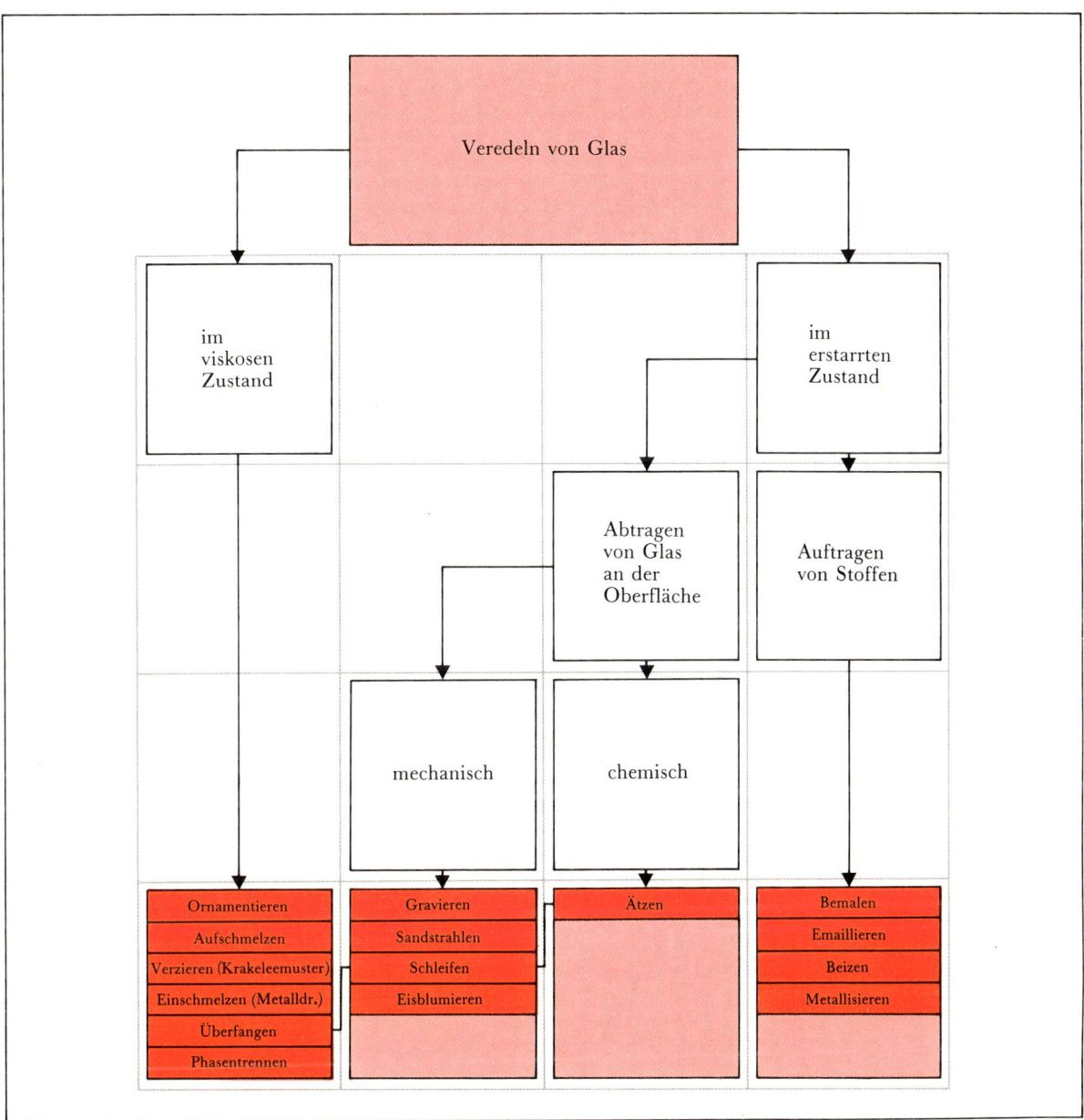

Veredeln von Glas

im viskosen Zustand

im erstarrten Zustand

Abtragen von Glas an der Oberfläche

Auftragen von Stoffen

mechanisch

chemisch

| | | | |
|---|---|---|---|
| Ornamentieren | Gravieren | Ätzen | Bemalen |
| Aufschmelzen | Sandstrahlen | | Emaillieren |
| Verzieren (Krakeleemuster) | Schleifen | | Beizen |
| Einschmelzen (Metalldr.) | Eisblumieren | | Metallisieren |
| Überfangen | | | |
| Phasentrennen | | | |

So viele Möglichkeiten gibt es, Glas zu veredeln

# Vom Orient nach Europa

Darauf wuchs in seinem Herzen der Wunsch, die Meerestiefe
zu erkunden und zu sehen, welche Tierarten es dort gäbe.
Da hieß er Glasmacher zu sich kommen und befahl ihnen, ein Faß
aus kristallklarem Glas zu machen, daß er alles draußen deutlich
sehen könne. Und so geschah es. Drauf ließ er es an
Eisenketten schmieden und die stärksten Soldaten es halten:
er selbst stieg hinein, ließ die Tür schließen und mit Pech
verkleben und tauchte in die Meerestiefe hinab.

HISTORIE VON ALEXANDER DEM GROSSEN

Der Oberpriester des Tempels zu Sidon ist in den Bericht des phönizischen Kaufmanns vertieft, den man ihm über den Schiffbruch am Belus-Ufer gegeben hat. Dann betrachtet er gedankenverloren die gratigen Stücke in seinen Händen. Scharfer Stein soll im Feuer aus Sand, Asche und Soda entstanden sein? Das gehört wohl in das Reich der Phantasie! Andererseits: Der Kaufmann ist glaubwürdig, ein erfahrener und zuverlässiger Mann. Und die Brocken gleichen wirklich dem Naturstein, doch auch wieder nicht. Sie sind hart, spröde und scharfkantig, aber von anderer Farbe, wohl auch schwerer.

Formung eines neuen Materials

Von unschätzbarem Vorteil wäre es, wenn es gelänge, diesen Stoff in den Tempelwerkstätten selbst herzustellen, die Handwerker damit zu versorgen und den Handel mit Waren daraus zu beleben.

Kurz entschlossen läßt der Oberpriester die Priester-Aufseher über die Werkstätten des Bronzegusses und der Kupferherstellung rufen. Sie sollen Rat geben, wie sich wiederholen ließe, was am Ufer des Belus zufällig geschehen war. Und die beiden Priester, im Dienste des Tempels ergraute Männer, belesen und vertraut mit den Handwerken ihrer Zeit, zeichnen eine verlockende Vision: In den Tempelwerkstätten müßte man jene Stoffe über dem Feuer schmelzen lassen, aus denen das Gestein am Belus-Ufer entstanden war: Sand, Asche und Soda. Möglicherweise waren noch andere Stoffe beteiligt? Auch das war herauszufinden.

Der Vorteil für den Tempel und die Priesterschaft war sofort ersichtlich gewesen. Statt der aufwendigen, weitgehend von Zufällen abhängigen Suche nach natürlichen Lagerstätten könnten so Steine aus Stoffen entstehen, die fast überall reichlich vorhanden und folglich auch billig sind.

So war es zu dem Ratschluß des Oberpriesters gekommen, in den Tempelwerkstätten alles zu versuchen, um das vom Kaufmann geschilderte Zufallsereignis zu wiederholen.

Viele Gebete waren gesprochen worden, mehrmals hatten die Monde gewechselt. Die zu tiefstem Schweigen verpflichteten Schmelzer hatten unter Aufsicht eines Priesters, der jeden Versuch verfolgte und aufzeichnete, wieder und wieder Mischungen aus Sand, Asche, Soda und anderen Stoffen, so auch zerstoßenen Muschelschalen, bei verschiedensten Temperaturen und Schmelzzeiten erprobt. Endlich war ein Experiment gelungen: Ein Brocken war entstanden, ähnlich dem Stück, das der Kaufmann dem Oberpriester überlassen hatte.

Ausgiebig hatte man den Göttern für das Geschenk, das dem Tempel zuteil geworden war, gedankt und geopfert. Unablässig folgten dann neue Versuche. Soeben brachte ein Tempeldiener dem Oberpriester einen noch warmen Brocken. Vor ihm lag der handgreifliche Beweis, was seine Tempelwerkstätten herzustellen verstanden: Künstlichen Stein, geschmolzen in den Öfen der Bronzegießerei. Mischung, Temperatur und Schmelzdauer waren auf Tontäfelchen für immer festgehalten.

So oder ähnlich mag es bei der Erfindung des Glases zugegangen sein, niemand weiß es genau. Ernstzunehmende Wissenschaftler meinen, sie sei aus der Herstellung von Keramiken, Fayencen, hervorgegangen, die eine der ältesten Produktionskulturen verkörpern. Beim Brennen der Tongefäße hätten sich aus Quarz und Alkali zufällig Glasuren gebildet, die man sich allmählich bewußt zunutze machte. Wie es auch gewesen sein mag: Mit der erstmaligen bewußten Herstellung von Glas bewiesen die Menschen ein weiteres Mal, daß sie schon damals trotz einfachster Voraussetzungen imstande waren, mit Geist und Geschick einen in ähnlicher Form bisher nur in der Natur vorkommenden Stoff künstlich herzustellen. Die Bronze, als «künstliche» Legierung von Kupfer und Zinn geschmolzen, war der erste, für die Entwicklung der Menschheit folgenschwere Erfolg dieser Art. Ihm folgte das Glas, als Werkstoff zwar nicht so alt wie die Bronze, aber doch schon im vierten Jahrtausend vor unserer Zeitrechnung bekannt. Glas ist einer der ältesten Kunststoffe.

Wer weiß, wie lange es wirklich gedauert haben mag, bis dieser hier sehr vereinfacht dargestellte, wohl niemals völlig zu erforschende Vorgang tatsächlich vollzogen war. Bekannt ist, daß die Phönizier und Griechen das Glas als Handelsgut bereits hoch schätzten. Aber begehrter waren noch die natürlichen Gläser, wie der Achat, der Amethyst, das Obsidian, der Rosenquarz. Stücke daraus wechselten ihre Besitzer zu hohen Preisen.

Jetzt aber sannen die Priester des Tempels in Sidon darüber, wie das gelungene Experiment am besten zu verwerten sei. Würden es die Tempelwerkstätten verstehen, den gegossenen Stein in größeren Mengen herzustellen? Man könnte die Kaufleute dann konkurrenzlos mit dieser Ware beliefern. Also galt es, das im Experiment gefundene Verfahren zu einem neuen Handwerk zu entwickeln. Dafür war im Tempel eine geeignete Werkstatt mit Brennöfen einzurichten, und unter Anleitung der besten Bronzeschmelzer hatten sich Sklaven die erforderlichen Fähigkeiten anzueignen.

Die Tempelherren stützten sich bei ihren Versuchen auf die Erfahrungen der Metallhandwerker an den Schmelzöfen der Bronze-

und Kupferherstellung. Im benachbarten Babylonien waren ihre Erzeugnisse sehr begehrt. Die Priester hatten erkannt, daß der Schlüssel zur erfolgreichen Glaserzeugung die Beherrschung des Feuers ist, die Kunst, die im Experiment gefundene Mischung für das neue Material zu feurigen Flüssen zu schmelzen.

So ist es also vorstellbar, daß Priester in einem Tempel von Metallschmelzern die erste Glashütte des Altertums errichten ließen. Möglicherweise geschah das in dem später für die Glastechnologie so bedeutsamen Sidon – dem heutigen Saida in Libanon.

Die Sklaven, die gewöhnt waren, Bronze und Kupfer zu gießen, schmolzen jetzt ein nach streng geheimgehaltenen Vorschriften zusammengesetztes Gemenge über offenen Feuerstellen in Tonschüsseln zu Glasklumpen. In diesem ersten Arbeitsprozeß entstand gewissermaßen das Rohprodukt. Den heißen Glasklumpen warf man in kaltes Wasser, wodurch er zerplatzte. Durch diesen «Kälteschock» entstanden Glasscherben, die in der heutigen Fachsprache «Fritten» heißen. Die glasigen Stücke zerstieß man zu grobem Grieß und schmolz sie anschließend erneut ein. Das «Fritten» ist seit jener Zeit eine Basistechnologie des Glasmachens geblieben, die auch in der Metallurgie angewandt wird, beispielsweise für die Herstellung von Schmelz zum Emaillieren von Metallerzeugnissen. Es ist verblüffend, wie sich dieser gemeinsame Ursprung aus der Metallurgie bei allem wissenschaftlich-technischen Fortschritt über Jahrtausende bis heute nahezu unverändert erhalten hat.

Die von Archäologen im Vorderen Orient erforschten Arbeitsmittel des Glasschmelzens deuten darauf hin, daß man das Glas in Schmelztiegeln aus feuerfestem Ton in jeweils zwei Öfen erschmolz. Die beiden Werkstellen

Lagerung der Pfannen mit Glasfritte im altägyptischen
Glasschmelzofen von Tell-el-Amarna
(Nach Vávra)

waren nebeneinander angeordnet. In einem wurde vorgeschmolzen, im zweiten brachte man dann die Fritten ins Feuer. Aus der Struktur von Fundstücken ist zu schließen, daß man es schon damals verstanden haben muß, für das einmalige Durchschmelzen Temperaturen von 1200 bis 1450 °C zu erzeugen.

Vielleicht nutzte man dafür Blasebälge aus Tierfellen. Im durchgehenden Ofenbetrieb dürften 1100–1200 °C gehalten worden sein. Alte Keilschriftaufzeichnungen berichten von Schmelzzeiten bis zu sieben Tagen. Auf einer Tontafel ist eine technologische Vorschrift für das Gemenge überliefert: «Nimm sechzig Teile Sand, hundertachtzig Teile Asche aus Meerpflanzen, fünf Teile Salpeter, fünf Teile Kreide – und du erhältst Glas.» Diese Rezeptur stammt aus der Tontäfelchenbibliothek des Königs Assurbanipal in Ninive, der von 668–629 v. u. Z. Assyrien regiert hat, das unter seiner Regentschaft auch Phönizien und Ägypten umfaßte.

Die Priester, die ihre Mittel und das Zufallswissen der schiffbrüchigen Kaufleute um die Glasschmelze geschickt verknüpft hatten, fanden ihr wirtschaftliches Wagnis belohnt: Das neue Material, rohen Edelsteinen sehr ähnlich, traf bei den phönizischen Kaufleuten und auf ihren Handelsplätzen des Mittelmeerraumes rasch auf Interessenten, besonders unter den Schmuckliebhabern; denn es war ein Werkstoff

in den Handel gekommen, der sich bestens dafür eignete, edle Steine nachzuahmen und überhaupt Schmuckstücke zu fertigen.

Das unbearbeitete Glas war billiger als Edelsteine, auch als Obsidian; seine Kosten lagen selbst noch unter denen der Edelmetalle, die man für Schmuck verwendete. Für das handwerklich geschmolzene und künstlerisch bearbeitete Glas ließen sich aber wegen der Neuheit dieser Schmuckerzeugnisse oft höhere Preise erzielen als für Edelsteine. Künstlerisch geformt und gefärbt war Glas daher bald ein beliebter Handelsartikel, der dank seiner Neuheit und Veredlung einen hohen Tauschwert verkörperte, während die Kostbarkeit des Edelsteins zum größten Teil aus dessen Seltenheit herrührt.

Die kultische Verwendung des Glases durch die Priester, seine Kostbarkeit und die mit dem neuen Werkstoff erzielbaren Gewinne lassen den Schluß zu, daß seine Zusammensetzung und die Technik seiner Formung streng gehütetes Geheimnis waren. Daraus mag sich auch erklären, warum hierzu außer den Tontäfelchen-Rezepten keine weiteren Angaben aus damaliger Zeit schriftlich überliefert sind, obwohl es doch aus anderen Gebieten, zum Beispiel über kultische Bräuche, zahlreiche Belege gibt. Auch die Bibliothek des Assyrerkönigs Assurbanipal dürfte nur einem ausgewählten Kreis hoher Würdenträger zugänglich gewesen sein, die sämtlich zu größter Verschwiegenheit verpflichtet und auch aus eigenem Interesse verschwiegen waren.

Doch mußten sich die Glashandwerker erst nach und nach die Fähigkeiten aneignen, verschiedenfarbenes Glas zu schmelzen, zu formen und zu veredeln. Ihr Geschick und ihr Können in den zahlreichen Arbeitsverrichtungen mußten sich erst ausprägen, geeignete Arbeitsmittel und Werkzeuge mußten gefunden und herge-

Ziegelfragment aus Kunststein mit Resten
figürlicher Darstellung in Glasurmalerei;
Babylon, 6. bis 5. Jh. v.u.Z.
(Staatliche Museen zu Berlin,
Vorderasiatisches Museum)

stellt werden, und nicht zuletzt waren auch die
Rohstoffquellen für die Glasproduktion zu sichern. Dies alles mag erklären, weshalb die bislang ältesten Glasstücke, die in den östlichen
Ländern des Mittelmeerraums gefunden wurden, nicht von Gebrauchsgläsern stammen.
Vielmehr waren es Glasschmuckstücke wie Perlen, Amulette usw., die man in Ägypten, Mesopotamien und Syrien fand. Sie sind zwar nicht
sofort als Glasstücke zu erkennen, weil sie mit
deckender Paste überzogen und deshalb stark
durchgefärbt sind, aber chemisch-physikalische
Analysen lassen keinen Zweifel zu, daß es sich
um künstlich hergestelltes Glas handelt.

Mit dem Glas so gut wie identisch ist die
*Glasur.* Der Unterschied liegt eigentlich mehr in

der Anwendung. Während Glas ein Werkstoff
für sich ist, wird die Glasur auf einen Träger-
werkstoff aufgebracht, vor allem auf Keramik
und gewisse Mineralien. Beim Brennen verbindet sich der Glasurüberzug mit dem Trägermaterial und bildet eine harte, glänzende
Schicht. Geradezu klassisch für die Verbindung
von Glas und Keramik in der frühesten Glasur-
technik ist die antike Perlenherstellung durch
Eintauchen von Tonkügelchen in die Glasschmelze.

Glasuren stehen am Anfang der historischen
Entwicklung des Glases, und wie beim Glas
selbst hat gewiß auch bei ihrer späteren bewußten Erzeugung der Zufall Pate gestanden.
Selbstglasuren nennen die Altertumsforscher
heute derartige wahrscheinliche Zufallspro-
dukte von Feuereinwirkung, die aus früheren
Jahrtausenden nachgewiesen sind; so zum Beispiel Alkaliglasuren auf kleinformatigen Steatit-
objekten aus dem 5. bis 4. Jahrtausend v.u.Z.,

Knauffliese mit farbiger Glasur und Keilinschrift
Assurnasirpals II.; Assur, 9. Jh. v. u. Z.
(Staatliche Museen zu Berlin,
Vorderasiatisches Museum)

Fragment eines Tongefäßes
mit figürlichen Darstellungen in Glasurmalerei
(Staatliche Museen zu Berlin,
Vorderasiatisches Museum)

die im oberägyptischen Badari gefunden wurden. Aus dem letzten Drittel des 2. Jahrtausends v. u. Z. sind künstlich glasierte Ziegel bekannt, die in Assyrien hergestellt wurden. Grandiose Zeugnisse der assyrischen Ziegelglasur sind die in Relieftechnik geschmückte Prozessionsstraße, das Ischtartor und die Thronsaalfassade aus dem Babylon Nebukadnezars II. In der Farbskala dieser Glasuren dominieren Weiß, Gelb, Grün, Blau, Rot und Schwarz. Später haben Glasuren ein weites Anwendungsfeld gefunden, das zum Teil bis heute erhalten geblieben ist. Selbst mit modernsten Hilfsmitteln bereitet es immer noch ziemliche Schwierigkeiten, ein vor Tausenden Jahren entstandenes Glasurstück nachzuahmen.

Palästina war auch auf dem Gebiet des späteren Phönizien schon lange vor der Zeiten-

wende besiedelt. In der Periode der entstehenden Tempelherrschaft, von 4500 bis 3500 v. u. Z., lassen die Priester in den Tempelwerkstätten bereits Glas schmelzen und zu Schmuck verarbeiten. Der Fernhandel dehnt sich auf Schmuck aus künstlichem Glas aus und dauert über Jahrtausende an.

Jetzt fragen sich die Priester und Kaufleute: Könnte das Geschäft nicht vergrößert, der Gewinn gesteigert werden, wenn es gelänge, das Glas auch für Gebrauchsgegenstände einzusetzen, etwa Gefäße aus Glas statt aus Keramik zu formen? Die Herrscher sind kunstverständige Käufer. Ihnen könnte man Amphoren, Becher, Schalen und Vasen aus prunkvollem Glas an-

Möglicherweise auch in Sandkerntechnik
gefertigt oder gegossen: Glaskeule,
durch jahrtausendelange Witterungseinflüsse
zerborsten, jetzt wieder kunstvoll zusammengesetzt
(Staatliche Museen zu Berlin,
Vorderasiatisches Museum)

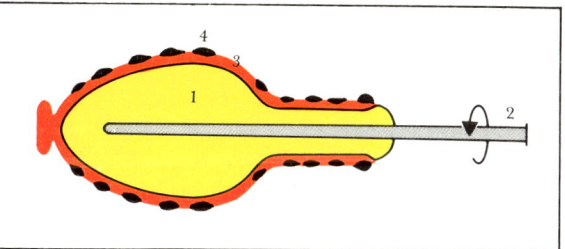

Skizze zur Darstellung der Sandkerntechnologie

bieten. Gewiß würde die Neuheit dieser kostbaren Glaswaren die Kunden bewegen, gute Preise zu bezahlen.

Als sich solche Fragen den Priestern und Kaufleuten im Nahen Osten aufdrängten, war die Glaserzeugung bereits zu einem erfahrenen Handwerk aufgeblüht. Schon etwa anderthalbtausend Jahre befanden sich massive Glasgegenstände in der Fertigung: Perlen, Täfelchen, Plaketten und Keramiken mit Glasuren. Jetzt mußte man ein Verfahren finden, um Gefäße

aus Glas zu fertigen und auf den Markt zu bringen: Das Fläschchen für Balsame, die Amphora für Öle, Wein und Säfte, den prunkvollen Becher für die Bewirtung der Gäste.

Noch beherrschte Tonware die Märkte. Das Stück kreist auf der Töpferscheibe, und unter geschickten Händen entstehen wohlgeformte Gefäße. Die heißflüssige Glasschmelze läßt eine solche Arbeitsweise nicht zu. Das einfachste Verfahren war wohl das, einen Kern für die künftige Innenform des Glaskörpers zu bilden und auf ihn die Glasmasse aufzubringen (siehe Skizze). Dieser Kern (1) bestand aus einem Gemisch von Ton und Sand. An einem ausreichend langen Stab (2), in sicherem Abstand vom heißen Schmelzofen, tauchte der Glasmacher diesen Kern wiederholt in die heißflüssige Glasschmelze und drehte ihn dabei um seine Achse, bis die Form von einer genügend dicken Glasschicht (3) umgeben war, auf die verzierende Glasfäden (4) aufgebracht wurden. Nach dem Erkalten des Glases schabte er den Sandkern mit einem Werkzeug heraus. Dabei mußte er natürlich größte Vorsicht walten lassen.

Natürlich war dieses Verfahren mühsam und zeitaufwendig, besonders die Herstellung der Sandformen. Aber bald ersannen die Glasmacher neue Techniken, um das Hohlglas schneller und besser herzustellen. Feinkörniger Sand in Leinensäckchen mit der späteren Innenform des Glasgefäßes ersetzte den ursprüng-

| Girlande | Zick-Zack | Buckelgirlande | Wellenlinie | Arkade | Federmuster |

Verzierungstypen auf Sandkerngefäßen

lichen, mit Ton verfestigten Sandkern. Auf diesen Sandbeutel trug man zunächst eine Schicht heißer weicher Glasmasse wie Spachtel auf und tauchte das Stück dann ebenfalls mehrfach kurz in die Schmelze.

Die mühsame Herstellung der Tonform hatte sich erübrigt. Aber nicht nur das: Der Sand ließ sich nun nach dem Erkalten des Hohlkörpers einfach ausschütten, denn das Leinensäckchen war während des Schmelzprozesses zunderfrei verbrannt. Die Folge war eine ziemlich glatte Innenfläche des Gefäßes. Außerdem war nun auch das langwierige Herausschaben des verfestigten Sandkernes überflüssig, die Arbeit leichter, schneller, produktiver geworden.

Die Oberfläche der so entstandenen Glaskörper erfuhr dann noch eine weitere Bearbeitung. Während des Abkühlens formte und glättete man sie auf einer harten, in ihrer Kontur dem Gefäß entsprechenden Unterlage, meist aus glatter Keramik oder poliertem Stein, durch ständiges Rollen und Reiben bei zwischenzeitlichem Anwärmen weiter aus.

Das ursprüngliche Hohlglas war von dunkler Farbe und geringem Volumen. Um es zu verzieren, setzte man auf den dunkleren Körper verschiedenfarbige Muster aus hellerem Glas auf, meist in Spiralenform, als Rhomben, Bögen usw., und preßte sie in die Oberfläche ein.

Wann man begann, Hohlgefäße aus Glas zu fertigen, ist ungewiß. Es muß um die Zeit vor mehr als 3500 Jahren gewesen sein. Denn die ältesten erhalten gebliebenen Glasgefäße stammen aus ägyptischen Königsgräbern. Das früheste unter ihnen ist der abgebildete prachtvolle Becher aus dem Besitz des Pharaos Thutmosis III., der von etwa 1490 bis 1439 v.u.Z. herrschte.

Thutmosis errichtete ein ägyptisches Reich im Vorderen Orient und trieb Handel mit Phönizien, Kreta und den ägäischen Inseln. Nachdem er in Mesopotamien eingefallen war und dort Glas erbeutete, lernten die Ägypter wahrscheinlich, es selbst herzustellen.

Es ist unklar, ob dieser Becher aus mesopotamischer «Auftragsproduktion» oder bereits aus einer eigenen ägyptischen Glashütte stammt. Jedenfalls wird er in Form und Farbe der hohen Würde des Herrschers gerecht: Der türkisfarbene Grundkörper, in Form einer Lotosblüte gestaltet, ist mit blauen, weißen und gelben Fäden umflochten, die den Becher schmücken. Diese Technik ist nur im Glas möglich: die horizontal um den Becher gelegten Glasfäden wurden im weichen Zustand mit einem Griffel rhythmisch unterteilt hochgezogen und eingewalzt. «Kammzier» nennen die Fachleute diese Schmucktechnik heute. Sie herrscht auf altägyptischen Glasgefäßen vor.

Der Becherfund läßt darauf schließen, daß Trinkgefäße die ersten Hohlgläser gewesen sein

Becher des Thutmosis III.
Über einem Tonkern modelliertes opakes Glas;
Ägypten, um 1450 v.u.Z.
(Staatliche Sammlung Ägyptischer Kunst München)

dürften, die als Gebrauchsgegenstand dienten. Natürlich vorerst nur den Angehörigen der Oberschicht. Denn die Herstellung von Glasgefäßen war trotz mancher Vereinfachung, trotz Beschleunigung der Arbeit und zunehmender Beherrschung der Schmelzprozesse immer noch kostspielig, und wirklich gelungene Stücke, wie dieser Becher, waren überaus selten und daher sehr begehrt.

Dennoch oder vielleicht gerade deshalb beginnt sich der Handel mit Glas immer mehr auszubreiten. Phönizier und Griechen betreiben vom 11. bis zum 6. Jahrhundert v. u. Z. eine expansionistische Kolonisation. Von den phönizischen Mutterstädten aus, zu denen auch Sidon gehört, werden Niederlassungen in den Küstengebieten Südspaniens, im Norden Afrikas vom Atlantik bis nach Libyen sowie auf den Mittelmeerinseln Sardinien, Sizilien und Zypern gegründet. Der Handel mit edlen Glaserzeugnissen aus dem Mutterland beginnt im ganzen Mittelmeerraum zu blühen und bringt reichen Gewinn.

Der Bedarf an Glaserzeugnissen steigt in dem Maße, wie die Kolonisation fortschreitet und der Handel mit den neu erworbenen Gebieten aufblüht. Von Phönizien aus dringen aber nicht nur Glaserzeugnisse, sondern auch die Geheimnisse der Glasherstellung in andere Länder vor, so zunächst nach Babylon und Ägypten. Bald werden auch dort Becher, Vasen, Amphoren, aber auch massive Gegenstände erzeugt, wie Amulette, Glasplaketten oder Hochreliefs. Bereits 1000 Jahre vor unserer Zeitrechnung wird das Glas in Formen aus Metall, Holz oder Ton gegossen. Seine Gestaltungsvielfalt nimmt zu, seine Oberflächen werden glatter.

Erstaunlich ist übrigens, daß zu jener Zeit Tausende Kilometer weiter nördlich, im keltischen Siedlungsgebiet, auch schon Glas geschmolzen wurde. Die keltischen Glasmacher verstanden sich ausgezeichnet darauf, Glasgefäße über einem Sandkern zu formen, wie die in Oberösterreich auf dem keltischen Hallstätter Gräberfeld gefundenen und nach dem Fundort benannten *Hallstatt-Tassen* überzeugend beweisen. Diese keltische Kulturperiode (700–400 v. u. Z.) markiert in Österreich und Süddeutschland den Übergang von der Bronze- zur Eisenherstellung.

Weitere Funde an anderen Orten, im Salzburgischen am Dürenberg bei der Stadt Hallein und im badischen Hochhausen bei der Stadt Tauberbischofsheim förderten auch keltische Glas-Armreife aus dem 4. Jh. v. u. Z. zutage. Das Glas befand sich in einwandfreiem Zustand, trotz der über 2000 Jahre währenden Lagerung im Erdreich, in dem sich ja ständig chemische, physikalische und biologische Prozesse vollziehen. Die offenkundige Konsistenz des keltischen Glases gegen natürliche Verwitterung läßt auf eine sehr gute Zusammensetzung der Glasrohstoffe und eine ausgereifte Schmelztechnik in den keltischen Glashütten schließen.

Während sich die Kelten in anderen Völkerschaften auflösen und die Geheimnisse ihrer Glasherstellung im Dunkel der Geschichte untergehen, wird die Herstellung von Hohlglas auf einem Sandkern im Laufe der nächsten 500 Jahre im Orient technologisch weiterentwickelt. Die Glashütten in Ägypten, Babylon und Phönizien sind damit in der Lage, auf den griechischen Markt kleine, in der Form von griechischen Keramiken beeinflußte Gefäße zu liefern,

Zwei Sandkerngefäße aus dem Schwarzmeergebiet, 6. bis 4. Jh. v. u. Z.
Links: Amphoriskos, rechts: Alabastron
(Staatliche Museen zu Berlin, Vorderasiatisches Museum)

die bald auch auf dem eigenen Markt sehr begehrt sind. Die Glasmacher schmücken diese Hohlgefäße ebenfalls mit gekämmten Fadenornamenten.

Wie bereits am Becher des Thutmosis und an den Glasgefäßen aus den folgenden Jahrhunderten zu sehen ist, hat die Glaserzeugung inzwischen einen hohen künstlerischen und technologischen Stand erreicht. Die Qualität der Glaserzeugnisse und ihr künstlerischer Wert werden immer mehr zu einem komplexen Ergebnis sehr vielseitiger technologischer Erfahrungen, der handwerklichen Fähigkeiten und des künstlerischen Geschicks der Hüttenarbeiter, die am Schmelzofen tätig sind. Hier erhalten die Gefäße nicht nur ihre Gestalt über Sandkernen und mit Hilfe von verschiedensten Formwerkzeugen aus Metall, Holz oder Ton. Auch ihre künstlerische Ausschmückung findet offenbar direkt am Ofen statt, wenn der Glaskörper noch heiß und gut bearbeitbar ist.

Als schwierigster Arbeitsgang, von dem aber das Aussehen und damit der erzielbare Preis des Glases wesentlich abhängen, stellt sich mehr und mehr die Behandlung der Oberflächen heraus. Das bisher angewandte manuelle Rollen des erstarrenden, durch wiederholtes Anwärmen plastisch formbar gehaltenen Glases entsprach nicht mehr den gestiegenen ästhetischen Anforderungen, war zudem anstrengend und aufwendig. Enge Rundungen, Vertiefungen usw. waren so kaum ordentlich zu glätten.

Vermutlich waren es die in den Tempelwerkstätten arbeitenden Edelsteinschleifer, die das bisherige manuelle Verfahren ablösten, indem sie von ihnen beherrschte Techniken auf die Glasbearbeitung übertrugen: An die Stelle des bloßen Glättens von Hand tritt eine Scheibe, die sich auf senkrechter Achse in horizontaler Richtung in einem mit Wasser gefüllten Kasten drehte und auf der von jetzt an die Oberflächen der Gefäße mit feinstem Sandschlamm mechanisch geschliffen und poliert wurden. Ein neues Zeitalter der Glasbearbeitung war angebrochen.

Etwa 800 Jahre vor unserer Zeitrechnung erfand man diese erste Art mechanischer Glasbearbeitung. Wahrscheinlich rund 500 Jahre später ist sie zum Feinschleifen mit Sandsteinscheiben und mit Wasser als Fluß- und Kühlmittel sowie zum *ebenen Schleifen und Polieren* erweitert und vervollkommnet worden. Dafür verwendete man Holz- oder vielleicht auch schon Korkscheiben und als Medium Bimssteinmehl.

Zunächst wurden die Kanten der Glasstücke durch Schleifen abgeschrägt und geglättet, also eine Art Facettenschliff ausgeführt. Dieser Schlifftechnik ist das Schleifen von ebenen Flächen nahe verwandt, das heute als Planschliff bekannt ist und vermutlich, nach vorliegenden Glasfunden zu urteilen, im Altertum fast zeitgleich mit dem Facettenschliff ausgeübt wurde. Offenbar entstand zwischen dem 2. und 1. Jahrhundert v. u. Z. eine neue Art von Schleifarbeitsplätzen, um auch gekrümmte Flächen herausarbeiten zu können. Bei diesem Verfahren ist die Schleifscheibe im Gegensatz zur ursprünglichen Arbeitsweise senkrecht auf einer horizontalen Welle angebracht. Neben den Glasschleifer trat jetzt der «Glaskugler», wie ihn später die Glasarbeiter in ihrer Fachsprache nannten. Mit Schleifscheiben unterschiedlichsten Durchmessers und Profils schliff er fortan plan, rund oder spitz die vorgegebenen Muster in das Glas. Sollen die auch beim «Kugeln» entstehenden matten Schliffflächen brillieren, werden sie mit Holz- oder Bleischeiben nachpoliert.

Während man beim Schleifen immer Flächen bearbeitet, werden beim *Schneiden* Glasschichten in der Linie abgetragen. Deshalb wird für den technischen Begriff des Schneidens in der Glasmachersprache oft das Wort *Gravieren* benutzt. Allerdings ist es auch beim Schneiden möglich, eine flächige Wirkung zu erzielen.

Das Schneidwerkzeug für Glas besteht heute entweder aus einem Diamanten, mit dessen Spitze die Oberfläche des Glases «gerissen» wird, oder – wie bereits im Altertum – aus rotierenden Kupferscheiben, die in Dicke und Durchmesser dem beabsichtigten Dekor entsprechen, und Schmirgel, der den sauberen Schnitt bewirkt.

Beide Techniken, Schleifen und Schneiden, sind miteinander verwandt und dürften auch ziemlich gleichzeitig in die Glasbearbeitung eingeführt worden sein. Im British Museum London bewahrt man eine Vase aus dem 8. Jahrhundert v. u. Z. auf, die sowohl geschliffen worden ist als auch eine Gravur mit dem Namen eines assyrischen Herrschers, Sargon II. (721–705 v. u. Z.), enthält. Es ist ein gedrungenes, grünliches Gefäß mit dicker Glaswand, an die zwei stummelartige Griffe links und rechts angesetzt sind. Sie stammt vermutlich aus Kalah (Nimrud) im assyrischen Reich.

Alle um jene Zeit entstandenen Glasgefäße sind nach demselben Verfahren hergestellt. Die in eine Form gegossenen oder über einem Sandkern geformten Gläser werden sowohl innen als auch außen geschliffen und geschnitten. Sie erhalten so mit bedeutend weniger Zeitaufwand eine schönere, glatte und künstlerisch reichhaltig gestaltete Form und Oberfläche.

Funde von Glasskulpturen aus dem Altertum sind äußerst selten. Das früheste bisher bekannte Glasporträt ist der Kopf des Amenhotep (Amenophis) II., der rund 60 Jahre vor dem berühmten Tutenchamun, dem letzten König der 18. Dynastie, über Ägypten herrschte. Es war ursprünglich aus blauem Glas gegossen und

Vase mit Schliff und Gravur, vermutlich aus Kalah (Nimrud) im assyrischen Reich, 8. Jh. v. u. Z. (British Museum London)

nahm dann über fast 3000 Jahre im Boden einen braunen Farbton an. Das Stück ist nur ganze 4 cm groß. Um so erstaunlicher ist die Genauigkeit der Zeichnung, die von hoher Meisterschaft des Künstlers zeugt.

Den Fortschritten in der mechanischen Glasbearbeitung ist wahrscheinlich auch die erste größere technische Arbeitsteilung in der Glaserzeugung zu verdanken, deren Ursprung vermutlich in Mesopotamien liegt. Die Arbeitsgänge des Glasschleifens und -schneidens verlangten meisterliches Können, das sich nicht mehr allein auf die Arbeitskraft am Ofen kon-

Wem mögen sie wohl Glück gebracht haben?
Glaswürfel aus Babylon –
Beweis nicht nur früher Glasproduktion,
sondern auch uralten Würfelspiels
(Staatliche Museen zu Berlin,
Vorderasiatisches Museum)

kenreduzierung die Farbeindrücke nuancierten oder wenn die Reliefs auf Überfangglas – einem Zweischichtglas aus farblosem und farbigem Glas – geschnitten wurden, so daß der Hochschnitt farbig und die umgebende Fläche durchsichtig war. Noch vom Beginn unserer Zeitrechnung sind Gläser erhalten, die in dieser Schnitttechnik hergestellt wurden, wie beispielsweise das Porträt des Kaisers Tiberius. Es ist sogar signiert und weist seinen Schöpfer aus: Herophilos, Sohn des Dioskorides.

Das Gegenstück zum Hochschnitt sind *vertieft eingeschnittene* Verzierungen. Beim Tiefschnitt werden Sprüche, Motive der Flora und Fauna usw. in das Glas eingearbeitet. Diese «Intaglio»-Schnittechnik kam um das 2. Jahrhundert u. Z. bei den römischen Glasschneidern zu ihrer höchsten Blüte. Als meisterliche Stücke dieser Technik fertigten sie Glasgefäße mit Doppelmantel, die sogenannten *Diatreta*. Der äußere Mantel des Hohlglases wurde dann so durchschnitten und hinterschliffen, daß er über kleine Brücken mit der inneren Wandung verbunden blieb. Dies lieferte überraschende Effekte, für die Glasliebhaber hohe Preise zahlten.

Im Jahre 1960 fand man in Köln ein antikes Diatreton mit einem in roten Überfang geschnittenen Trinkspruch in griechischer Sprache: «Trinke, lebe schön immerdar». Dieses Gefäß bildete die Vorlage für eine neuzeitliche Kopie. Ein versierter Glasschneider in Hadamar, Hessen, benötigte ein ganzes Jahr, um das Original nachzubilden. Bei dem Versuch, ein Diatretglas nach einem eigenen neuzeitlichen Entwurf herzustellen, gelang es einem Glasschleifer

zentrieren konnte. Neben den als Glasschmelzer tätigen Hüttenarbeiter trat nunmehr der Werkstattarbeiter: der Glasschleifer und Glasschneider.

Den Glasschnitt beherrschten die ägyptischen Glasgestalter bereits Jahrhunderte vor unserer Zeitrechnung meisterlich. Er ging von der Kunst der Edelsteinbearbeitung aus. Vor allem die Kameenschneider übertrugen ihr Können jetzt auf das Glas. Es war inzwischen weit billiger als die Edelsteine, an denen sich ihre Kunst entwickelt und zur Blüte entfaltet hatte. Das geformte und geschliffene Glas erhielt ein erhabenes Relief, wurde «*hochgeschnitten*». Durch Abtragen von Schichten des umgebenden Grundes (*«in cameo»*) schnitt man eine Flächenstruktur aus dem Glas, die Porträts oder ornamentale, figürliche und andere Motive darstellt. Dieses Dekor wurde künstlerisch noch verstärkt, wenn bei durchgefärbtem Glas durch das Abtragen und die damit eintretende Dik-

Kopf des Amenhotep II.
In eine Porträtform gegossenes Glas,
etwa 1436 bis 1411 v.u.Z.
(The Corning Museum of Glass,
Corning/New York)

42

Porträt des Kaisers Tiberius.
Hochschnitt in Glaspaste, Anfang 1. Jh.
(Kunsthistorisches Museum Wien)

in der Bärenhütte von Weißwasser, das Unikat in einem Vierteljahr anzufertigen. Im Gegensatz zur Nachbildung eines antiken Originals konnte allerdings das neu entworfene Diatreton den gegenwärtigen technologischen Bedingungen weitgehend angepaßt werden.

In Anbetracht des wertvollen Glaskörpers für ein Diatreton und des hohen Arbeitsaufwandes für das Schneiden und Schleifen war man schon im Altertum bemüht, den Glaskünstler vor Risiken zu schützen. Das damalige römische Recht enthielt dafür folgenden Passus: «Wenn Du einem Kunsthandwerker einen Becher gegeben hast, um ein Diatretglas daraus zu machen, und wenn er ihn aus Unachtsamkeit zerbricht,

so wird er für den Schaden haftbar sein. Wenn er ihn aber nicht aus Ungeschicklichkeit zerbricht, sondern weil der Becher fehlerhafte Sprünge hatte, so kann er entschuldigt sein. Daher pflegen Kunsthandwerker, wenn ihnen derartige Stoffe übergeben werden, sich meist auszubedingen, daß sie das Werk nicht auf ihre Gefahr herstellen».

Die Römer haben das Glasmachen wahrscheinlich von den Phöniziern gelernt. Unter Alexander Severus gab es in Rom bereits derart viele Glasfabriken, daß die Glasmacher einem kaiserlichen Dekret zufolge in ein besonderes Stadtviertel umsiedeln mußten. Die Damen und Herren der Oberschicht fühlten sich von dem Rauch der Glashütten belästigt.

Wie hoch die Römer das Glas schätzten, erfahren wir von Petronius, einem Zeitgenossen Neros. Er legt dem «kaiserlichen Sevir» Trimalchio die Worte in den Mund: «Nehmt es mir nicht übel, aber ich habe Glas lieber (als Bronze, d. V.), es riecht wenigstens nicht. Ginge es nicht so leicht entzwei, wäre es mir sogar lieber als Gold, im Moment freilich ist Glas billig».

Trimalchio begnügt sich nicht mit dieser Feststellung. Er erzählt seinen Gästen noch folgende, offenbar erfundene Geschichte, um ihnen verständlich zu machen, wie hoch er Glas schätze: «Es gab einmal einen tüchtigen Handwerker, der hatte eine unzerbrechliche gläserne Schale hergestellt. Er wurde deshalb mit seiner Kostbarkeit beim Kaiser vorgelassen. Er tat so, als wollte er sie dem Kaiser überreichen, warf sie aber auf den Boden. Der Kaiser bekam einen tüchtigen Schreck. Doch jener hob die Schale wieder auf: sie hatte Beulen bekommen wie eine aus Kupfer. Er zog einen kleinen Hammer hervor und brachte die Schale wieder in Ordnung. Er sah sich schon auf Jupiters Thron gesetzt, vor allem, als der Kaiser ihn fragte: ‹Kennt außer

44

dir noch ein anderer das Geheimnis dieser Glasherstellung?› Und nun paßt auf! Als er das verneint hatte, befahl der Kaiser, ihm den Kopf abzuschlagen. Die Leute hätten nämlich, wäre die Erfindung bekannt geworden, das Gold für einen Dreck gehalten».[1]

Allerdings sei einschränkend erwähnt, daß hier immer von Rom im engeren Sinne die Rede ist. Denn «römisches Glas» ist ein weiter Begriff. In seiner Blütezeit umfaßte das römische Kaiserreich, was heute zusammengenommen England, Belgien, Teile der Niederlande, Frankreich, Spanien und Portugal, das Rheinland und Österreich, die Schweiz, Südosteuropa, Nordafrika, Ägypten, den Vorderen Orient und die Türkei ausmacht. Zu jener Zeit fand das Glas den Weg in alle diese Provinzen, und wenn von römischem Glas aus dem 1. bis 4. Jahrhundert die Rede ist, kann es – mit wenigen Abwandlungen – aus allen ihren Winkeln stammen. Die Popularität des römischen Glases beruhte nicht allein auf seinem Nutzwert und seinem niedrigen Preis, sondern auch auf der Schönheit seiner Formen und Farben. Auch war in den Glaswerkstätten des römischen Kaiserreiches die Gravur auf Goldfolien bereits zu hohem Stand gelangt. Man legte die verzierte Folie in den Glaskörper ein oder klebte sie auf. Bevorzugte Gravuren waren Ornamente, religiöse oder staatliche Symbole, Inschriften oder Kampfszenen. Das feine Goldblatt überzog man mit Glas, um es gegen äußere Einflüsse zu schützen und die Schmuckwirkung zu verstärken.

Es ist kaum zu glauben, daß der auf der folgenden Seite abgebildete Goldglasboden 1600 Jahre alt ist, so «modern» und handwerklich wie künstlerisch meisterhaft ist er ausgeführt.

1 Petronius: Satiricon. Berlin: Rütten & Loening 1973

Diatretglas mit verschiedenfarbenem äußerem Mantel, gefunden im Rheinland; etwa 3. Jh.
(Römisch-Germanisches Museum Köln)

Mit Fadenauflagen verzierte Glasgefäße zum Aufbewahren von Balsam, die *Balsamarien*, waren schon im alten Ägypten weit verbreitet. Der meist weiße Glasfaden ist als Spirale um das farbige Gefäß gewickelt. Durch Auskämmen der Fäden entstehen Muster, ähnlich den Vogelfedern oder Farnkrautblättern.

Die Kunst der Antike förderte die farbige Gestaltung der Glasgegenstände, weil sie die Sinne besonders ansprach. Zur Glasfärbung werden dem Gemenge Metalloxide, mineralische oder organische Stoffe (vgl. S. 25) beigegeben. Auch das schon erwähnte Schwarzlot war ein beliebter Stoff für das Färben des Glases. In Kombination mit weißen Farben erzielte man sehr dekorative Gefäßverzierungen.

Goldglasboden einer Schale mit der Darstellung
jüdischer Kultgeräte.
Rom, aus der jüdischen Katakombe der Vigna Randanini,
3. bis 4. Jh.
(Staatliche Museen zu Berlin,
Frühchristlich-byzantinische Sammlung)

Weißes Glas, mitunter auch als *Alabasterglas*
bezeichnet, verstand man schon in den Glashütten des Altertums herzustellen. Eine Wiederauf-
lage fanden diesbezügliche Experimente im 17.
und 18. Jahrhundert. Man suchte nach Wegen
zu wirklich weißem, undurchsichtigem Glas,
weil es geeignet war, das weit verbreitete und
beliebte Porzellan nachzuahmen. Die Porzel-
lanhersteller bekamen diese Konkurrenz bald
zu spüren. Die wichtigsten Arten des weißen
Glases sind:
– das durchscheinende weißgelbe *Beinglas*, dessen Farbe durch Beigabe von Knochenasche
zum Gemenge erzeugt wird;

– das *Milchglas* – oder Zinnemailweiß –, das
durch Zugabe von Zink oder Antimon oder eines Zinnoxid enthaltenden Gemisches von
Feld- und Flußspat erzielt wird;
– das schwach getrübte *Milchglas*, das mittels
Fluorverbindungen entsteht; eine weit verbreitete Variante davon ist das *Opalglas*, das meist
durch die gleichen, aber deutlich weniger konzentrierten Gemengebeigaben wie für Milchglas erzielt wird.

Parallel zum Glasfärben entwickeln sich in
den Glashütten Ägyptens, Mesopotamiens und
Phöniziens zwei weitere neue Techniken der
formgestalterischen Glasveredlung, die bald zunehmende künstlerische Bedeutung erlangen
sollten; das sogenannte Spinnen und das Mosaizieren von Glas.

Beim *Glasspinnen*, das mit Spinnen im heutigen Sinn wenig gemein hat, werden auf einem
Glaskern zusammengedrehte Fäden aus gleich-
oder verschiedenfarbenem Glas in Spiralen auf-
gewickelt, wodurch herrliche Dekore entstehen.

Das *Mosaizieren* von Glas ist eine uralte De-
kortechnik, die später besonders durch das venezianische Tausendblumenglas, das *Millefiori-
Glas*, berühmt geworden ist. Auf den Glas-
grundkörper werden bunte Glasstückchen oder
-scheibchen aufgelegt und aufgeschmolzen. Als
Ausgangsmaterial für die Mosaikscheibchen
dienten verschiedene Glasstäbe und Glasfäden,
die man durch Eintauchen eines Metallstabes in
die heiße Glasschmelze und Ziehen der Glasmasse gewann. Diese bunten Stäbe wurden so
geschickt gebündelt, daß der Querschnitt des
Bündels ein bestimmtes Muster (Ornament,
Bild, Blütenmuster) ergab. Beim Verschmelzen
des Bündels bildete sich ein kompakter Glasstab, der sich weiter ausziehen ließ, bis der gewünschte Querschnitt erreicht war. Durch Ab-
trennen kleiner Scheibchen oder Plättchen ge-

wann man bereits fertige kleinformatige Gegenstände, die sich als Schmuckstücke, Amulette oder eben als Auflagestücke für Mosaikschalen, -bilder und ähnliche Gegenstände eigneten.

Ihren Höhepunkt fand die Herstellung von Mosaikschalen in der römischen Kaiserzeit. Ihre Spitzenerzeugnisse sind damals als *Vasa murrina* bekannt geworden. Sie galten als überaus wertvoll und erzielten Liebhaberpreise. In der antiken Literatur werden Summen von 70 000 Sesterzien genannt, nach heutigen Maßstäben rund 10 000 Mark. Plinius berichtet, der Consul Petronius habe kurz vor seinem Tod aus Neid und Mißgunst gegen Nero eine *Trulla*, eine flache Schale, zerbrochen, die dieser für 300 000 Sesterzien gekauft hatte. Nero aber übertraf alle anderen, indem er einen einzigen Henkelbecher für zehntausend mal tausend Sesterzien erwarb. «Eine merkwürdige Sache, daß ein Fürst und Vater des Vaterlandes so teuer trank!», meinte Plinius durchaus zu Recht. Die legendäre Murrinensammlung der Königin Kleopatra schließlich wurde in Rom zur Zeit des Kaisers Augustus zu Höchstpreisen versteigert.

Das Glashandwerk Italiens setzte diese Veredlungstechnik seiner arabischen Kolonien fort und brachte sie zur meisterlichen Vollendung. Aus kleinen Glastäfelchen bildete man Mosaike, legte sie in einen Glasgrund ein und überfing sie mit einer Schmelze. Das nannte Theophilus, ein Benediktinermönch und Goldschmied, der um das Jahr 1100 in Helmershausen bei Paderborn lebte, in seinem Lehrbuch der künstlerischen Technik *(Schedula diversarum artium)* ein *opus musivum.* Daraus ist später der Begriff *Musivtechnik* entstanden, der eigentlich das Einlegen von Gold in Glaskörper bezeichnet.

Form- und Farbgestaltung des Glases werden bald bei der Herstellung von *Mehrschichtenglas* miteinander vereint. Farbige Glasschichten

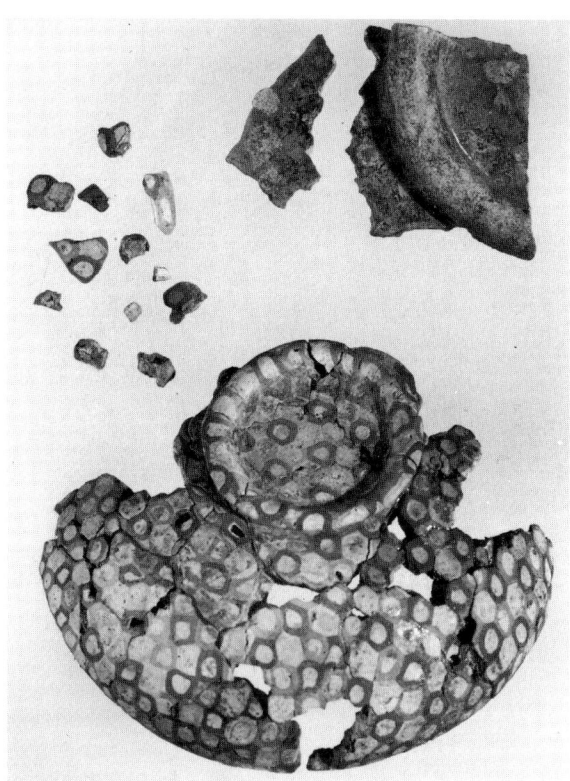

Fragmente einer Mosaikglasschale.
Assur, 13. Jh. v.u.Z.
(Staatliche Museen zu Berlin,
Vorderasiatisches Museum)

umhüllen einen farblosen Grundkörper. Ist die Farbglashülle außen, entsteht ein *Überfangglas*; ist sie innen, ein *Unterfangglas.* Beide Arten der Mehrschichtengläser verlangen hohe handwerkliche Kunst. Mindestens zwei Glasschmelzen müssen vorhanden sein, um den Grundkörper für den Glasgegenstand formen und diesen dann mit der gewünschten farbigen Glasschicht unter- oder überfangen zu können. Außerdem müssen die beiden Glasarten das gleiche Dehnungsverhalten aufweisen, damit beim Erkalten der Glasschichten keine Spannungen und Risse entstehen. Die Herstellung von Mehrschich-

Mosaizierte Schale.
Rom oder Alexandrien, 1.Jh. v.u.Z.
(British Museum London)

Die technologische Vielfalt der Glasherstellung und -veredlung und die zahlreichen künstlerischen Stilarten führten frühzeitig zu einer für die Epoche vor unserer Zeitrechnung erstaunlich weit verzweigten handwerklichen Spezialisierung in den antiken Werkstätten sowie zu einem branchenorientierten Glashandel, der fachkundigen Kaufleuten oblag. Im Zusammenhang damit erhöhte sich die Produktivität der Erzeugung von Amphorisken, Schalen, Bechern, von Knauf-, Kugel-, Spitzfuß- und Alabastron-Fläschchen, von Vasen usw. zwar beträchtlich, konnte aber dem steigenden Bedarf nicht mehr gerecht werden. Das um so mehr, als die auf den An- und Verkauf der Gläser spezialisierten Kaufleute schon längst über den inneren Markt hinausgetreten und zum Fernhandel mit attraktiven Glaserzeugnissen übergegangen waren.

## Eine technische Revolution im Altertum

In Ägypten, Mesopotamien, Phönizien und Griechenland bestand im 1. Jahrtausend v. u. Z. eine fortgeschrittene Produktionsweise, die wie Jahrtausende zuvor von Staatengründungen, Kriegen, Eroberungen, dem Untergang alter und der Entstehung neuer Herrschaftsbereiche begleitet war. Für die Glasherstellung hatten diese vielfältigen gesellschaftlichen Veränderungen zwei hauptsächliche Wirkungen: Die Produktionstechnik breitete sich durch die ständigen Umwälzungen territorial aus und wurde gleichzeitig verbessert; denn die Sklaven wechselten mit ihren Herren meist auch den Arbeitsort und brachten damit ihre Erfahrungen in neue Gebiete. Dort aber traten zugleich spezifische Bedürfnisse auf, die andere künstlerische und handwerkliche Anforderungen an die Glaserzeugung stellten.

tenglas verlangt daher erfahrene Glasmacher, die für damalige Verhältnisse außergewöhnliche Fertigkeiten gehabt haben müssen.

Die verschiedenen Farbglasschichten erlauben eine reiche Dekoration, indem jeweils eine Schicht so weggeschliffen oder durchschnitten wird, daß brillierende Muster mit unterschiedlichsten Motiven entstehen. Schon die Glasmacher im Vorderen Orient haben es etwa seit dem 8. Jahrhundert v. u. Z. verstanden, derartige Über- oder Unterfanggläser herzustellen.

Glas hat seit seiner Entstehung Eingang in das bildnerische Schaffen gefunden. Schon zur Zeit Thutmosis' III. entstanden gläserne Hochreliefs als farbige Schmuckplaketten. Mosaike wurden mit Vorliebe in der Architektur verwendet, indem man farbiges Glas auf Keramik oder Stein brachte, aus Glasplättchen bunte Wandbilder schuf oder mit ihnen Möbel verzierte.

Dieser intensive Austausch von Produktionserfahrungen ist der eine Gesichtspunkt. Der zweite ist, daß die Staatengründungen die Marktgebiete wesentlich erweiterten und dem Handel einen bisher unbekannten Aufschwung verliehen.

Im westlichen Mittelmeerraum entstand um 500 v.u.Z. der römische Sklavenhalterstaat. Im 4.Jahrhundert wurden das riesige Reich Alexanders von Makedonien und die Diadochenreiche begründet, an deren Stelle im 3.Jahrhundert die hellenistischen Staaten traten; Ägypten mit einem Teil Phöniziens löste sich im Ptolemäerreich auf, der andere Teil Phöniziens ging gemeinsam mit Mesopotamien in das bis nach Indien reichende Seleukidenreich ein.

Die Markt- und Handelsentwicklung sowie die Repräsentationsbedürfnisse der Herrschenden steigerten die Nachfrage nach Gütern. Die reichen Sklavenhalter präsentierten ihren Gästen erlesene Getränke in immer kunstvoller geformten und dekorativer gestalteten Gefäßen. Die einflußreiche Priesterschaft war darauf bedacht, ihre gesellschaftliche Stellung mit kostbaren Glaserzeugnissen, wie Balsamarien und Vasen, in den Tempeln zu betonen.

Die Produktion von Glasgefäßen und der Handel mit ihnen, vor allem mit Amphoren, Bechern, Krügen und Vasen, blühte auf und brachte großen Gewinn. Aber die weitere Ausbreitung des Geschäftes stieß an eine eherne Grenze: die bisherige Technik der Hohlglasformung. Nach wie vor mußte man für jedes Glasgefäß einen Sandkern herstellen. Dies war trotz aller Fortschritte in der Glasherstellung ein mühsames und kostspieliges Verfahren, das täglich nur wenige Rohlinge lieferte.

Der steigende Bedarf an Glaswaren dürfte der ausschlaggebende Grund gewesen sein, um nach neuen Wegen in der Herstellung von Hohlglas zu suchen. Nicht nur den Tempelherren selbst, auch den Händlern war sehr daran gelegen, die Produktion und den Handel mit diesen Waren auszuweiten. Die phönizischen Priester und die Kaufleute von Tyros, die ihre Glaswaren in Sidon einkauften und dann auf dem Seewege exportierten, verlangten von den Tempelwerkstätten immer mehr Glaswaren. Doch ihre Aufträge waren nur erfüllbar, wenn es den Glasherstellern gelang, die Hohlglasformung über dem Sandkern durch ein produktiveres Verfahren zu ersetzen. Die Zeit war reif für ein Verfahren, um mit einer Form mehrere Gefäße herzustellen oder ihren Hohlraum überhaupt auf irgendeine Weise ohne feste Form zu erzeugen.

In den Tempelwerkstätten von Sidon, der Stadt, die im ganzen Mittelmeerraum blühenden Handel betrieb, schlug sich zu dieser Zeit ein Priester, zugleich ein versierter Glasmacher und Aufseher über die anderen Glasmacher des Tempels, mit solchen Gedanken herum. Nach Arbeitsschluß, wenn die Abendkühle hereinbrach, wanderte er Abend für Abend am Stadtrand grübelnd an den Sanddünen der nahen Wüste entlang. Stets hatte er das gewohnte Bild dieser Dünen vor Augen, ihre Hügel und Täler, die bei hereinfallender Dämmerung mit dem Horizont verschmolzen. Manches Gleichnis zum Glas ergab sich aus den natürlichen Formen, aus der sanften Rundung der Sandwellen, den scharfen Konturen ihrer Kämme, selbst von der immer dunkler werdenden Blautönung des Himmels bestand Verwandschaft zur Glasfärbung; denn blaue Farben bringen das Glück, das der Priester so sehr braucht, wehren dem Unheil und werden in der Glasveredlung bevorzugt, weil sie magische Kräfte besitzen. Der blaue Stein, der Lapislazuli, war von jeher den Göttern geweiht.

Eines Tages, als der Priester wieder seinen Gang um die Stadt machte, bot die Sandlandschaft ein anderes Bild. Die scharfen Winde der letzten Tage hatten die Wüste verändert, den Sand geformt. In seinen Gedanken erhob sich das Bild, wie die Glasmacher mit einem Sandkern den Glaskörper formen.

Die Überlegungen des Priesters der Glaswerkstätten gingen in eine neue Richtung. Könnte ein Windstoß nicht auch die heiße weiche Glasmasse umformen? Doch allenfalls würde dabei ein ungefüges, unbrauchbares Gebilde entstehen. Denn der Wind, den Ba'al, der Wettergott, schickt, ist manchmal stark, dann wieder schwach, unberechenbar. Ein Bläser aber, der sein Instrument spielt, versteht den Luftstrom so zu steuern, daß leise und laute, hohe und tiefe Töne zu hören sind, der weiß die Luft nach Maß zu blasen!

Vor ein paar Tagen war am Schmelzofen durch das Ungeschick eines Sklaven eine Melone in die Glasschmelze gefallen. Nach kurzer Zeit trieb die verkochende Frucht Blasen aus der aufwallenden Schmelze. An die Oberfläche gelangten Verunreinigungen, die man abschöpfen konnte. Dann erbrachte die Schmelze zur Überraschung aller ein reineres Glas.

Die Blasen kommen dem Grübelnden wieder in den Sinn. Wenn sie nicht entweichen können, schließt die erstarrende Glasmasse die Lüfte ein. Ungewollte und unerwünschte Hohlräume bilden sich dann. Wenn es nun möglich wäre, Luft absichtlich in einen großen Glastropfen hineinzublasen? Dadurch eine Glasblase zu erzeugen, ein Hohlgefäß? Oh Götter! Wenn das gelänge! Aber was geschähe mit der heißen Blase? Sie würde sich doch gewiß verzerren. Wie könnte sie abgekühlt, wie ihre Form gehalten werden?

Erregt wendet sich der Priester der Stadt und der Tempelwerkstatt zu. Er achtet nicht auf die Zurufe der Wache, nicht auf das unwillige Gemurmel der Gehilfen, als er sie noch kurz vor Arbeitsschluß auffordert, sofort eine Schmelze zu bereiten. Seine Idee duldet keinen Aufschub.

Ob die Erfindung des *Mundblasens* von Glas so oder anders ihren Anfang nahm – wer will darüber richten? Wir wissen heute, daß es noch weit vor Beginn unserer Zeitrechnung einem findigen Glasmacher oder einer ganzen Gruppe, vielleicht gar Generationen von Glasmachern aufgrund welcher Beobachtungen auch immer gelungen sein muß, mit Hilfe eines Rohres in einen durch Eintauchen aus der Schmelze entnommenen Glasposten Luft zu blasen und auf diese Weise einen Hohlkörper zu erzeugen. Aus dem dickflüssigen Glasball am Ende des Rohres entstand eine Glasblase, die durch weiteres Blasen bei geschicktem ständigem Drehen – durch wiederholtes Erwärmen plastisch gehalten – die gewünschte Form erhielt und nach Abkühlung ein Gefäß ergab. Die *Glasmacherpfeife* war erfunden, die Glasherstellung durch ein neues Verfahren, das Mundblasen von Hohlglas, revolutioniert.

Wer, wann und wo dieses völlig neue Verfahren für die Hohlglasherstellung erfunden hat, wissen wir nicht. Bei der zeitlichen Zuordnung variieren die Angaben vom 3. bis 1. Jahrhundert v.u.Z., beim Ursprungsort dominiert die Stadt Sidon in Phönizien. Neueren Forschungen zufolge soll die Erfindung noch früher datieren und vielleicht auch in Mesopotamien anzusiedeln sein.

Die Glasmacherpfeife, wie sie seit über zwei Jahrtausenden in Gebrauch ist, besteht aus einem etwa 1,50 Meter langen Metallrohr mit einem Mundstück aus Messing. Um den Glasbläser vor der Hitze des Metalls zu schützen, die es durch das heiße Glas annimmt, ist das Rohr am

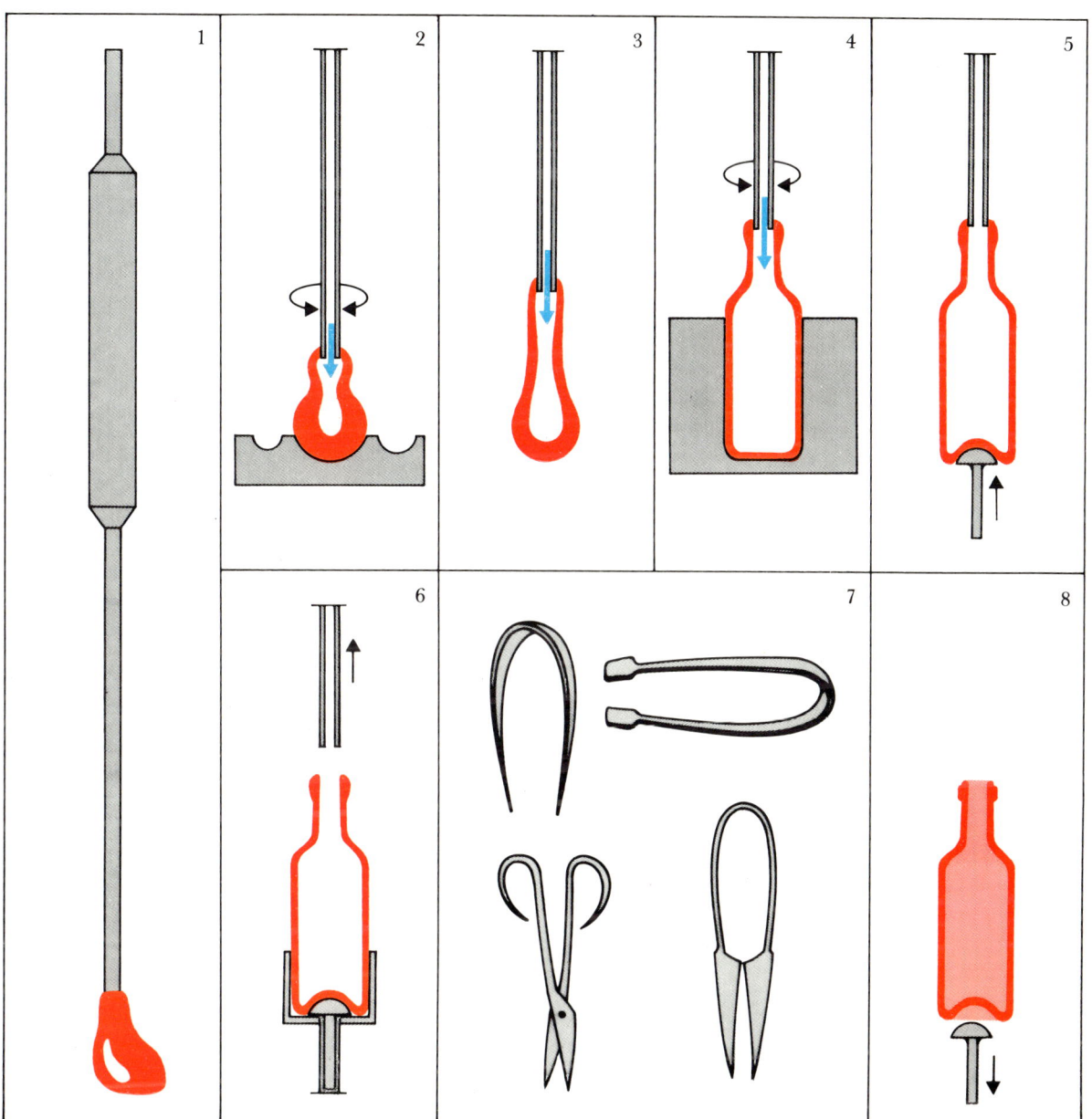

Skizzen von Glasmacherwerkzeugen
(zu Seite 52)

oberen Drittel mit Holz verkleidet. Sein unterer Teil, der sogenannte Nabel, ist heute aus hitzebeständigem Stahl.

Das so beschriebene Arbeitsmittel des neuen «Fachmanns», des *Glasbläsers*, ist in seinem prinzipiellen Aufbau auch heute noch in Glashütten zu finden.

Aber allein mit der Herstellung von Hohlgläsern war es nicht getan. Auch die Formen des Glases mußten jetzt auf neue Art veredelt werden. Aus Ton oder Holz wurden ganze oder mehrteilige Hohlformen gefertigt, in die der Glasmacher die Glasposten einblies. Die Glasoberfläche mußte plastisch gestaltet werden, wollte man verschiedenartige künstlerische Wirkungen erreichen. Lange, pinzettenförmige Metallzangen und -scheren in verschiedener Ausführung halfen die Glasmasse zu formen, auszuziehen und die unterschiedlichsten Verzierungen einzudrücken. Skizzen dieser Werkzeuge, die in ähnlicher Form schon der antike phönizische Glasmacher verwendete, zeigt die Abbildung auf S. 51. Sie sind auch auf den Glasmacherbildern aus der Zeit von 1750 bis 1850 auf den Seiten 53 bis 55 zu sehen. Fast unverändert sind derartige Glaswerkstätten in vielen Ländern bis in die heutige Zeit erhalten geblieben und noch immer in Betrieb.

Eine Flasche beispielsweise entstand beim Mundblasen jetzt auf folgende Weise: Mit der Glasmacherpfeife (1) entnimmt der Glasbläser aus der Schmelze den Posten, eine der Flaschengröße entsprechende Glasmenge, und rundet ihn in den Hohlräumen der Motze (2). Den so entstandenen «Külbel» wärmt er erneut an, bläst ihn unter Schwenken zu einer birnenförmigen Hohlkugel auf (3) und formt diese in einer zylindrischen Form (4) aus Eisen oder Holz unter ständigem Blasen und Drehen zum Flaschenkörper aus. Jetzt wird der Flaschenboden

erwärmt und eingedrückt (5), das Hefteisen angebracht und die auf einer Art «Gabel» (6) befindliche Flasche durch Auftropfen von Wasser von der Glasmacherpfeife abgesprengt. Mittels verschiedener Werkzeuge (7), zum Beispiel der Schere, bringt der Glasmacher die Öffnung der Flasche in die gewünschte Form. Nach erneutem Anwärmen und Verschmelzen der Oberfläche sprengt er dann die Flasche durch Anfeuchten auch vom Hefteisen ab (8).

Ein weiterer Arbeiter bringt die auf etwa $450\,^0$C abgekühlte fertige Flasche in den Kühlofen zum allmählichen Entspannen, damit das Glas bei weiterem raschem Abkühlen nicht zerspringt.

Georgius Agricola hat die Arbeit des Glasschmelzers in seinem Buch *De re metallica* beschrieben, wobei er sich weitgehend an Vorbilder aus dem Altertum anlehnte und zugleich die sächsische Glashüttenpraxis verallgemeinerte: «Mit trockenem Holze, welches eine Flamme ohne Rauch gibt, schmelzen sie die Glasstücke um. Je länger sie aber schmelzen, desto kleiner und durchscheinender werden die aus ihnen verfertigten Arbeiten, und desto weniger fehlerhaft und von Bläschen durchsetzt, und desto leichter schließlich wird den Glasbläsern ihre Arbeit.»

Oft sind Erzeugnisse herzustellen, die man aus einer Glaskugel oder einem Glaskolben heraustrennen muß, zum Beispiel Halbkugeln, Hohlzylinder usw. Die nicht benötigten Glasteile, die aus der Blasenform des Hohlglases resultieren, werden abgesprengt. Danach bleibt noch ein Glasrest stehen, die Kappe oder der Ansatz, der ebenfalls entfernt sein will. Das geschah von nun an durch Schleifen, das bislang nur für künstlerische Zwecke angewandt worden war. Dies verlangte zugleich, die Produktivität und damit die Technik des Glasschliffs

Bilder von Glasmacherwerkstätten aus der Zeit
etwa 1750 bis 1850
(siehe auch Seiten 54/55)
Der Glasbläser.
Kupferstich nach Daniel Nikolaus Chodowiecki

weiterzuentwickeln, weil die entsprechenden
Arbeiten viel häufiger als bisher auftraten.

Schon im Altertum und besonders in der
Antike stellten die Priester, die Kaufleute und
ihre Kundschaft, die vornehmlich aus Tempelherren und Sklavenhaltern bestand, hohe Qua-
litätsansprüche an das Glas. Nicht nur in Form
und Farbe mußte es ihren Vorstellungen entsprechen, sondern es sollte auch blasenfrei und
handwerklich solide gestaltet sein.

Agricola sprach davon, daß eine gute Glasschmelze die Arbeit erleichtere. Unter welchen
Bedingungen jedoch die Glasbläser selbst noch
in den nordamerikanischen «Gründerjahren»

arbeiten mußten und welche Qualität man dennoch von ihnen erwartete, verdeutlicht uns folgendes Zitat aus dem Jahre 1713, das der Publi-
kation *A Short History of Glass* entnommen ist
(vgl. Quellenverzeichnis): «Gewiß konnten von
niemandem die Belastungen dieser Arbeit aus-
gehalten werden, außer es waren robuste Männer in der Blüte ihrer Jahre. Während sie die
Glasgefäße herstellen, stehen die Männer halb-
nackt im kalten Winterwetter vor sehr heißen
Öfen und müssen ihre Augen beständig auf das
Feuer und das geschmolzene Glas richten. Ihre
Augen werden vom Feuer geblendet. Die Männer bekommen runzlige Haut, weil ihr gesamter
Organismus ... durch die außergewöhnliche
Hitze verbrennt und schließlich zerstört wird.
Wenn der Glasmacher die gefährliche Aufgabe
hatte, eine zersprungene oder verbrauchte
Schmelzwanne auszuwechseln, während im

53

Der Glasbläser.
Stahlstich aus dem Orbis Pictus von Lauckhard,
Leipzig 1858

Ofen die Flammen prasselten, trug er zum
Schutz eine Schürze und eine Maske oder Ka-
puze aus dem Leder wilder Tiere. Er war
schwarz von Ruß, und seine bizarre Kleidung
ließ ihn so furchterregend aussehen, daß manche Eltern mit ihm drohten, wenn ihre Kinder
unfolgsam waren.»

Welche Bedingungen müssen da erst noch
im Altertum geherrscht haben! Bei solchen Er-
schwernissen gute Arbeit zu leisten, einwand-
freie, wohlgeformte Gläser herzustellen, verlangte oft qualvolle Anstrengungen, aber außerdem noch geschickte Hände, einen geschulten
Blick für Form und Farbe sowie ein ausgepräg-
tes Gefühl für den spröden und zerbrechlichen
Werkstoff.

Die Glasmacher des Altertums hatten bereits eine leistungsfähige Technik und verfügten
auch über ausgereiftes handwerkliches Geschick, um – verbunden mit dem überlegenen
Wissen der Priester – hochwertiges Hohlglas
herzustellen. Sie verstanden, aus sorgfältig auf-
bereiteten Rohstoffen eine gute Glasschmelze zu
bereiten, die von der Glasgalle, unreinen Be-
standteilen, meist aus Natrium- oder Kalzium-
sulfat, gründlich befreit worden war.

Zu der Zeit, da sich die antike Hohlglasherstellung durch die Erfindung des Mundblasens
von Grund auf veränderte, geschehen tiefgreifende Umwälzungen. Während der Punischen
Kriege, den drei militärischen Auseinanderset-
zungen der Römer mit den Karthagern um die
Vorherrschaft im westlichen Mittelmeer, gewinnt der römische Sklavenhalterstaat immer
mehr Einfluß im Mittelmeerraum. Im I. Puni-

Glaces souflés (Glasbläserei).
Darstellung aus einer französischen Enzyklopädie
des 19. Jh.

schcn Krieg (264–241 v. u. Z.) erzielen die Römer in Norditalien Gebietsgewinne und entreißen Korsika, Sardinien und Sizilien den Karthagern, die außerdem noch eine bedeutende Geldbuße auferlegt bekommen.

Im Vorderen Orient entwickelt sich in dieser Zeit die Technologie des Mundblasens weiter. Syrische Glashütten stellen Schalen, Vasen und Flakons her. Immer augenscheinlicher treten die wirtschaftlichen Vorteile des mundgeblasenen Hohlglases gegenüber dem formgeschmolzenen zutage. Es läßt sich mit weniger Arbeitsaufwand herstellen, weil man keine teuren Sandformen mehr braucht; es hat eine dünnere Wandung als das handgeformte Volumenglas; aus einer Glasschmelze lassen sich mehr

Erzeugnisse als früher herstellen, die außerdem leichter sind und vielfältigere Möglichkeiten für die Formgestaltung bieten.

Auf den Markt gelangen somit bessere und zunehmend billigere Hohlgläser. Die bekannten Veredlungstechniken finden bei der Gestaltung und Dekoration des neuen Rohglases immer breitere Anwendung. So entstehen viele kunstvolle Gläser, geschliffen und geschnitten, gefärbt, mit Reliefs aus aufgeschmolzenen Glasfäden, oder nach ägyptischem Vorbild mit eingeschmolzenen Ornamenten verziert.

Daneben aber wird auch das *Formgießen* von Glas weiter betrieben und vervollkommnet, vornehmlich für massive Glaserzeugnisse. Meist gießt man die Glasmasse in eine glatte oder Reliefform aus Holz oder Ton und preßt sie dann ein. Das ist ein weitverbreitetes einfaches Verfahren, das nicht allzuviel Sachkenntnis verlangt.

Fläschchen. Reliefteil in eine dreiteilige
Form geblasen, Halszone frei geblasen bzw. gezogen,
vermutlich aus Sidon, 1. Jh.
(Staatliche Museen zu Berlin,
Vorderasiatisches Museum)

Vom 5. bis zum 3. Jahrhundert v. u. Z. liegen
die Zentren des Formgießens von Glas im Mittelmeerraum: Sidon in Syrien, Alexandria in
Ägypten und im Land um Euphrat und Tigris
mit den Städten Ktesiphon und Seleukeia.

Im Sassaniden- und byzantinischen Reich
geht aus den gleichen syrischen (phönizischen)
Wurzeln wie in den ehemaligen römischen Provinzen Europas eine eigenständige leistungsfähige Glasproduktion hervor, die alle wichtigen
Hütten- und Veredlungstechniken anwendet

und zu hoher Reife bringt. In den orientalischen
Glashütten werden geschnittene und geschliffene Gefäße aus ansprechend geformtem mund-
geblasenem Rohglas gefertigt.

In Aleppo und Damaskus entstehen bedeutende Zentren der Glasmalerei, in denen man
farbige Glaslampen, -kannen, -becher usw. mit
Emailfarben, Gold und Lüster dekorativ verziert. An erster Stelle stehen dabei die im islamischen Raum sehr beliebten Goldarabesken. Das
Lüstern von Glas mittels Harzseifen von
Schwermetallen, das heute noch verbreitet ist,
war folglich schon im frühen Mittelalter geläu-
fig. Harzseifen sind Schwefelverbindungen von
Metallen, wie Eisen, Silber und Kupfer, die sich
mit dem Pinsel auf das kalte Glas auftragen und
im Muffelofen einbrennen lassen. Die gelüster-
ten Flächen des Glases erhalten nach dem Einbrennen einen metallisch schimmernden Glanz.

Nach den erfolgreichen Kriegszügen des
karthagischen Feldherrn Hannibal erklärt Rom
den Karthagern wieder den Krieg und verleibt
sich im II. Punischen Feldzug (218–201 v. u. Z.)
die Mittelmeerprovinzen Spaniens ein. Im
III. Punischen Krieg (149–146 v. u. Z.), der aus
den Machtinteressen der römischen Großkauf-
mannschaft entsteht, gewinnt es neben weiterer
Gebieten in Norditalien auch noch Makedonien
und das nordafrikanische Gebiet um Karthago.
Die Stadt wird vernichtet und verliert für lange
Zeit ihre Bedeutung. Ungefähr seit Mitte des
1. Jahrhunderts v. u. Z. dehnt sich das Römische
Imperium weiter nach Norden aus und ergreift
auch von weiten Ländereien in Nordafrika sowie im Orient Besitz.

Durch die Eroberung Syriens unter Cäsar
gelangen die Glashütten um Tyros mit Haupt-
sitz in Sidon unter den Einfluß der Römischen
Republik. Dann erobert im August 27 v. u. Z.
Octavian, kurz darauf zum Kaiser Augustus er-

hoben, Ägypten und bringt damit auch die Glashütten um Alexandria unter römische Oberhoheit. Der Schwerpunkt der Glaserzeugung liegt nunmehr im Römischen Weltreich – zwar immer noch in denselben Produktionsgebieten, aber unter neuer staatlicher Gewalt. Isoliert davon, doch mit eindrucksvoller künstlerischer und technischer Entwicklung, verbleibt die persische Glaserzeugung.

Verschiedene Glasteile miteinander zu verschmelzen, war eine der neuen Hüttentechnologien, die in der ersten Veredlungsstufe in der Produktionsstätte selbst vollzogen wurde. Indem man den Gefäßkörpern dekorative Glaselemente in Form von Fäden, Tropfen, Nuppen und Perlen aufsetzte, erzielte man neue künstlerische Effekte, die sich oft noch dadurch verstärkten, daß der Grundkörper und die aufgebrachten Elemente verschieden gefärbten Glasschmelzen entnommen waren. Mit großer Meisterschaft wurden auf die noch heiße Grundform aus Glas die Glastropfen oder Glasfäden aufgebracht, zu den gewünschten geometrischen oder figürlichen Formen ausgearbeitet und eingeschmolzen. Im Römischen Kaiserreich entstanden künstlerisch beeindruckende Glasgefäße, die sich durch reife Formgestaltung und vielfältige, technisch und ästhetisch anspruchsvolle Dekore auszeichneten.

Die mit der Glasmacherpfeife revolutionierte Hohlglaserzeugung breitete sich folgerichtig dort aus, wo der Markt für den Glashandel am stärksten entfaltet und die Produktivkräfte in den Glashütten am weitesten fortgeschritten waren. Es veränderte sich nicht nur die Technologie der Hohlglaserzeugung und mit ihr die Hüttentechnik, sondern die neuen mundgeblasenen Gläser belebten auch den gesamten Glashandel im Römischen Reich. Begünstigt durch den hohen administrativen

Kanne. Hellgrünes Glas,
in die Form geblasen;
Syrien, 4. Jh.
(Staatliche Kunstsammlungen Dresden,
Skulpturensammlung)

Stand der Zentralverwaltung breitete er sich von den arabischen Provinzen auf Europa aus, aber auch in den damaligen Oststaaten jenseits des Euphrat, besonders in Persien, fanden sich zahlungskräftige Abnehmer. Neben der hüttenmäßigen Glasproduktion in den afrikanischen und asiatischen Provinzen Roms war im Mittelmeerraum eine weitere Voraussetzung für einen die Ländergrenzen überschreitenden Handel entstanden: eine erfahrene und kapitalkräftige Kaufmannschaft. Sie förderte den Fernhandel und belebte auch die Binnenmärkte. Die Exporteure des Vorderen Orients hatten schon vor der Zeitenwende Glasartikel, vornehmlich Perlen, Ketten sowie Gläschen und Dosen für Duftstoffe, Salben und Balsam aus Syrien, Ägypten und anderen Ländern in alle damals bekannten Gebiete der Welt geliefert.

Nach Jahrtausenden lukrativer Handelsgeschäfte stießen sie nun auf die Konkurrenz europäischer Händler. So stand z. B. die Glasproduktion in Colonia (Köln) auf hohem Niveau. Ihre Erzeugnisse gelangten auf Handelswegen in alle Provinzen des Römerreiches.

Auf dem Mittelmeer befanden sich die Handelsschiffe der römischen Kaufleute in der Minderheit. Sie besorgten in erster Linie den Getreidetransport von Afrika ins Mutterland. Und die Europäer nutzten stets die Gelegenheit, die Märkte kennenzulernen. Aber sie besuchten die Basare des Vorderen Orients nicht nur, um den fremdländischen Reiz des Morgenlandes zu erleben, sondern vor allem, um orientalische Waren zu erwerben und in der Heimat mit großem Gewinn abzusetzen. Kunden und Verkäufer handelten die Preise für die Waren in schier endlosem Feilschen aus. Über dem emsigen Treiben der Händler, dem neugierigen Hin und Her der Käufer und dem lauten Stimmengewirr schwebte der anregende und zugleich betäubende, die Luft erfüllende Geruch von Leder, Holz, Arzneien, Tabak, Parfüm, Balsam und Gewürzen. Auf den Plätzen vor den Tempeln und in den engen Gassen boten Töpfer, Teppich- und Tuchhändler, Holzschnitzer, Kameenschneider, Kupfertreiber und Goldschmiede, Glasbläser und -schneider, Täschner und andere Handwerker ihre Waren feil. Schmale, ausgetretene Stufen führten in die Läden, Werkstätten und Lagerräume.

Aber es waren nicht nur Händler, die hier einkauften. Manches Kleinod antiker Glasmacherkunst des Vorderen Orients nahmen die römischen Offiziere und Beamten von den Basaren als besonders kostbares Geschenk mit. In ihren europäischen Standorten, in die sie versetzt und in denen sie seßhaft wurden, bewunderten ihre Frauen, Töchter und Geliebten das schöne, schmuckvolle Glas – und sie wären nicht weiblichen Geschlechts gewesen, hätten sie nicht mehr davon begehrt. Der Reiz des reichverzierten orientalischen Glases, der überwältigende Eindruck, den es auf den Beschenkten ausübt, der Hauch von Reichtum, mit dem es den Besitzenden umgibt, und die Leidenschaft der schon damals recht zahlreichen kunstverständigen Sammler solcher kostbaren Gläser – dies alles zusammengenommen war schon ein starker Anreiz für römische Unternehmer, Kaufleute und Statthalter, für deren Offiziere und Beamten, in den römischen Provinzen Afrikas und Europas eigene Glashütten einzurichten und dafür erfahrene Arbeitskräfte, Sklaven, aber auch Freie, die als Aufseher und Verwalter tätig sein konnten, aus ihren Verwaltungsgebieten im Vorderen Orient abzuziehen. Obwohl historisch nicht nachgewiesen, ist dieser Vorgang, was den Markt, die ökonomischen Produktionsvoraussetzungen und die Finanzkraft für die Entwicklung der Glaserzeugung in Europa betrifft, im Grunde nur so erklärbar.

Bis zum 1. Jahrhundert entstanden so Glashütten im wiedererstandenen, jetzt aber römischen Karthago in Nordafrika, in Aquileia, Atlante und Puteoli in Italien selbst, in Lugdunum und Augusta Treverorum in Gallien, Tarraco in Spanien, später auch in Flandern, Britannien, Dänemark und im germanischen Rheinland.

Das Glasblasen revolutionierte die Hohlglaserzeugung, bereicherte die Glasverzierung in der Hütte und reifte zu Beginn unserer Zeitrech-

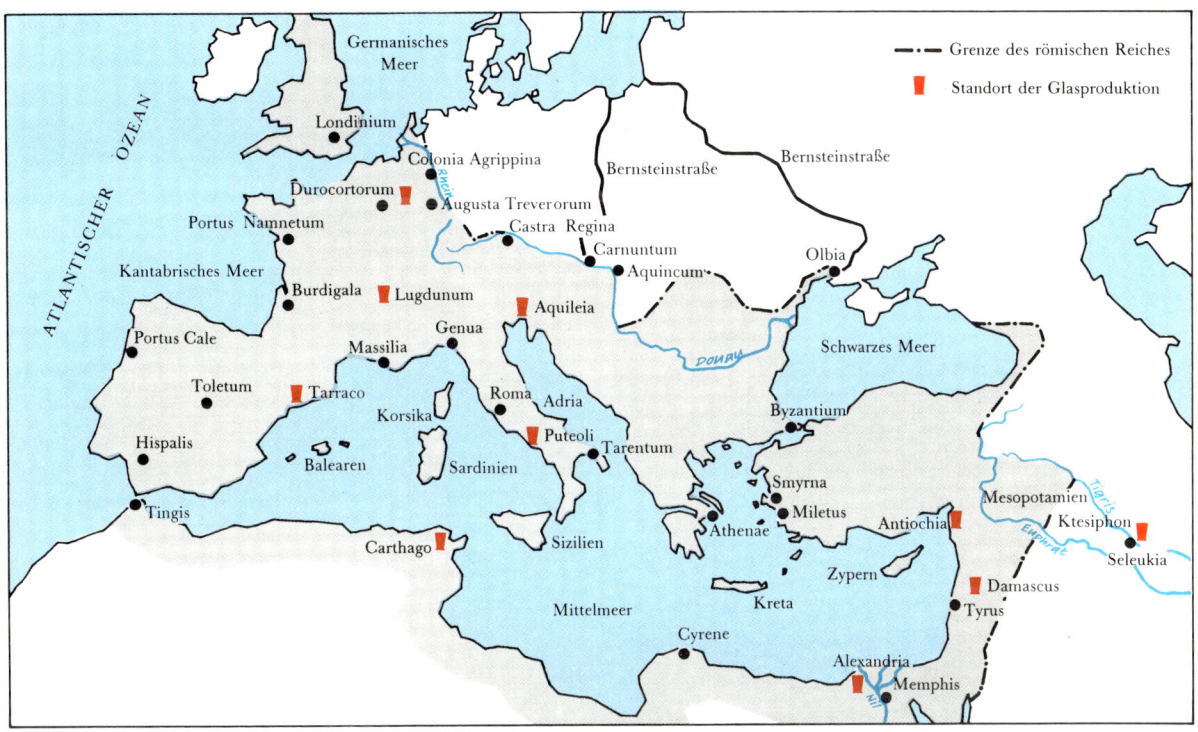

Die Standorte der Glasproduktion
im Römischen Reich in der 1. Hälfte des 2. Jh.

nung technologisch aus. Dagegen erfuhr das Glasschmelzen selbst wie auch die von der Hütte abgetrennte Glasraffinerie nur eine langsame Entwicklung. Zaghaft begann sich eine Alchimie des Glases zu entfalten, die zu reinerem Glas sowie zu seiner reichhaltigeren Färbung beitrug. Obwohl ihr später der Odem gauklerischer «Goldmacherkunst» anhaftete, war gerade sie die entscheidende Triebkraft für neue Glastechnologien. Denn der Alchimist probierte und experimentierte mit den feurigen Flüssen und gewann daraus tiefe Einsichten.

Das Schleifen und Schneiden von Glas aber erreichte einen hohen Stand. Das Glas strebte dem Einklang von Form, Farbe, Schliff und Schnitt zu, und sein künstlerischer Ausdruck

prägte sich immer mehr entsprechend den geistig-ideologischen Strömungen jener Zeit aus. Die vom Orient übernommenen Veredlungstechniken erhielten durch die römischen Glashandwerker kräftige neue Impulse.

Zunächst entstand die *Glasmalerei* mit undurchsichtigen Öl- und Firnisfarben. Der große Vorteil dieses *«kalten»* Farbdekors besteht darin, daß er weder eingebrannt noch nachbehandelt werden mußte. Damit behielten die Farben ihre ursprüngliche Tönung. Allerdings war dieser Farbauftrag meist nicht dauerhaft genug. Die Farben der Gläser waren bald abgegriffen und die Dekoration unansehnlich. Das erklärt auch, warum aus dieser Zeit kaum noch entsprechende Stücke überliefert sind. Der im *Corning-Museum* in New York aufbewahrte «Daphne-Wasserkrug» ist daher eine sehr rare

Flasche mit weißem Federmuster.
Gelbgrünes Glas, Rheinland, 1. Jh.
(Staatliche Kunstsammlungen Dresden,
Skulpturensammlung)

che Römer, die damit den Klerus beschenkten. Die Repräsentationsbedürfnisse der Senatoren und Statthalter ließen den Bedarf an bemalten Glasscheiben in die Höhe schnellen. Mit ihnen ließen sich Möbelstücke und Schmuckkästchen verzieren oder Wandbilder ausführen, meist als Hinterglasmalerei von Landschaften, Kriegsszenen usw. Auch prachtvolle Gefäße wurden noch ein Jahrtausend später in Hinterglasmalerei ausgeführt, wie der abgebildete Prunkhumpen beweist. Glaseinlegearbeiten und Gußglastäfelungen fanden in römischen Villen reichlich Verwendung. Als Edelstein-Imitation ausgeführte Mosaike sind noch heute in den Ruinen von Kaiser Neros «goldenem Haus» zu bewundern.

Aber auch für die dekorative Gestaltung von Lampen, Laternen und Lüstern verwendeten die Römer Glas. Die Oberflächen der Gefäße wurden auf herkömmliche Weise bemalt.

Bald, noch in der römischen Kaiserzeit, kam in Ägypten und in Syrien anstelle der organischen Farbstoffe ein völlig neuer Stoff für das Bemalen der Gläser in Gebrauch, das *Email*. Metalloxide und ein Bindemittel werden fein gemahlenem, leichtschmelzendem Glas, dem sogenannten Glasfluß, beigefügt, woraus ein vorzüglicher Anstrichstoff entsteht, der sich nach dem Einbrennen mit dem Glaskörper verbindet. Das Zeitalter des *Emailglases* war angebrochen.

Schon damals verwendete man sowohl Transparent- als auch Deckemail.

*Deckemail* wird mit undurchsichtigen Farben, also opak, lichtundurchlässig, auf Gläser aufgebracht und bei niedrigen Temperaturen eingebrannt. Die Farbe liegt pastös, gewissermaßen «gekleckst», auf dem Glas auf.

Beim *Transparentemail* bleiben die Farben durchscheinend. Das bemalte Glas ist zwar

Ausnahme, die ihr Überleben besonders günstigen Umständen verdanken dürfte.

Bilder auf Glas zu malen kommt aus orientalischen Traditionen. Zur Blüte gelangte diese Technik mit der sogenannten *Hinterglasmalerei*, mit der man meist religiöse Motive und Szenen darstellte. Der Farbauftrag, in umgekehrter Reihenfolge als bei der sonst üblichen Maltechnik aufgebracht, befindet sich auf der Rückseite der Glastafeln: Erst setzt der Künstler die Lichter, dann malt er die Schatten. Auftraggeber waren Äbte von Kirchen und Klöstern oder rei-

bunt dekoriert, behält aber seine Transparenz, allerdings mit unterschiedlicher Lichtwirkung, entsprechend dem jeweiligen Farbton. Die Abbildungen auf S. 63, 64 zeigen das Deck- und das Transparentemail an Beispielen aus der Empire- und Biedermeierzeit, da überlieferte Stücke aus der römischen Kaiserzeit ihres Farbverschleißes wegen nicht nur zu unansehnlich sind, sondern auch die Unterschiede nicht so klar hervortreten lassen.

Selbst bei reichem Farbauftrag bewahrt das Glas beim Transparentemail noch eine gute Lichtdurchlässigkeit. Deshalb eignet es sich besonders für die Dekoration von Fenstergläsern, gestattet aber überhaupt ausdrucksvolle gestalterische Effekte. Diese besonders für die Innenarchitektur interessante Maltechnik auf Fensterscheiben haben viel später, im 16. und 17. Jahrhundert, die schweizerischen Glasmacher auf ein hervorragendes künstlerisches Niveau gebracht. Daß diese Kunst der sogenannten Kabinettscheibenmalerei gerade in der Schweiz zu so hoher Blüte kam, geht auf die dort im 15. und 16. Jahrhundert verbreitete Sitte zurück, zu besonderen Anlässen bemalte komplette Fenster oder kleinere Scheiben zu schenken.

Eine einzigartige Sammlung solcher Glasmalerkunst, die umfassendste außerhalb der Schweiz, befindet sich im bekannten *Gotischen Haus* von Wörlitz. «Zu den Kostbarkeiten, die der Sammlerfleiß des edlen Besitzers hier aus allen Gegenden zusammengeholt hat, gehören ohne Zweifel die gemalten Glasscheiben, woraus hier alle Fenster zusammengekittet sind ... Man kann nicht satt werden, die bis ins kleinste Detail ausgeführten Geschichten und den schönen Farbenschmelz der großen Glastafeln zu bewundern», schrieb ein begeisterter Besucher des Hauses im Jahre 1797. Und Karl Emil Franzos, Romancier, Erzähler und Publizist, schrieb

Prunkhumpen.
Hinterglasmalerei von Hans-Jakob Sprüngli; silbervergoldete Montierung von Christoph Jamnitzer, Nürnberg; Zürich, 1610
(Staatliches Museum Schwerin, Kunstsammlungen)

über einen Besuch in Wörlitz begeistert und sachkundig: «In ihrer Art einzig aber ist die Sammlung von Glasmalereien, sie umfaßt fast lückenlos die beiden Jahrhunderte der Blütezeit dieses Kunstzweigs, des 16. und 17. Jahrhunderts, und gibt, wenn man die Stunde daran wendet, ein lehrreiches Bild seines Entwicklungsganges, vom Kirchlichen zum Weltlichen, von der rohen Technik zur Kabinettsmalerei auf Glas bis zu deren Verfall.»[2]

2 Franzos, K. E.: Aus Anhalt und Thüringen. Berlin: Rütten & Loening 1984, S. 82

Zwei Becher.
Emailmalerei auf farblosem, durchsichtigem Glas,
das infolge starker Irisierung ein milchiges Aussehen
erhalten hat. Köln, 3. Jh.
(Museum für Ur- und Frühgeschichte Schwerin)

Der erwähnte Sammler der kostbaren Glasmalereien war Fürst Friedrich Franz von An-
halt-Dessau. Die meisten der dort aufbewahrten
Glasscheiben stammen aus der Schweiz, einige
zeigen die «Handschrift» deutscher und franzö-
sischer Meister. Sie tragen Szenen aus der Geschichte der Eidgenossenschaft, Wappenschil-
der und religiöse Motive. Ein um 1590 geschaf-
fenes Glasbild stellt die Geschichte von David
und Goliath dar (siehe Seite 64), und gleich
mehrfach findet sich der legendäre Rütlischwur.

Verglasen von Fenstern war eine Hand-
werksleistung, die schon die Glasmacher im Römischen Kaiserreich ausübten. Im frühen Mittelalter verwendete man dafür zunächst nur
kleine verschiedenfarbige Scheiben, die in Bleisprossen gelegt und mosaikartig miteinander
verbunden wurden. Die Bleisprossen zeigten
geometrische Muster, die von ihnen aufgefange-
nen farbigen Glasscheiben dagegen in ihrer Ge-
samtheit figurale, meist sakrale und frühchrist-
liche Szenen.

Auf den Kirchenfenstern herrschten Legenden aus der biblischen Geschichte vor. Sie sollten helfen, das Gedankengut des Christentums
unter dem gemeinen Volk und dem niederen
Adel zu verbreiten, die des Lesens unkundig
und daher auf Wort und Bild angewiesen waren. Das bunt getönte Licht, das nunmehr die
Kirchen durchflutete, sollte den Andächtigen
nicht nur die biblischen Geschichten vermitteln, sondern ihnen das Vorhandensein Gottes
glaubhaft nahebringen. Neben den bunten Fenstern schmücken farbige Glasmosaike die Kirchen in Byzanz, Griechenland, Italien.

Das entstehende Christentum schätzte den
Wert des Glases hoch und erkannte ihm einen
Rang vor den Edelmetallen zu. «Und vor dem
Stuhl war ein gläsernes Meer gleich dem Kristall
…», «Und der Bau ihrer Mauer war von Jaspis
und die Stadt von lauterm Golde gleich dem reinen Glase; … und die Gassen der Stadt waren
lauteres Gold wie ein durchscheinend Glas»,
heißt es im letzten Buch des Neuen Testaments,
der *Offenbarung Johannis* (um 68 u. Z. entstanden). Die erbitterten Machtkämpfe gegen Ende
der römischen Kaiserzeit und der Niedergang des
römischen Weltreiches zur Zeit der Völkerwan-
derung hatten einschneidende negative Wirkungen auch auf die Glasmacherkunst. Der künstlerische Ausdruck verarmte, die Glasherstellung be-
schränkte sich immer mehr auf einfache Gebrauchsgläser.

Im Vorderen Orient dagegen bis hin nach
Persien, Indien, China, Sizilien, Portugal und
Spanien erblühte, beginnend mit dem Wirken
des Propheten Mohammed, mit dem märchen-
haften Bagdad als Hauptstadt, das neue, islami-
sche Reich. In ihm entfaltete sich eine unerhörte

Kulturpracht, in deren Gefolge auch ein bemerkenswerter Aufschwung der Glaskunst zu verzeichnen war. Reich verzierte, das Prunkbedürfnis der Kalifen stillende Schalen, Vasen, Becher und Flaschen sind aus dieser Zeit überliefert, ebenso in Syrien für Moscheen gefertigte Lampen aus emailliertem Glas, deren Lichterglanz und Farbenreichtum einen leuchtenden Himmel unter die Moscheenkuppeln zauberte: Kein irdischer Glanz mehr überstrahlte die in der Moschee weilenden Gläubigen, sondern Allah breitete über ihnen sein gütiges Leuchten aus. In einem Gedicht über die Grazie islamischen Glases heißt es: «Er setzte uns vor, was das Auge erfreut ... Er zeigte uns eine Vase, die aussah, als sei sie aus gefrorener Luft oder aus verdichteten Sonnenstäubchen oder aus dem Licht der weiten Ebene oder abgeschält von einer weißen Perle.»[3]

Nach einigen Jahrhunderten ging die Blüte der islamischen Glaskunst jäh zu Ende, als die Heerscharen Tamerlans im Jahre 1400 Damaskus zerstörten und die islamischen Glasmacher in ihr eigenes Reich, vornehmlich in ihre Hauptstadt Samarkand, mitnahmen.

Zu diesem Zeitpunkt war die Glaserzeugung in den katholischen Gebieten des ehemaligen Römischen Reiches bereits wieder im Aufblühen begriffen.

Jahrhunderte zuvor aber hatte die katholische Kirche den wirtschaftlichen Rückgang der Glasherstellung in den von ihr ideologisch beherrschten Gebieten begünstigt, weil sie das Glasmachen als heidnisches Handwerk und die Gläser selbst als Teufelsgerät brandmarkte und ihren Gebrauch für sakrale Zwecke verbot. Die wichtigste Kundschaft der Glashersteller und

Humpen mit Deckemail-Malerei, sog. Ochsenkopfglas. Fichtelgebirge, Bischofsgrün, 1656. (Staatliche Kunstsammlungen Dresden, Museum für Kunsthandwerk)

-veredler, die Kirche und der Klerus, kündigten den Glasmachern ihren Bedarf. Papst Leo IV. (847–856) erließ ein Verbot, in Gottesdiensten Glasgefäße zu verwenden. Bereits vorher hatte das Konzil zu Reims (803) unter Leo III. und danach das Konzil zu Trient (895) unter Papst Formosus ein Edikt gegen die Benutzung von Glasgefäßen in Gotteshäusern erlassen. Von allen Kirchen und Kanzeln setzte ein Feldzug gegen Glasbeigaben für die Gräber der Toten und

3 Zitiert nach: A Short History of Glass, a.a.O. (nicht autorisierte Übersetzung)

Christoph oder Josias Murer:
Kampf zwischen David und Goliath.
Dekorative Glasmalerei aus der Zeit um 1590.
(Gotisches Haus Wörlitz; vgl. S.61/62)

## Versuch und Bruch eines Staatsmonopols

Historischen Belegen zufolge gründeten im Jahre 452 geflohene Bewohner des zerstörten Aquileia die Lagunenstadt Venedig. Darunter waren mit Sicherheit Glasmacher, die ihr Handwerk in der neuen Heimat weiterführten. Dem Glasmachen sehr förderlich war im 10. Jahrhundert das Verlangen der dort ansässigen Benediktinermönche, ihren gekelterten Wein in dauerhaft gebrauchsfähige Gefäße abzufüllen. Die Herstellung von Glasflaschen fand große Ausbreitung. Weil die Glashütten den Bedarf der Mönche dennoch nicht deckten, richteten die Klöster selbst Glashütten ein, um Flaschen und andere Glasgefäße in größeren Stückzahlen zu erzeugen.

Aber auch auf die Außenmärkte rückt Venedig nun mit seinen Glaswaren zielstrebig vor. Im 9. Jahrhundert bilden seine Schiffe auf dem Adriatischen Meer bereits die bestimmende Flotte. Bis zum 11. Jahrhundert erobert es das Monopol für den Osthandel. Reich und mächtig durch ihre blühende Außenwirtschaft, bauen die Venezianer die Kapazität ihrer Schiffahrt auch kraft staatlicher Macht und damit verbundener Vorteile ständig aus. Landgewinne stärken die Monopolstellung Venedigs. 1204 fallen zunächst Gebiete aus dem Byzantinischen Reich und Candia an den Stadtstaat, und zwischen 1404/1405 die italienischen Provinzen Bassamo, Belluno, Feltre, Padua, Verona, Vizenca; 1421 Friaul, 1428 Bergamo und Brescia, 1443 Crema und die Ionischen Inseln, und im Jahre 1486 schließlich Zypern. Eine unerhörte Macht- und Prachtentfaltung!

Der «Plauensche Grund» bei Dresden auf einem Becherglas mit farbiger Transparentmalerei und Vergoldung, von Wilhelm Viertel, Dresden, 1815–1817.
(Staatliche Kunstsammlungen Dresden, Museum für Kunsthandwerk)

erst recht gegen Glasurnen ein. Denn auch die Leichenverbrennung und gesonderte Aufbewahrung der Asche waren als heidnischer Brauch verdammt.

Aber was die Kirchen verteufelten, hoben die Klöster später wieder aus der Taufe: Sie richteten Glashütten ein, um Gefäße für die von ihnen erzeugten alkoholischen Getränke zu fertigen. Kein beredteres Zeugnis kann es dafür geben als die bekannten klostereigenen Glashütten Venedigs.

Der Plauensche Grund.

Vom Platz eines gewichtigen Konkurrenten der arabischen Glasexporteure rückte Venedig in der Zeit vom 10. bis zum 15. Jahrhundert zur Spitzenposition im internationalen Glashandel auf. Die venezianischen Glashändler lieferten ausgangs des 12. Jahrhunderts Glasbijouterie nach Afrika und verkauften Glasperlen, Glasketten usw. an die Stammeshäuptlinge, nach der Entdeckung Amerikas oft auch im Tausch gegen Sklaven. Später exportierten sie Glaswaren, vornehmlich aber Glasschmuck, auch nach Amerika, Polynesien usw. Die Herstellung von Zier- und Schmuckglas, die Glasbijouterie, die ursprünglich mit der Glaserzeugung entstanden ist und bereits im alten Ägypten sowie zur Zeit des Römischen Kaiserreiches umfangreiche Exporte von bunten Glasperlen und daraus gefertigten Schmuckketten erlaubte, hatte sich über Konstantinopel und die ehemaligen römischen Kolonien im 11. Jahrhundert nach Venedig verlagert.

Bei günstiger Wirtschaftslage versprechen Schmuck, Zier- und Kultgegenstände immer gutes Geld; denn allein für die Rosenkränze der Gläubigen (Christen wie Mohammedaner) brauchte man unzählige Glasperlen. Auch im Mittelalter ließen sich Artikel der Glasbijouterie besonders vorteilhaft an den Mann bringen. Die Produktion von Glasperlen, -anhängern, -amuletten und -ketten und ihr ausgedehnter Export wurden daher zur ersten ergiebigen Gewinnquelle der Glashütten, vor allem aber der großen Handelshäuser Venedigs, die mit ihrem Kapitaleinsatz inzwischen selbst in vielen Fällen zu Teilhabern oder Eigentümern vieler Glashütten geworden waren.

Vornehmlich Glasperlen brachten viel Gewinn. Man fertigte sie massiv, hohl oder gehackt und glättete ihre Oberfläche sehr rationell in Rotationstrommeln. Nach der Entdeckung Amerikas wurden sie zum beliebtesten Tauschartikel bei den einheimischen Indianern. Christoph Kolumbus vermerkte in seinem Logbuch unter dem 12. Oktober 1492: «Bald versammelte sich eine große Menge Eingeborene ... Um die Freundschaft und Liebe dieser Menschen zu gewinnen ... schenkte ich einigen von ihnen rote Kappen und Glasperlenschnüre, die sich die Indianer um den Hals hängten, und auch andere Kleinigkeiten geringeren Wertes, die ihnen gefielen und mit denen wir einen starken Einfluß auf ihre Zuneigung erlangten.»

Für die nach der Jahrtausendwende einsetzende künstlerische Renaissance des europäischen Glashandwerks hatte die kulturelle Entwicklung der Glasgestaltung im Byzantinischen Reich große Bedeutung.

Das kam so: Der 4. Kreuzzug nahm 1202 in Venedig seinen Anfang. Nach dem Fall Konstantinopels zwei Jahre später flohen viele Glasmacher von dort nach Venedig, das sie bereits als Handelsplatz ihrer Produkte kannten. Hier wollten sie ihre hohe handwerkliche Kunst ausüben, Arbeit und Brot finden. Daraus ergab sich eine glückliche, für die venezianische Glaskunst geradezu historisch bedeutsame Kombination. Die venezianischen Glasmacher besaßen reiche Erfahrungen in der Herstellung von Glasflaschen, die byzantinischen beherrschten vor allem die Techniken der Glasveredlung.

Die Glaserzeugung und -veredlung floß so zu einem neuen Formenreichtum zusammen: Filigrane Hohlgläser mit zartestem Dekor, Glasbijouterie in edlen Fassungen, Glasmosaike in bunten Kombinationen, optisches Glas für die verschiedensten Zwecke, feines Faden- und Netzglas, gefärbte Gläser in unterschiedlichsten Nuancen, Fensterverglasungen und Spiegel bildeten von nun an das breite und attraktive Sortiment italienischen Glases, dessen Kapazitäten in Venedig konzentriert waren. Hier erblühte eine neue europäische Glasherstellung, die sich vor allem auf einen ausgedehnten Export in alle Teile der Welt stützte.

Venezianische Handelsschiffe landeten im Jahre 1317 in Flandern und entluden kostbares Glas aus ihrer Heimat, das nunmehr über die Handelswege der Hanse nach ganz Europa vordrang. Dieser Kaufmannsbund, der von Amsterdam bis Reval reichte, die Ostsee beherrschte und dem sich im Laufe der Zeit über 90 Städte angeschlossen hatten, sorgte für den Vertrieb und Absatz der venezianischen Glaswaren auf den wichtigsten Handelsplätzen Mittel-, Ost- und Nordeuropas.

Die wirtschaftliche Macht der Republik Venedig beruhte auch auf der lukrativen Glaserzeugung und den immer reicheren Gewinnen der Handelshäuser, die das Glas zu ansehnlichen Preisen in die übrige Welt beförderten. Die Kaufleute waren kapitalkräftig genug, große Glassortimente von den Produzenten anzukaufen und sowohl Landtransporte auszurüsten als auch vor allem die Schiffe für den Seehandel bauen, rudern und segeln zu lassen. Im 15. Jahrhundert besaß Venedig eine Handelsflotte mit 3300 Schiffen und 36 000 Matrosen.

Der weltweite Handel ließ den Bedarf an venezianischem Glas anwachsen. Weitere Kapazitäten mußten geschaffen, die Glasveredlung noch produktiver und rentabler gemacht werden, um ein breites Glaswarenangebot auf dem Markt zu halten und die Nachfrage bei günstiger Kostenlage auch künftig durch annehmbare Preise zu stimulieren.

Geschicktes Umwerben kapitalkräftiger Kunden gab es schon damals. Der Legende zufolge soll einem Schiff Heinrichs III. von Frankreich bei dessen Venedig-Besuch im Jahre 1574 ein riesiges Floß entgegengesandt worden sein,

Der Glasschmelzofen des Mittelalters nach Agricola, aus «De re metallica».

auf dem Glasbläser für den König und sein Gefolge Glasgegenstände fertigten. Der Hüttenofen soll die Gestalt eines Seeungeheuers gehabt haben, das Flammen ausspie.

Der Hüttenofen des mittelalterlichen Venedig war ein niedriges, mit Holz beheiztes Gewölbe aus Steinen und Tonerde, in dem man das Glas in Gefäßen aus Ton schmolz. In Agricolas schon er-

Chormittelfenster aus dem Christuszyklus
in der Erfurter Barfüßerkirche.
Rundmedaillon «Verklärung Christi», um 1370

richtung aufschnitten und heiß zu einer ebenen
Fläche aufbogen. So entstand eine viereckige
Scheibe direkt aus dem Rohglas. Im 20. Jahrhundert erlebte dieses Glasumformen eine Renaissance, jedoch für den gegenteiligen Zweck:
Aus automatisiert gezogenem Flachglas, aus
Glasscheiben, entsteht jetzt durch Umformen
Hohlglas. Biegen nennt man diese Technologie,
auf die wir noch zurückkommen. Vor allem
französische Künstler bemalten die Glasscheiben mit szenischen oder biblischen Motiven,
faßten sie in Blei und fügten sie zu großen Fenstern, Fensterrosetten oder Wandgemälden.

Das Verlangen der römisch-katholischen
Kirche nach alles beherrschender ideologischer
Repräsentanz und die daraus erwachsenden
Baustile führten zu einer hohen Blüte der Glasmalerei. Die Festigung des Papsttums und verschiedene andere historische Ereignisse brachten ein neues Verhältnis des römisch-katholischen Klerus zur Kunst und damit auch zum
Glas hervor. Die Edikte der Konzile aus dem
9. Jahrhundert gegen den sakralen Gebrauch
von Glaserzeugnissen waren historisch überholt
und vergessen. Die Demonstration römisch-ka-
tholischer Macht bedurfte großer Kirchen, Klöster, Dome und Kathedralen.

In der Gotik, die in der Mitte des 12. Jahrhunderts den schlichten romanischen Stil zu verdrängen beginnt, erhält die Fenstergestaltung eine
neue architektonische Funktion. Die durch
schmale, sehr hohe Schiffe erzeugte aufstrebende
Räumlichkeit gotischer Sakralbauten wird durch
große Fenster optisch noch verstärkt. Sie geben
ein gutes Licht, abgetönt aber durch die Farben
der bemalten Fensterscheiben. Die Höhe und
Weite des Raumes und die gedämpfte Helligkeit
vermitteln die gewollte andachtsvolle Stille, ver-
klärt vom Glanz vieler brennender Kerzen an
prunkvollen Altären und Bildnissen. Die großflä-

wähntem Werk ist ein solcher Ofen der mittelalterlichen Glashütte dargestellt.

Immer wieder Neues – das war der Schlüssel
der venezianischen Handelshäuser und ihrer
Glasmacher, mit dem sie sich die Tore zu ständig steigender Nachfrage auf dem Markt eröffneten. Die in ihren Glashütten beschäftigten Alchimisten erhielten Aufträge zu Experimenten
und eigneten sich dabei neue chemische Kenntnisse an. Sie entwickelten neue Färbungsverfah-
ren für Glas, unter anderem die Technik, es mit
Kobalt und Kupfer zu färben, und erfanden
eine neue Technologie, Glas mit eingebrannten
Materialien zu dekorieren.

Um Scheiben, also Flachglas, herzustellen,
erfanden kluge venezianische Glasmacher ein
neues Verfahren. Sie stellten zunächst ein zylindrisches Hohlglas her, das sie dann in Längs-

chigen Fenster bieten nicht nur genügend Raum für reiche künstlerische Gestaltung, ihre besondere Funktion im Sakralbau verlangte geradezu nach farbig bemalten Scheiben und stark strukturierten Füllungen.

Das älteste erhalten gebliebene Prunkstück mittelalterlicher Glasmalerei in Deutschland ist der sogenannte Prophetenzyklus im Augsburger Dom. Er entstand während der Bauzeit des Domes, die sich einschließlich etlicher baulicher Veränderungen und Ergänzungen über mehrere Jahrhunderte, von 944 bis 1431, erstreckte. Weitere beeindruckende Beispiele hervorragender Glasmalerei auf Kirchenfenstern bieten der Kölner und der Erfurter Dom, das Kloster Sankt Rémy, das Strasbourger Münster, die Kathedrale zu Chartres, deren um 1160 entstandene Fenster-Glasmalereien der Westfassade besonders berühmt sind, oder auch die gotischen Fenster des 1341 vollendeten Mailänder Doms.

Eine besondere optische Wirkung erreichten die Glasmaler, als sie damit begannen, metallische Farben, die als *flache Farben* bezeichnet werden, aufzutragen und im Muffelofen bei Temperaturen von 450–550 °C einzubrennen. Bei dieser Temperatur verschmilzt der metallische Farbauftrag mit dem Glas und wird nach dem Einbrennen satt und glänzend. Die flachen Farben bilden ein grundierendes Schmelzmittel. Eingebrannt in das Glas erscheint es klar und durchsichtig, und die aufgetragene Schicht behält ihre eigene Farbe. Sie ist mehr oder weniger durchscheinend, je nach dem, wie stark man sie verdünnte und auftrug. Die Bezeichnung «flache Farben» hat übrigens ihren Ursprung darin, daß der metallische Farbauftrag stets wesentlich dünner und daher flacher ist als bei den üblichen Farben.

Für das Einbrennen von Farben auf Glas oder Keramik dient ein Schmelztiegelofen, all-

Aus dem Abraham-Fenster des Erfurter Domes:
Lot im Folterblock, um 1370.
Zwei Meisterwerke mittelalterlicher Glasmalerei

gemein als *Muffelofen* bezeichnet. Er ist aus Schamotte gebaut, hat einen inneren Vorsatz, ein Dunst- und Schaurohr und ist mit Tragsäulchen oder Dreifüßchen ausgerüstet. Im Grunde eine typisch alchimistische Ausrüstung, mit der später vor allem auch die «Goldmacher» experimentierten.

Auf metallischen Farbaufträgen beruht auch das Irisieren und Lasurieren.

Deckelbecher aus Eisglas, Deutschland –
Façon de Venice, 17. Jh.
(Kunstsammlungen zu Weimar, Schloßmuseum)

Beim *Irisieren* spritzt man in der Glashütte
eine flüssige Mischung von Zinnchlorid und
Bariumnitrat auf das heiße Glas. Damit erhält
seine Oberfläche einen je nach Art und Zusammensetzung
des Auftrags farblosen, rosaroten
oder goldgelben Perlmuttglanz.

*Lasurieren* ist eine chemisch-physikalische
Umwandlung der Farbschicht unter Temperatureinfluß.
Das mit flachen Farben bemalte
Glas verfärbt sich beim Brennen im Muffelofen.
Silber ergibt eine gelbe Lasur, zweimal gebranntes
Kupfer eine schwarze und dreimal
gebranntes eine rote. Der Oberflächeneffekt

ähnelt dem Transparentemail. Die lasurierte
Schicht bleibt allerdings nicht wie bei der üblichen
Bemalung ein Auftrag von Farbe, sondern
die Metalldämpfe diffundieren in die Glasoberfläche
und verschmelzen mit ihr. Sie zeigt daher
keinerlei Spuren von Pinselstrichen oder Farbschichten.
Die Lasur als dünnste farbige «Glashaut»
ist sehr dem Mehrschichtenglas (Über-
oder Unterfangglas) verwandt. Vom Transparentemail
unterscheidet es sich dadurch, daß die
Metallfarben vor dem Auftrag auf die Glasfläche
nicht mit Glasfluß vermischt werden.

Die venezianischen Alchimisten vervollkommneten
die Glasschmelze durch ausgewählte
hochreine Rohstoffe, beispielsweise
Schmelzsande des Po, so weit, daß die Glasmacher
Hohlgläser in zartesten Formen und mit
dünnster Wandung blasen konnten, deren Eleganz
und Brillanz lange Zeit unübertroffen blieben.
Die Palette der dekorativen Glasgestaltung
erweiterte sich um gekniffene und gedrückte
Formen. In heißes mundgeblasenes Sodaglas
formte der Glasmacher mit der Zange natürliche
oder abstrakte Elemente.

Neben diese traditionellen, um neue Dekors,
Farben und Formen bereicherten Glassortimente
treten bedeutende Neuheiten: Eisglas,
Fadenglas und Netzglas.

*Eisglas*, mitunter auch als *geschrecktes Glas* bezeichnet,
entsteht durch Schocken der heißen
Glasblase mit kaltem Wasser. Dadurch breitet
sich blitzartig an der Oberfläche der Glaswand

Zwei Glaskännchen.
Links: lange Tülle, gekniffener Henkel, filigran gekämmt,
auf Ringfuß, violetter Rand;
rechts: schlanke Tülle, vertikal gestreift,
Silberbeschlag, glatter Fuß, Henkel mit Rankenwerk,
Deckel filigran, aufrechte Blume mit grünem Stiel.
Venedig, 16.–17. Jh.
(Staatliche Museen zu Berlin, Kunstgewerbemuseum)

Krug. Birnenförmige Gefäßform mit Kleeblattmündung,
Fadenglas, weiß, vertikale Streifen in zwei
alternierenden Netzmustern. Venedig, um 1600
(Museum des Kunsthandwerks Leipzig, Grassimuseum)

ein dichtes Netz unregelmäßiger Risse aus, die
das Glas undurchsichtig machen. Ein weiteres
Verfahren, Eisglas herzustellen, bestand darin,
daß man heißes Glas auf Glasgries abrollte. Die
feinen Glasscherben drückten sich in die Oberfläche ein und hafteten dort unlösbar an. Die
unvermeidlich scharfen Kanten, die bei beiden
Verfahren entstehen, glättet man durch erneutes Erhitzen *(Feuerpolieren)* des Glases.

Ihren Höhe- und Wendepunkt erreichte die
venezianische Glaserzeugung und -veredlung
Ende des 14., Anfang des 15. Jahrhunderts mit

dem Fadenglas und zu Beginn des 17. Jahrhunderts mit dem Netzglas.

Beim *Fadenglas* bilden weiße – später auch an-
dersfarbige – Glasfäden den Außenmantel des
Hohlglases. Auf die heiße Glasblase für die Gefäß-
wand werden entsprechend dicke Glasfäden in
Reliefmustern aufgebracht, eingedrückt und an-
geschmolzen. Ein weiteres Verfahren besteht
darin, dünne Opalglasfäden in der Form eines
Hohlzylinders anzuordnen, in ihn die heiße Glasblase einzuführen und sie so weit aufzublasen,
daß sie sich an die Glasfäden andrückt und mit ihnen verschmilzt. Bekannt ist ferner eine Technologie, bei der man die Glasfäden in einer Abwick-
lung der künftigen Dekorgeometrie auf fester Unterlage, z.B. einer Marmorplatte, ausbreitete;
durch vorsichtiges Abrollen der heißen Glasblase
drückten sie sich in den Glaskörper ein und bildeten das Fadenrelief.

Geschickte Glasmacher verstanden es, weitere formgestalterische Effekte zu erreichen, indem sie den mit Glasfäden behafteten und
durch ständiges Anwärmen in plastischem Zustand gehaltenen Hohlzylinder weiter ausform-
ten, ihn also kurz oder weit auszogen oder den
Zylinder drehten, wodurch sich herrliche Fa-
denverzierungen ergaben.

*Netzglas* wird aus zwei Hohlzylindern hergestellt, auf denen nach der Art des Fadenglases in
Spiralform angeordnete Glasfäden jeweils in
entgegengesetzter Richtung eingeschmolzen
sind. Diese Glaszylinder werden ineinanderge-
stellt, durch Anwärmen plastisch formbar gemacht und dann so gedreht, daß sich die Glas-
spiralen kreuzen. So entsteht ein Glasgefäß mit
einem regelmäßigen Netz von Glasfäden, zwischen denen kleine Luftblasen eingeschmolzen
sind. Bei einem anderen Verfahren werden farbige Glasstäbe in eine Form sortiert, erhitzt,
und dann zieht und dreht der Glasmacher diese

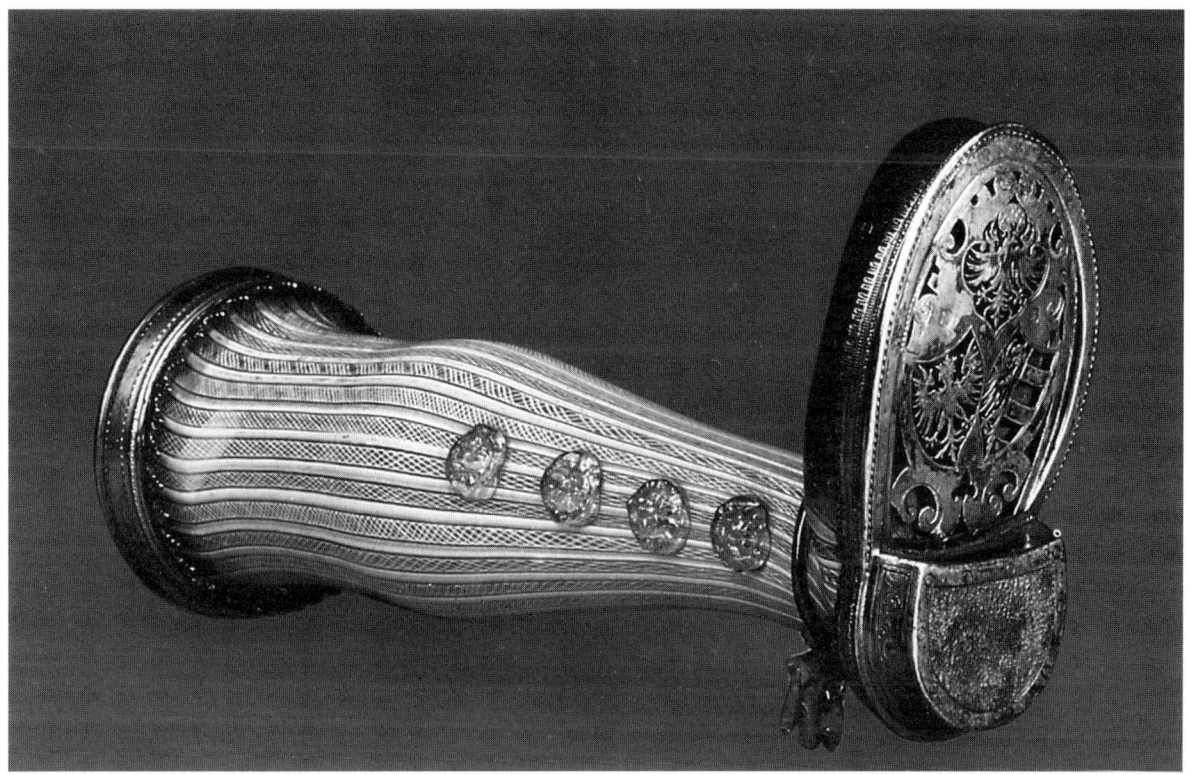

Reiterstiefel. Fadenglas in silbervergoldeter Fassung.
Unter der Sohle Nürnberger Wappen. Nürnberg, um 1620
(Staatliche Museen zu Berlin, Kunstgewerbemuseum)

plastische Glasschmelze, die beim Aufblasen ein farbig verziertes, wie gesponnen aussehendes Glasgefäß ergibt.

Im Laufe der Jahrhunderte erweiterte sich das venezianische Glassortiment also vom einfachen Gebrauchsglas über die Bijouterie, das Glasmosaik und die Millefiori sowie das venezianische Spiegelglas – das für damalige Verhältnisse vollkommen war und selbst heute noch in Brillanz, Schliff und künstlerischem Stil beispielgebend wirkt – bis zum dünnwandigen Hohlgefäß, dem Eis-, Faden- und Netzglas, um nur die wichtigsten Sortimente venezianischer

Glasproduktion zu nennen. Auf diesen Gebieten der Glasherstellung und -gestaltung ist Venedig bis zum Ende des 16. Jahrhunderts und gegenüber manchen Produktionsstätten selbst weit in das 17. Jahrhundert hinein in Europa unübertroffen.

Die Glasmacher im Vorderen Orient und in den europäischen Ländern führten zwar ihre Glasproduktion ebenfalls weiter, ersannen neue Technologien der Glasgestaltung, ohne jedoch die Sortimentsbreite des venezianischen Glases und seine künstlerische Vollendung zu erreichen. Italienisches Glas setzte auf dem Markt des Mittelalters die Maßstäbe – und: Italienisches Glas war stets venezianischer Art, da Italiens Glashütten in Mantua, Padua, Treviso oder die später gegründeten in Florenz, Mai-

Fadenglasteller, Filigran- und Netzmuster.
Venedig, 2. Hälfte des 16. Jh.
(Staatliche Museen zu Berlin, Kunstgewerbemuseum)

land, Rom, Turin u. a. von venezianischem Kapital finanziert und von Glasfachleuten aus der Republik Venedig geleitet wurden.

Zentrum blieb jedoch die Republik Venedig. Die Glasproduktion und -raffinerie sowie die Einnahmen aus dem Glasexport warfen von Anfang an einen derart hohen Gewinn für den Stadtstaat Venedig ab, daß dessen Regierungen zum Schutz gegen Konkurrenten aus anderen Ländern im Verlauf von fast 300 Jahren eine ganze Anzahl monopolistischer Maßnahmen erließen, um die Vorherrschaft in der Glaserzeugung und -veredlung zu sichern.

Die ersten Maßnahmen betrafen die Rohstoffe. Um die Ausbreitung der technisch hochstehenden Glasschmelztechnik auf andere europäische Gebiete zu verhindern, wurde die Ausfuhr von Alaun, Sand und Glasbruch streng verboten (1275, 1282).

Die Schärfe der Monopolisierungsbestrebungen zeigt sich aber besonders daran, daß man die venezianischen Glasarbeiter bereits 1291 nach Erlaß eines entsprechenden Gesetzes aus der Stadt auf die Insel Murano umsiedelte. Man gab vor, es werde damit nichts weiter bezweckt, als die Lagunenstadt vor den unangenehmen Gerüchen und der Brandgefahr zu bewahren, die von den Glashütten ausgingen. In Wirklichkeit wollte man die Glasmacher selbst vor der Außenwelt abschirmen, ihnen jede Möglichkeit nehmen, mit Leuten in Berührung zu kommen, die eventuell die Geheimnisse der Glasherstellung auszukundschaften suchten. Das belegen auch die strengen Bestimmungen, die der Große Rat von Venedig in den Jahren 1295, 1454 und 1547 über die Ausreise von Glasmachern, den Abbruch jeglicher Beziehungen zu ihren Verwandten, Bekannten und Freunden außerhalb der Republik erließ und für deren Verletzung er strengste Strafen androhte und auch verhängte. Andererseits unternahm man bemerkenswert viel, um die Wirkung der strengen Vorschriften durch manche Privilegien abzuschwächen: Glasmachertöchter durften nach einem Erlaß aus dem Jahre 1376 Patrizier heiraten, Kinder aus diesen Ehen blieben im Adelsstand, waren Nobili. Den Glasmachern wurde zudem auf der Insel Murano die Selbstverwaltung eingeräumt. Gesellschaftliche Anerkennung der Arbeit war jedoch stets mit drastischen Sanktionen gepaart, und auf Verrat von Produktionsgeheimnissen stand Todesstrafe.

Aber weder die harten Gesetze und die strengste Aufsicht über alle im Glasgewerbe Tätigen, noch die Vorrechte, die der Große Rat von Venedig den Glasmachern gewährte, konnten bewirken, daß die Geheimnisse der Glasherstellung auf Dauer gewahrt blieben. Kein noch so verlockendes Privileg, das ihnen die Regie-

rungen im Verlauf Hunderter von Jahren eingeräumt hatten, vermochte auf immer das Gefühl
der Glasmacher zu verdrängen, auf ihrer Insel
eingesperrt zu sein.

Es bedurfte nicht nur des großen Geldes der
Förderer und Besitzer anderer europäischer
Glashütten, um Glasmacher aus Venedig abzu-
werben und im eigenen Produktionsgebiet anzusiedeln. Auch die Aussicht auf das in der entwickelten Manufaktur heranreifende Privileg
des Arbeiters, frei vom jeweiligen Dienstherrn
zu sein und damit über sich und seine Arbeit
selbst entscheiden zu können, jenes das Zeitalter der Industrieproduktion ankündigende und
in den Manufakturen schon praktizierte Vor-
recht, das ihnen eben Venedig in seinen hochentwickelten Glashütten und -raffinerien noch
verweigerte, reizte sie immer mehr, auch unter
noch so großen Gefahren dem Ruf ins Ausland
zu folgen.

Hauptsächlich zwei Gegebenheiten hemm-
ten das Wachstum der deutschen Glashütten im
Mittelalter: Ihre Waldlage war mit kaum be-
nutzbaren Transportwegen zu den Märkten
verbunden, und die wenigen vorhandenen waren außerdem unsicher, von Wegelagerern und
Raubrittern bedroht. Aber auch der Bedarf
nahm nur allmählich zu. Während in den An-
rainerstaaten des Mittelmeeres und der Adria,
in Spanien, Frankreich, aber auch in Britannien
und den Niederlanden der Handel mit Glas bereits florierte, waren in den zentraleuropäischen
germanischen Nachfolgestaaten des weströmi-
schen Kaiserreichs die diesbezüglichen künstlerischen Repräsentationsbedürfnisse noch recht
wenig entfaltet.

Die großen, nationalen Verkehrswege erweiterten sich zwar. In Regensburg entstand
1135 bis 1146 die 305 m lange und 7 m breite
Donaubrücke, über die man die wichtige Salz-

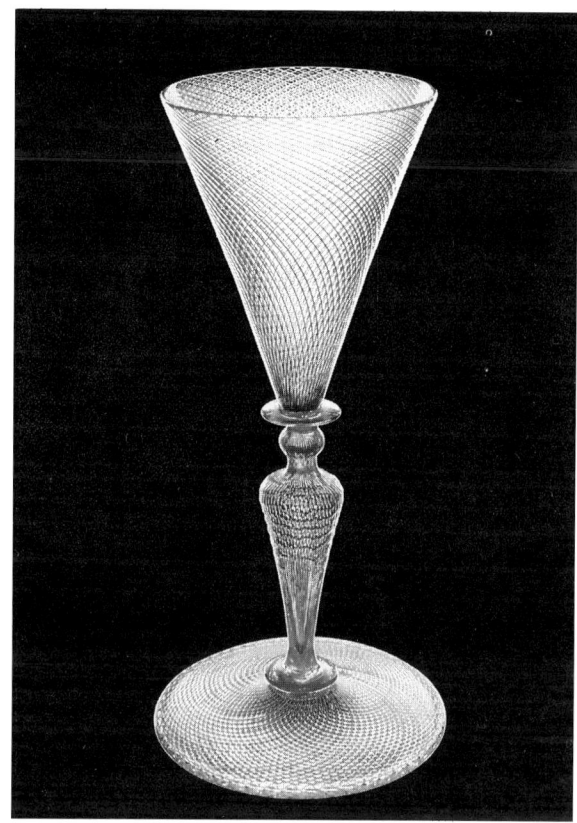

Pokal aus Netzglas; Venedig, 16. Jh.
(Staatliche Kunstsammlungen Dresden,
Museum für Kunsthandwerk)

und Glasstraße München-Amrau, Pilsen, Prag,
Krakau, Lemberg, Nowgorod führte. Glaskunst
aber blieb für die deutschen Könige und Kurfürsten zunächst uninteressant. In Anbetracht
des noch wenig geschulten Kunstsinns und -ge-
schmacks der Herrschenden richteten sie ihr
Augenmerk auf handfestere, hohen Material-
wert verkörpernde Schmuckgegenstände aus
Edelmetall.

Der innere Markt in Zentraleuropa war für
kunstvolle, ästhetisch wertvolle Glaserzeugnisse nicht vorbereitet. Als Friedrich III. im

Kelchbecher. Grünes Glas mit geripptem Ringfuß;
gekniffene, spiralig gewundene Fadenauflage.
Drei Ringe in drei Bügeln. Deutschland, 16.–17. Jh.
(Staatliche Museen zu Berlin, Kunstgewerbemuseum)

Jahre 1452 in Mailand die lombardische Krone
empfing, bevor ihn der Papst auf derselben
Reise in Rom zum Kaiser krönte, erhielt er anläßlich seines Besuchs in Venedig vom Großen
Rat der Republik als Gastgeschenk einen
prachtvollen Deckelpokal, der mit Nuppen und
Emaildekor verziert gewesen sein soll. Aber als
man den Pokal überreichte, hat ihn Friedrich
fallen lassen. Nicht etwa aus Unachtsamkeit,

sondern aus Gründen höchst majestätischer
Qualitätsprüfung. Glas müßte zerschellen –
und war es welches, dann sollte es auch; denn
ihn interessierte überhaupt kein Glasgefäß,
selbst das feinste und kostbarste nicht! Wäre der
Pokal aus Gold gewesen, dann hätte man ihm
den unversehrt erneut überreichen können. Es
war das getriebene, hoch im Kurs stehende
Edelmetall, das für den deutschen Kaiser von
Wert war, nicht die Schönheit und Originalität
des venezianischen Meisterglases.

Nach alten Zeugnissen aus dem Jahre 1516
erfanden zwei Brüder aus Venedig, Andrea und
Domenico, in einer Glaswerkstatt auf der Insel
Murano die Herstellung von Spiegeln aus Kristallglas. Das war erneut eine bahnbrechende
Leistung der Muraneser Glasmacher, die mit
ihrer fortgeschrittenen Glastechnik dem Werkstoff Glas immer neue bedarfsträchtige Anwendungsgebiete erschlossen. Welch eine Erfindung, die es dem Menschen erlaubt, sein Äuße-
res unverzerrt zu betrachten, sich am eigenen
Anblick zu erfreuen! Die damals angewandte
Technologie der Flachglasherstellung gestattete
es bereits, große klare Spiegel zu fertigen. Dazu
wurden Scheiben aus langen Hohlzylindern
aufgebogen und anschließend auf einer Kupfer-
unterlage «geglänzt».

Der Bedarf auf außereuropäischen Märkten
konnte für die anderen europäischen Glashütten keine Rolle spielen, da der Glasexport
nicht nur erschlossene und sichere Verkehrswege, sondern auch dafür geeignete Transport-
mittel voraussetzte. Beides war auf dem
europäischen Festland des Mittelalters kaum
gegeben.

Im Schatten Venedigs vollzog sich daher im
übrigen Europa vorerst eine eigenständige Produktionsentwicklung der zumeist voneinander
isoliert arbeitenden Glashütten, die lediglich ih-

ren inneren Markt mit Glasartikeln versorgten und damit auch alle Hände voll zu tun hatten. Das gilt für Britannien, Deutschland, Frankreich, Spanien und die Schweiz ebenso wie für die Niederlande, Österreich und Dänemark.

Die Tradition der Glaserzeugung aus der römischen Kaiserzeit setzte sich über die Jahrhunderte am ehesten noch in den rheinländischen und spanischen Glashütten fort. Sie pflegten die alten Techniken des Überfangens, der Glasmalerei und des Fadenglases. Ihr Glas hat klare, einfache Formen und ist meist reich dekoriert. Sein technisches und künstlerisches Niveau kam den überragenden venezianischen Gläsern am nächsten.

Einen hohen technologischen Stand hatten seit dem Mittelalter auch die französischen Glashandwerker. Das beweisen ihre repräsentativen bemalten Fensterscheiben in Kathedralen, Klöstern und anderen Bauten. Im 17. Jahrhundert erreichte Frankreich – neben Flandern – sogar eine führende Stellung in Europa. Unter anderem kopierte man das venezianische Verfahren der Spiegelherstellung nicht nur vortrefflich, sondern führte es auch weiter: Die französischen Glasmacher gossen die Glasschmelze auf Metallunterlagen, walzten sie anschließend zu Glastafeln und schliffen diese dann mit feinstem Schmirgel zu Spiegelglas.

Neben den alten europäischen Glashütten, die schon zur römischen Kaiserzeit in Spanien, Frankreich und im Rheinland produzierten und sich in das Mittelalter hinüberretteten, entstanden vom 12. Jahrhundert an weitere Glashütten in den waldreichen Gebieten des sächsischen Erzgebirges, des Bayrischen Waldes, des Böhmerwaldes und Thüringer Waldes, im Fichtel- und im Riesengebirge. Sie erzeugten das meist grünstichige, jedoch auch bräunlich-grüne «Waldglas», das seine Bezeichnung nicht etwa

Rüsselbecher. Dunkelblaues Glas, wahrscheinlich Rheinland, um 1600 (Staatliche Museen zu Berlin, Museum für Ur- und Frühgeschichte)

vom grünen Wald ihrer Umgebung, sondern von der Tatsache erhielt, daß man für seine Herstellung in den Mittelgebirgen eisenhaltigen (grünfärbenden) Sand und Pottasche aus geschlämmter Buchenholzasche verwendete.

Die hier erzeugten Gläser haben, durch die Gebrauchsfunktion bedingt, meist zylindrische Formen. Es dominieren Becher, Tintenfässer, Urinale, Apotheken- und Alchimistengläser.

Maigelein. Grünes Waldglas, Rheinland,
15. Jh. (restauriert)
(Staatliche Galerie Moritzburg, Halle)

Für Trinkbecher bevorzugen die Glasmeister aufgeschmolzene Tränen, Fäden, Nuppen oder Reliefmuster als Dekorelemente, die künstlerisch an der Stilrichtung der Gotik orientiert sind, aber auch dazu dienen sollen, die Gefäße griffiger und damit für den trunkenen Zecher besser beherrschbar zu machen. Der *Rüsselbecher*, der auf S. 77 abgebildet ist und seinen Namen von den rüsselartigen Aufschmelzungen erhielt, wurde bei Nettersheim, Kreis Schleiden in der BRD, gefunden.

Von den niedrigen, in Formen geblasenen Trinkbechern haben viele einen nach innen gedrückten Boden, damit sie sicherer stehen. Es gibt diese als *Maigelein* mit senkrecht geriefter oder spiralförmig gerillter Wandung, oder auch als *Krautstrunk*, oder schließlich – mit drei und mehr Vertiefungen für die Finger – als sogenannte *Daumengläser*.

Im Jahre 1406 schlossen sich im Spessart 40 Hüttenmeister zu einer Genossenschaft zusammen, nachdem die ersten Glashütten schon seit über 80 Jahren Spessartglas hergestellt hatten.

Ihre eigentümlichsten Hohlgläser sind die doppelkonische Flasche und der *Spechter*, ein hohes zylindrisches Trinkgefäß, das seinen Namen dem Spessart verdankt.

Auch in Thüringen entstehen die ersten Glashütten schon im Mittelalter. In Königsbreitungen im Jahre 1183, in Klosterlausnitz 1136 und in Suhl 1350. Später, Ende des 16., Anfang des 17. Jahrhunderts, folgen die geradezu legendär gewordenen Hüttengründungen von Neuhaus und Lauscha. Im Jahre 1607 bauten zwei kunsterfahrene Glasmeister in Neuhaus die erste Glashütte für «hoffähiges Tafel- und Trinkglas», wie es in einer Urkunde heißt.

Die «Mutterglashütte» im Thüringer Wald aber entstand im Tal des Lauschabaches. Dort erbauten die Glasmeister Hans Greiner und Christoph Müller, die aus der stillgelegten Langenbacher Hütte gekommen waren, im Jahre 1597 eine neue Glashütte und gründeten die später mit ihren Glaserzeugnissen weltberühmt gewordene Ortschaft. Die Hütte konnte wegen besonders günstiger Umstände als einzige des Thüringer Waldes über 300 Jahre ungestört produzieren und ihre Erzeugnisse verkaufen. Selbst in den Wirren des 30jährigen Krieges verstanden es gewitzte Händler, ihre Erzeugnisse auf Schleichwegen in andere deutsche Gebiete und in benachbarte Länder zu bringen.

Interessant sind die gesellschaftlichen Verhältnisse, unter denen die erste Lauschaer Hütte über lange Zeit hinweg produzierte. Ihre Erbauer, Christoph Müller und Hans Greiner, waren gleichzeitig die Besitzer und Glasmeister, die an ihren «Ständen», den Werkstellen, arbeiteten. Eine Seite des Glasschmelzofens gehörte der Familie Müller, die andere den Greiners. Jede Familie besaß sechs Stände. Die männlichen Familienangehörigen halfen am Ofen und wurden in althergebrachter Weise, was der Vater war: Glasmacher. Wer sich frühzeitig selbständig machen wollte, verließ das Vaterhaus und baute sich in der Nähe eine neue Glashütte. Andere Söhne übernahmen später vom Vater einen ‹Stand› oder auch mehrere. Durch Erbfolgen und Einheirat mehrte sich die Anzahl der Glasmeister oftmals so, daß mancher nur einen halben Stand und ein geringes Einkommen besaß. Monatlich wechselnd, besorgte jeder Glasmeister das Brennmaterial und was noch für die Hütte gebraucht wurde. Diese genossenschaftliche Zusammenarbeit und Arbeitsorganisation hat sich über dreihundert Jahre bis 1902 erhalten, als die alte Hütte stillgelegt werden mußte. Das teurer gewordene Holz und das Festhalten an den alten Arbeits- und Organisationsformen hielt der Zeit der Industrialisierung nicht mehr stand.

Im Freibergischen und im Auer Raum des Erzgebirges fertigen die Heidelbacher Hütte bei Seiffen seit 1451, die Marienberger Hütte seit 1486, die Crottendorfer Hütte seit 1493, die Aschberger Hütte bei Zöblitz seit 1497, um nur einige zu nennen.

Sächsische Glasfachleute gehen nach Nordböhmen und bauen mit ihren Produktionserfahrungen die ersten böhmischen Glashütten auf. Von der Aschberger Hütte wandert Paul Schürer nach Falkenau bei Haida und gründet hier 1530 eine Glashütte in einem Gebiet, das heute in der ČSSR ein Zentrum der Glasherstellung und -veredlung ist: Nový Bor und Umgebung.

Der Ursprung landschaftlich weit verzweigter Glashütten läßt sich mitunter auf eine einzige Familie zurückführen, die eine hohe Glasmacherkunst entwickelt und dabei ihre Rezepturen und Verfahren streng geheimgehalten hat. Damit gelang es solchen Familien, nicht nur ihre Geschäftsexistenz zu bewahren, sondern sogar die Produktion und den Handel mit den

Krautstrunk oder Nuppenbecher.
Grünes Glas, gekniffener Fußrand, Rheinland, 15. Jh.
(Staatliche Museen zu Berlin, Kunstgewerbemuseum)

selbst hergestellten Glaserzeugnissen weit auszudehnen.

«Beispielsweise war die Marienberger Hütte seit 1486 im Besitz der Familie Preußler.

Seit 1542 erscheinen die Preußlers auch in der Heidelbacher Hütte, seit 1571 in der Jugeler und seit 1632 in der Breitenbacher Hütte. 1607 ist ein Glasmacher der Familie auf der Trützschlerschen Hütte bei Falkenstein verzeichnet. Von Heidelbach wanderten die Preußlers nach Böhmen und Schlesien.

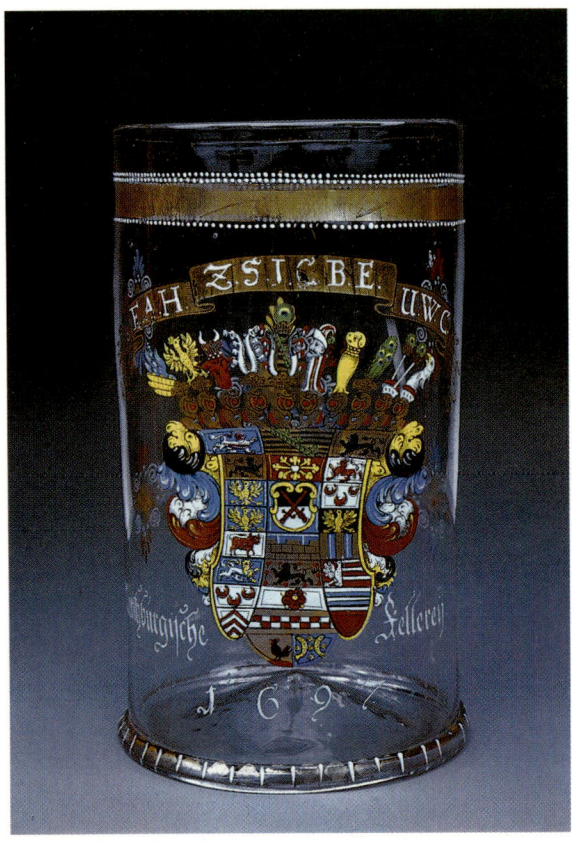

Humpen mit dem sächsischen Gesamtwappen in
Emailmalerei, sog. Sächsisches Kellereiglas.
Farbloses Glas mit Resten von Vergoldung, Sachsen 1697
(Staatliche Kunstsammlungen Dresden,
Museum für Kunsthandwerk)

Mit der obersächsischen Glaserzeugung ist
auch die Familie Schürer, die zu den erfolgreichsten böhmischen Hüttenunternehmen gehört und 1542 als Schürer von Waldheim ge-
adelt wurde, verknüpft. 1504 wurde Paul Schürer, der Gründer der böhmischen Glashütte Falkenau (1530), auf der Aschberghütte bei Zöblitz
geboren, 1524 wurde Christoph Schürer als
Glasmacher in Buckhardtsgrün verzeichnet,
1593 starb Lorenz Schürer auf der Crottendorfer Hütte, von der 1552 Kaspar Schürer nach
Heidelbach überwechselte.

Die Hütte in Crottendorf war von 1500 bis
etwa 1537 im Besitz der Glasmacherfamilie
Wanderer, die später ins Iser- und Fichtelgebirge zogen und führend in der Hütte zu Gablonz (jetzt Jablonec, ČSSR), bzw. zu Bischofsgrün tätig waren.»[4]

Die Glashütten beiderseits des erzgebirgi-
schen Grenzgebietes stellten Humpen, Paßglä-
ser und – zunächst kleinere, später aber auch
großvolumige – Trinkbecher her. Vornehmlich
in Böhmen wurden schon in der 2. Hälfte des
14. Jahrhunderts hohe schlanke Becher mit kleinem Fuß durch zierliche aufgeschmolzene Nuppen verziert.

In sächsischen Glashütten wird das emailbemalte Trinkgefäß bevorzugt. Aus den 70er
Jahren des 16. Jahrhunderts sind Reichsadler-
humpen aus der Marienberger Hütte von Georg
Preußler überliefert. Mit Beginn des 17. Jahrhunderts kommen emailbemalte Wappenhum-
pen auf, die großen sächsischen Hofkellereiglä-
ser, vornehmlich für den Hof und die Schlösser
Sachsens, später auch für den begüterten Bür-
gerstand bestimmt.

Im deutschen und holländischen Rheinge-
biet wird als attraktives Weinglas der *Römer* gefertigt, der seinen Namen nicht etwa von Rom,
sondern von Ruhm erhalten hat. Es ist das
Prunkglas, ein bauchiges, damals meist grünes
Kelchglas, mit dem der rühmende Trinkspruch
ausgebracht wird. Obwohl dieser Brauch kaum
noch gepflegt wird, ist der Römer zwar in anderer, aber ebenso prunkvoller Pokalgestalt noch
heute sehr begehrt.

Dem herrschenden Geschmack und den

4 Haase, G.: Zur Kunstgeschichte des sächsischen Glases,
a.a.O., S. 12

Möglichkeiten der damaligen Glasproduktion entsprechend werden spezielle Formen bevorzugt. Flaschen sind zwiebel- oder wannenförmig ausgebildet, wie etwa der *Kuttrolf*, dessen Hals außerdem aus mehreren Röhren zusammengeflochten ist.

Zur besonderen künstlerischen Gestaltung, die hochqualifizierte Glasmacher voraussetzt, dienen für Krüge, Flaschen usw. allegorische Figuren – Landsknechte, Tiere, Körperteile – als Motiv. Das beschreibt Johann Mathesius in der 15. Predigt *Über das Glasmachen* seiner *Sarepta oder Bergpostille*, die 1562 in Nürnberg gedruckt wurde. Seine für damalige Verhältnisse erstaunliche wissenschaftliche Weitsicht, aber auch seine Anhängerschaft zum Traum von der Unzerbrechlichkeit des Glases zeigt sich in den folgenden Sätzen aus dem erwähnten Buch: «Denn die gläserne Gebrechlichkeit ist und bleibt doch in allen Gläsern, sind sie zu Sarepta oder zu Venedig oder im Böhmischen Walde oder am Spessart gemacht; bis sich einmal der rechte Meister wieder wird sehen lassen, der dem Glase seinen neuen Zusatz gebe, daß sie nimmer brechen können.»

In Sachsen, Franken, Böhmen und Bayern begann man im 15. und 16. Jahrhundert, Gläser mit Emailmalerei herzustellen. Damit konnten die teuren importierten Farben, bei gleicher künstlerischer Qualität wie die der venezianischen Dekore, durch einheimische Rohstoffe ersetzt werden. Nicht selten verfolgte man mit Malerei, speziell mit Deckemail, den Zweck, Fehler und Unreinheiten zu verdecken.

Bis zum hohen Mittelalter, etwa im 10. Jahrhundert, war als schmelzbare, mit dem Pinsel

Römer mit Deckel. Farbloses Glas;
an Fuß, Lippenrand und Deckel umlaufende Weinranken,
Dresden 1720/30
(Staatliche Kunstsammlungen Dresden,
Museum für Kunsthandwerk)

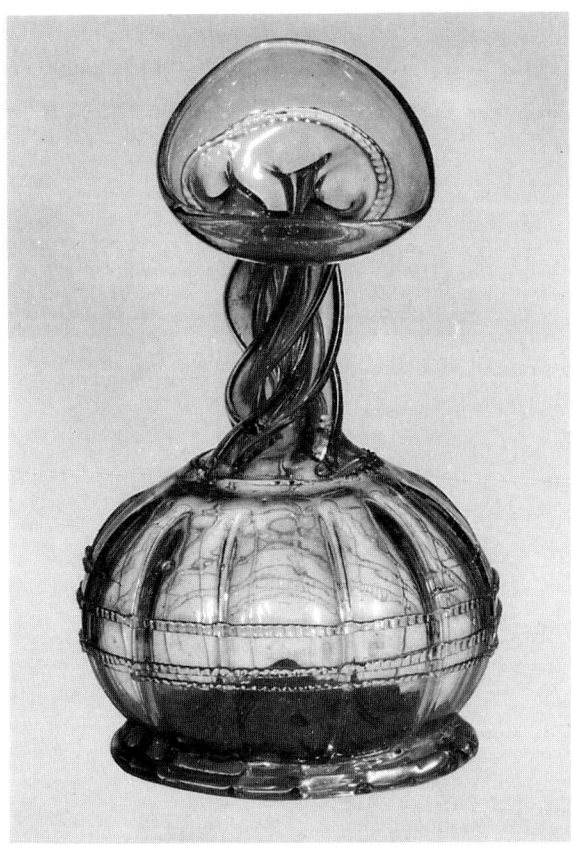

Kuttrolf oder Angster. Farbloses Glas,
Boden eingestochen, Fußring gerippt,
Gefäßkörper mit gekniffenem Spiralband;
Hals aus fünf Röhren geformt,
die in eine dreikantige Schale münden.
Deutschland, 16.–17. Jh.
(Staatliche Museen zu Berlin, Kunstgewerbemuseum)

durch den Einbrennprozeß, weil dadurch die Farben andere Töne annehmen. Metallische Farbaufträge tauchen auf dem mitteleuropäischen Hüttenglas in der 2. Hälfte des 16. Jahrhunderts auf.

Die von der Getränkeart beeinflußten Trinksitten bewirkten formgestalterische Unterschiede der Trinkgefäße. Bier verlangt den Becher, zum Wein gehören Humpen, Römer oder Pokale, die man den Herrschaften als prunkvoll gestaltete Gefäße kredenzte. Meist waren die Bier- und sogar auch Weingläser mit Henkel und Deckel komplettiert, sogenannte Daumengläser erleichtern den «Zugriff» zum Getränk.

Wie aus der Geschichte der Glaserzeugung in Mitteleuropa von der Jahrtausendwende bis zum 16. Jahrhundert hervorgeht, hatte sich neben der künstlerisch und technisch hochstehenden Glasproduktion Venedigs, die zudem durch das staatliche Monopol geschützt war, ein in der künstlerischen Gestaltung teilweise von Venedig beeinflußtes, aber doch eigenständiges Glashandwerk entwickelt und behauptet. Dieses bildete die allgemeine materiell-technische Basis, um das venezianische Glasmonopol zu brechen, reichte aber allein noch nicht aus, um diesen Bruch auch selbst zu vollziehen. Um Venedigs Glasmonopol unwirksam machen und schließlich aufheben zu können, mußten in den anderen Ländern weitere Bedingungen neben den Produktionskapazitäten heranreifen.

Eine wesentliche Voraussetzung, um die Herstellung von Glas aus dem Dunkel abgeschirmter und bewachter Produktionsstätten an das Licht der allgemeinen Produktivkraftentwicklung in Europa zu bringen, bestand darin, daß die wissenschaftlichen Grundlagen ihrer Technologie allgemein bekannt werden mußten. Diesen Beitrag zur Entmonopolisierung ha-

auftragbare Glasfarbe lediglich das bereits im Altertum verwendete Schwarzlot bekannt. Die meisten bunten Farben mußten importiert werden und waren außerdem in der Verarbeitung sehr kostspielig, weil die Glasmalerei, um den Farbauftrag haltbar zu machen, das Einbrennen verlangt. Dafür war eine hohe Farbgüte nötig, aber auch die Verzierung komplizierte sich

Drei Römer. Grünes Glas, Kuppa
des mittleren goldbemalt (Wappen und Hasenjagd).
Deutschland (Rheinland), 17.–18. Jh.
(Staatliche Museen zu Berlin, Kunstgewerbemuseum)

ben in erster Linie Georgius Agricola mit seinem Werk *De re metallica*, Johann Mathesius mit
seiner *Sarepta oder Bergpostille* und der Florenti-
ner Antonio Neri mit seinem 1612 veröffentlichten Buch *L'arte vetraria* (Die Kunst des Glases)
geleistet. Während die deutschen Autoren die
Praxis der bisherigen Glasherstellung und -ver-
edlung, insbesondere auch die Erfahrungen
obersächsischer Glasmacherkunst aus dem Erz-
gebirge, zusammenfaßten, offenbarte Neri alle

venezianischen Geheimnisse des Glasherstel-
lens und -veredelns, die bisher durch das Monopol streng bewahrt gewesen waren, und lieferte eine erste zusammenfassende und allgemeine Anleitung für das Glasmachen. Johann
Kunckel, der große deutsche Glasmacher des
17. Jahrhunderts, übersetzte Neris Buch runde
70 Jahre später in die deutsche Sprache, er-
gänzte und erweiterte es mit eigenen Erkenntnissen und machte damit in vielen Jahrhunderten angesammelte Glasmachererfahrungen
auch in Deutschland einer breiteren Öffentlichkeit zugänglich.

Nicht weniger bedeutsam für das Zerbrök-
keln des venezianischen Glasmonopols war der

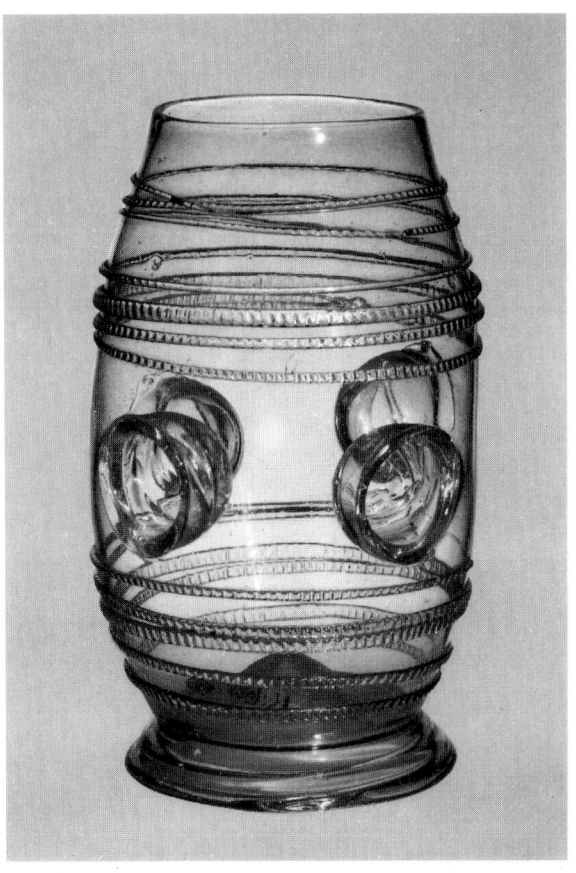

Daumenglas in Form eines Fasses.
Farblos, mit vier Fingerdellen; Boden eingestochen,
um die Wandung spiralig gekniffene Bänder.
Deutschland, 16.–17. Jh.
(Staatliche Museen zu Berlin, Kunstgewerbemuseum)

Nexierglas mit reichem Dekor, farblos.
Die Kunstfertigkeit des Handwerkers und seine Lust
am «Basteln» wird an diesem Glas geradezu spürbar.
Deutschland, 17. Jh.
(Staatliche Museen zu Berlin, Kunstgewerbemuseum)

zunehmende Bedarf an Glaserzeugnissen in der
Zeit der Frührenaissance. Der europäische
Markt weitete sich aus. Der herrschende Adel
und der sich immer mehr festigende Bürger-
stand verlangten sowohl luxuriöse Gläser für die
verschiedensten Repräsentationszwecke als
auch dekorativ gestaltetes, formschönes Gebrauchsglas.

Fürstenhäuser siedelten jetzt Glasmacher in

eigenen Ländereien an und gründeten weitere
Glashütten. Auch Glasmacher, die Geld be-
schaffen oder sogar eigenes ansammeln konnten, weil sie ihr Glas profitabel herstellten und
verkauften oder durch glückliche Umstände zu
Vermögen gelangt waren, errichteten neue
Glashütten und -manufakturen.

Damit wuchs in den verschiedensten europäischen Gebieten eine von Venedig unabhän-

«Trinkgefäß», das wohl eher zur Freude
der Kinder oder für den Stammtisch angefertigt wurde.
Deutschland, 17./18. Jh.
(Staatliche Museen zu Berlin, Kunstgewerbemuseum)

gige leistungsfähige Glasproduktion heran. Ih-
rem Absatz war der Umstand förderlich, daß im
Gefolge der notwendigen Rodungen für die
Heizmaterialgewinnung landwirtschaftliche
Nutzfläche und Baugelände entstanden, wo-
durch sich die Ansiedlungen im Gebiet um die

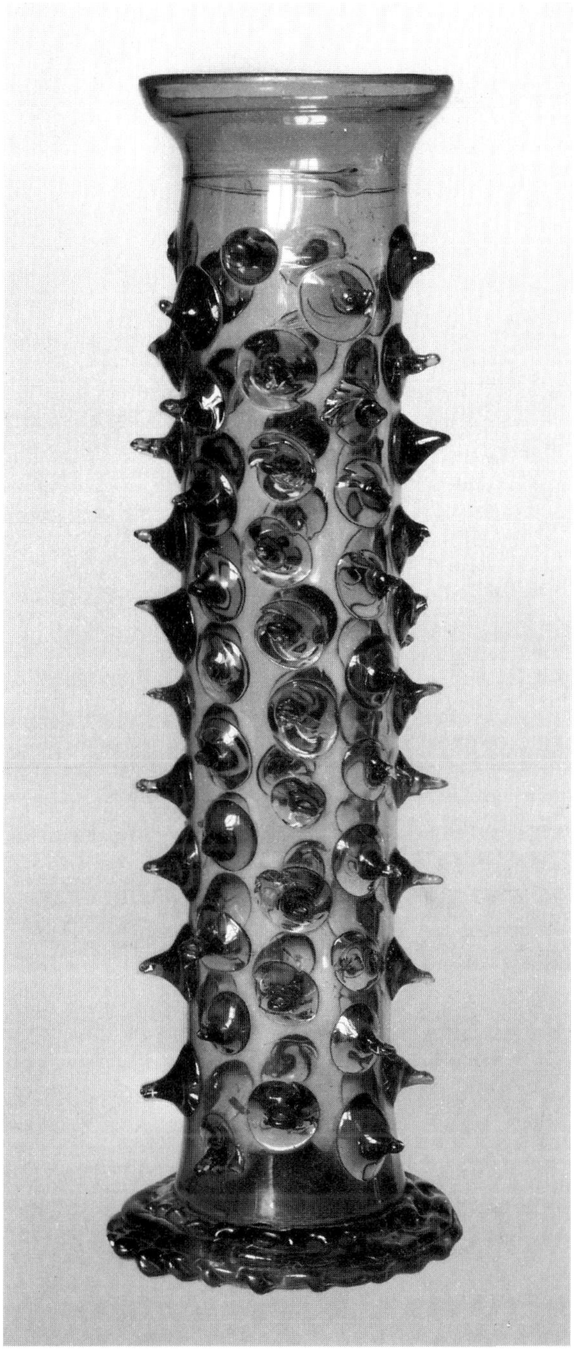

Grünes Stangenglas mit Nuppendekor,
gekniffter Fuß und aufgebogener Mundrand.
Deutschland, 16. Jh.
(Staatliche Museen zu Berlin, Kunstgewerbemuseum)

Glashütten ausdehnen konnten. So ist es zu erklären, daß sich viele Glashütten Jahrzehnte und Jahrhunderte später inmitten von Ortschaften befinden und ihre Heizmaterialien über weite Strecken heranschaffen müssen, während sie früher oft einsam und allein im tiefen Wald lagen.

Das technische und künstlerische Niveau der Waldglashütten war territorial sehr unterschiedlich, und ihre Erzeugnisse konnten anfangs weder im Sortiment noch im künstlerischen Stil mit dem venezianischen Glas konkurrieren. Nach und nach aber bringen sie auf einzelnen Gebieten Gläser auf den Markt, die sich mit venezianischen Spitzenerzeugnissen durchaus messen können.

Die Herausbildung von nationalen Märkten in Europa und das Übergreifen des Fernhandels über die Ländergrenzen, das die Warenzirkulation und -produktion belebt und zur allmählichen Ausprägung eines Weltmarktes führt, verlangen mit dem wachsenden Bedarf auch größere, leistungsfähigere Glashütten. Erfahrene venezianische Glasmacher werden zu gesuchten Fachleuten. Nicht wenige außervenezianische Glashüttenbesitzer bieten ihnen höheren Lohn und andere Vergünstigungen, wenn sie Murano verlassen und sich in ihre Dienste begeben. Diese Nachfrage läßt gewinnsüchtige Vermittler auf den Plan treten, die einträgliche Schmuggelgeschäfte mit venezianischen Glasmachern aufziehen. Gleich ganze Glasmacherfamilien werden illegal abgeworben und den europäischen Fürstenhöfen oder großen Handelshäusern mit eigener Glasproduktion und etlichen anderen Glashüttenbesitzern zugeführt. Dabei geraten die lokalen feudalen Abhängigkeitsverhältnisse und der patriarchalische Glashüttenbetrieb in Widerspruch zu den Bedürfnissen der sich entwickelnden selbständigen Glasmanufakturen, deren Inhaber gewöhnlich besonders erfahrene und schöpferisch veranlagte Glasmacher sind, die nur noch der Produktionserfolg bewegt.

Im 16. Jahrhundert kommt es in Nürnberg zur Gründung einer Glashütte. Ein gewisser Cornachini hatte zuvor in Antwerpen das gleiche versucht. Als er mehr Arbeiter braucht, reist er nach Italien und Deutschland, um welche anzuwerben. In Nürnberg kommt es zu einem längeren Aufenthalt. Das Geld wird knapp, und Cornachini entläßt einen Teil des neuen Personals wieder. Die stellungslosen Glasmacher haben sich dort dann offenbar seßhaft gemacht und eine eigene Glasproduktion aufgebaut. Auf diese Weise entstand die berühmte Nürnberger Hütte, die den Ursprung jener künstlerischen Tradition mitbegründet, aus der sich schließlich das Schicksal des venezianischen Glasmonopols auf ganz andere, «normale» Weise erfüllte – durch die freie Konkurrenz mit besseren und billigeren Produkten.

Viele Glasmacher wurden damals von den Herrschenden ins Land gerufen oder aber zumindest gefördert, weil damit auf ihrem Gebiet ein neuer, interessanter Gewerbezweig entstand, der für das eigene Haus nicht nur repräsentativ, sondern mit den Abgaben des Hüttenbesitzers an seinen Landesherren auch recht einträglich war.

«Der Landgraf Wilhelm IV. von Hessen läßt 1583 aus Dänemark zwei italienische Glasmacher kommen – Francesco Warisco (Guarisco) und seinen Sohn Pompeo ... Der Anfang gestaltete sich äußerst schwierig und kostspielig ... Aber da hinter der Glashütte Wunsch und Wille des Landesherrn stehen, so zeigt die Hütte doch Resultate, die nicht nur am Kasseler Hof, sondern auch außerhalb der Stadt Abnehmer finden, und es wird gelegentlich hervorgehoben, daß zwischen den Gläsern der Kasseler Hütte

Fünf Gläser aus deutschen Glashütten
des 15.–17. Jh., wohl vornehmlich des Rheinlands:
Römer, Paßglas, Spechter, Igel, Krautstrunk
(Staatliche Museen zu Berlin, Kunstgewerbemuseum)

und ‹venetischen Gläsern kein Unterschied› besteht.»[5]

Nicht selten entstand ein Pachtverhältnis insofern, als ein Fürst oder ein großes Handelshaus der Glasmacherfamilie das Geld für eine eigene Glashütte oder Veredlungswerkstatt vorschoß, um es in Form der Pacht und eines Anteils an den künstlerischen Glaserzeugnissen mit Gewinn zurückzuerhalten. So wird im 16. Jahrhundert die Gründung der Glashütte Hall in Tirol durch Privileg des Königs dem Augsburger Wolfgang Vitl genehmigt und durch Erzherzog Ferdinand von Tirol protegiert, der dafür als Gegenleistung repräsen-

tative Gläser in seine Sammlung auf Schloß Ambras übernimmt.

Im ausgehenden Mittelalter bricht sich die Warenproduktion unaufhaltsam Bahn, zersetzt die feudalen Produktionsverhältnisse und sprengt mit elementarer Gewalt die Isolation auch der mittelalterlichen Glashütten Zentraleuropas, die vorwiegend auf den lokalen Bedarf eingestellt waren. Damit geriet auch Venedigs Glasmonopol ins Wanken und zerbrach schließlich völlig. Daraus vor allem erklärt sich, daß schon zu Beginn des 16. Jahrhunderts venezianische Glasmacher in anderen Ländern eigene Glashütten besaßen oder aber in fremden Diensten standen. Mit der wachsenden Glasproduktion und dem sich ausbreitenden Glashandel prägt sich auch die Konkurrenz unter den Glashütten stärker aus.

Ein Weg, die beherrschende Stellung der venezianischen Glaserzeugnisse zu untergraben,

5 Schlosser, J.: Das alte Glas, a.a.O., S. 126 f.

87

Drei Becher mit weißer Fadenauflage, «venetianische Art».
Der Becher in der Mitte mit sächsischem Gesamtwappen
und Jahreszahl 1620
(Staatliche Kunstsammlungen Dresden,
Museum für Kunsthandwerk)

bestand darin, Formen und Dekore des Glases
aus Venedig «nachzuempfinden» oder einfach
zu kopieren, zu «kupfern».

In Frankreich, Spanien und den Niederlanden tauchen zunehmend solche Imitationen venezianischen Glases auf. Nicht immer kann genau beurteilt werden, ob sie tatsächlich «made in Venetia» sind oder aus eigenständigen anderen·europäischen Glashütten stammen. Oft läßt sich das Plagiat vom Original nur an formgestalterischen Details unterscheiden. Das «nachempfundene» venezianische Glas ist nicht von so filigraner Struktur, die Wandung der Hohlgläser ist meist dicker und das Glas besitzt nicht die vielgerühmte Brillanz des echten Glases aus Venedig.

Einen gewichtigen Beitrag zur Entmonopolisierung der venezianischen Glasherstellung leisteten unter dem Zwang der Konkurrenz auch die Handelshäuser Venedigs selbst. Um sich behaupten zu können und gleichzeitig die Gewinne zu mehren, mußten sie ihre Marktanteile vergrößern und den Umsatz ständig steigern. Das verlangte mehr Waren und folglich höhere Produktionskapazitäten. Zum anderen hatten die Glashütten, die noch auf ihre territorialen Märkte eingestellt waren, einen Konkurrenzvorteil, der sich durch niedrigere Kosten bezahlt machte. Die Wege ihrer Waren zum Kunden waren kürzer! Und das war gleichbedeutend mit höherem Gewinn. Venedig selbst förderte daher fortan die Entwicklung von Glashütten im mitteleuropäischen Raum unter venezianischer Beteiligung und Leitung. Das betrifft die 1428 in Wien gegründete *Venediger Au* ebenso wie viele spätere Gründungen in Köln, Tambach in Thüringen, Dessau, Kiel und Königsberg.

Das Glasmonopol war nun nicht mehr auf das Staatsgebiet Venedigs begrenzt. Die venezianischen Hütten außerhalb der Insel Murano mit ihren wachsenden eigenständigen wirtschaftlichen Interessen und der steigende Bedarf an den vielfältigsten Erzeugnissen aus Glas auf den sich entfaltenden Märkten hoben de facto die Monopolstellung mehr und mehr auf. Die Sanktionen, ehemals zum Schutz der Produktionsgeheimnisse erlassen, ließen sich auf fremden Territorien nun nicht mehr kraft staatlicher Gewalt durchsetzen. Zugleich brachten die ausländischen Firmengründungen den ausgewanderten Glasmachern, aber auch der Kaufmannschaft Venedigs doppelten Vorteil. Sie erhöhten den Warenumsatz auf den Außenmärkten bei gleichzeitiger wesentlicher Senkung der Kosten.

Im Schoße des Feudalismus hatte sich die Glasproduktion in den mittel-, west- und nordeuropäischen Ländern auf einen Stand entwikkelt, der nunmehr mit Italien konkurrieren und das venezianische Glasmonopol auch qualitativ brechen konnte. Die Entfaltung der nationalen Märkte bis zur allmählichen Herausbildung eines Weltmarktes; der aufblühende weltweite Handel auch mit Glaserzeugnissen, der die territoriale Isoliertheit des Vertriebs von Glaswaren sprengte; der große Sprung in der Produktivität der Glaserzeugung, der aus der Verallgemeinerung und Veröffentlichung ihrer wissenschaftlich-technischen Grundlagen resultierte; und der Zwang der Konkurrenz, der die Glasproduzenten, auch und gerade die damals mächtigsten in Venedig, dazu trieb, ihre Produktionsmittel zu verbessern und zu vermehren, selbst über das eigene Staatsgebiet hinaus, – dies alles untergrub ein für allemal die ökonomischen und materiell-technischen Bedingungen des venezianischen Glasmonopols.

Venedig erkannte den de facto bereits vollzogenen Bruch des Glasmonopols in der Mitte des 16. Jahrhunderts schließlich auch offiziell an. Die Signoria, die oberste Behörde von Venedig, erteilte Glasmachern der Insel Murano erstmals eine amtliche Auswanderungsgenehmigung nach Österreich, um die Erzherzog Ferdinand II. nachgesucht hatte. Die Konkurrenzlage unter den europäischen Glashütten und Ferdinands gute Beziehungen zu Venedig bewirkten, daß man ihm gestattete, venezianische Glasmacher in seiner Hofglashütte zu beschäftigen. Diese *Tiroler Hütte* stellte originales venezianisches Glas her. Damit war der Bruch des venezianischen Monopols der Glasherstellung und -raffinerie offiziell und endgültig besiegelt. Der Glanz venezianischen Glases war an der Wende zum 19. Jahrhundert endgültig am Erlöschen. Muranos Glasbläserkunst führte einen verzweifelten Kampf gegen die Glaserzeugnisse des Nordens und um ihre eigene nackte Exi-

Willkomm.
Emailmalerei und silbervergoldete Fassung.
Böhmen oder Sachsen, 1602
(Staatliche Kunstsammlungen Dresden,
Museum für Kunsthandwerk)

stenz. Aus der Schar der Neuerer, wie den Glasmachern Domenico Bussolin, Pietro Bigaglia, Lorenzo Graziati, die in den Jahren von 1838 bis 1870 mit exzellent gestaltetem Faden- und Mosaikglas erste neue Erfolge errangen, gelang es vor allem dem Vicenzaer ehemaligen Rechtsanwalt Antonio Salviati, mit seiner 1866 gegründeten Glasfirma «Salviati & Co» wieder europäische Marktanteile zu erobern. Seine Landsleute nannten die Glasfabrik Salviatis ihrer beherrschenden Stellung wegen einfach «Compagnia di Venezia e Murano». Antonio Salviati, geboren in Vicenza (1816), mußte den Tiefpunkt venezianischer Glaskunst erleben. Bereits im Jahre 1806 hatte sich die Glasbläserinnung auf Murano aufgelöst, zu einem Zeitpunkt, als Englands und Böhmens Glashütten in höchster Blüte standen. Vorausgegangen war der Verlust der staatlichen Macht Venedigs: Am 12. Mai 1797 hatten der letzte Doge, Luigi Manin, und der Große Rat abgedankt.

In Österreich dagegen, das von 1797 bis zum Jahre 1865 überwiegend die Herrschaft über Venedig ausübte, entfaltet sich die Biedermeier-Zeit, die zugleich eine bedeutende Kunstrichtung des europäischen Glases hervorbringt. Sie bewirkt in den österreichischen Glashütten, und hier wiederum besonders in Böhmen, einen erneuten Aufschwung der Glasproduktion. Der humoristische Dichter Ludwig Eichrodt charakterisierte mit seinen lustigen Gedichten «Biedermeiers Liederlust» in dem weit verbreiteten Magazin «Die fliegenden Blätter» diese Epoche des «Glücks im Winkel» treffend.

Venedigs Glaskunst ist von diesem «Wohlstandsideal» weit entfernt, huldigt nicht dem Biedermeier, sondern wahrt die Tradition: Alte Fadengläser, Mosaike und Formen vorrömischen Glases sowie klassische Leuchter gehen in Produktion. Gerade letztere, Kandelaber und Luster, mögen den Dichter Francesco Dall' Ongaro zu seinen Versen der Bewunderung für Salviatis Glaswaren inspiriert haben:[6]

Von der Kunst aus Murano,
die sich neu ergrünend erhebt,
reicht euch Salviati Spiegel
und Kronleuchter dar,
von Tausenden farbensprühenden
Funken erstrahlend,
die schwebend und tändelnd
in vergoldeten Zimmern
tanzende Paare erleuchten:
Nicht von der Natur
mit ruhiger Meisterschaft geschmolzen,
sondern launische Töchter
des Hauches und der Gedanken.

6 Freie Nachdichtung aus dem Italienischen von Dr. Karin Zanft

Ein schöner Beweis venezianischen künstlerischen Gebrauchsglases aus der jüngeren Vergangenheit: Tasse mit Untertasse. Auf farblosem Glasgrund sind bunte Millefiori-Auflagen mit Stern- und Rosettenmotiven eingewalzt.
Italien, Murano, 1910–1915
(Sammlung Hilde Rakebrand, Dresden)

# Glas in Kunst und Alltag

Kein Stoff ist formbarer,
keiner läßt sich bereitwilliger
färben als Glas.
Aber am höchsten geschätzt
ist das farblose Glas,
weil es am meisten
dem Kristall ähnelt.

PLINIUS D. Ä.

Mit der Überwindung der venezianischen Glasepoche setzt nunmehr eine gesamteuropäische Glasentwicklung ein, an der vor allem Sachsen, England, Italien, Böhmen und Preußen in Verbindung mit seinen schlesischen Provinzen maßgeblich beteiligt sind.

Die handwerkliche Veredlung des Glases sondert sich mit der weiteren Spezialisierung und Konzentration der Glasherstellung immer stärker von der Glashütte ab und nimmt in besonderen Manufakturen, den *Glasraffinerien*, ihren eigenen Fortgang.

Dieser Prozeß läßt sich am Beispiel der Glasproduktion und des Glashandels im römischen Kaiserreich deutscher Nation und in Großbritannien anschaulich darstellen.

## Wiedergeburt des Glasschnitts

Am Hofe Kaiser Rudolfs II. hatte die deutsche Spätrenaissance die rustikalen Kunstbedürfnisse der Reichsgewaltigen aus dem Mittelalter verdrängt. Die feinsinnige Kultur des italienischen Bürgertums setzte sich beim deutschen Hochadel durch und drang bis in die tief verzweigten Herrschaftsstrukturen des Kaiserreiches ein.

Kaiser, Könige, Kurfürsten und Künstler wiederentdeckten das Glas als würdigen Kunstgegenstand. Sie entsannen sich fast vergessener Techniken, mit denen bereits die alten Römer das Glas veredelten. So gelangte das Glasschneiden in Mitteleuropa zu neuer Blüte.

Der Kaiser und seine königliche böhmische Residenz hatten schier unersättlichen Bedarf an wertvollen Schmuck-, Zier- und Prunkgegenständen. Kunstsinn und Sammelleidenschaft ließen Rudolf II. 1588 in Prag eine Schneide- und Schleifmühle eröffnen. Er hatte dafür eigens aus Mailand den Steinschneider Ottavio Miseroni ins Land gerufen. Bald gewann die Werkstatt einen hervorragenden Ruf, der sich vor allem auf die zierlich geschnittenen Steine und Gefäße aus Bergkristall gründete.

Noch in demselben Jahr kommt auch der aus Uelzen in der Lüneburger Heide stammende Edelsteinschneider Caspar Lehmann nach Prag. Er verleiht dem Glasschnitt neue Impulse, die ihm das Privileg eines Hofglasschneiders Rudolfs II. einbringen. Seine gestalterischen und vor allem auch technischen Leistungen, unter denen die Erfindung des Schneidstuhls hervorragt, veranlassen den Kaiser, ihm den Adelstitel zu verleihen und 1609 das ausschließliche Recht des Glasschneidens zu gewähren.

Geschnitten wird zu dieser Zeit dünnwandiges und immer noch sprödes Glas. Man mußte damit sehr behutsam umgehen, damit es beim Schneiden nicht zerbrach und das Schneidwerkzeug die Wandung nicht durchschnitt.

In Nürnberg arbeitet etwa seit 1625 Georg Schwanhardt d. Ä., der im Jahre 1618 das Glasschneiden bei Caspar Lehmann in Prag erlernt hatte und dessen kaiserliches Privileg erbte. Er schnitt hauptsächlich dünnwandige, im venezianischen Stil geformte hohe Glaspokale.

Von seinen fünf Kindern erhalten die Söhne Heinrich und Georg d. J. das väterliche Privileg vom römisch-deutschen Kaiser Ferdinand III. verliehen; die 3 Töchter und eine Schwiegertochter üben diese Kunst ebenfalls auf Glas venezianischen Typs aus, gemeinsam mit weiteren Nürnberger Glasschneidern.

Heinrich Schwanhardt spezialisierte sich auf figurale Schnitte von Menschen, Tieren und Blumen. Johann Wolfgang Schmidt schuf in den Jahren von 1676–1710 vor allem Glasschnitte von Schlachten und Kriegsszenen, während man in der Werkstatt Hermann Schwingers in Konkurrenz zu Georg Schwanhardt d.J. Landschaften sowie bekränzte Genrebilder bevorzugte.

Ab Mitte des 17. Jahrhunderts war man in den Glashütten Böhmens und Sachsens dahintergekommen, daß das stark giftige Arsenik und Mangandioxid ($MnO_2$), von den Glasmachern Braunstein genannt, das Glas entfärbt. Dieses oder ein ähnliches Verfahren der «Glaswäsche» muß aber auch schon im Altertum bekannt gewesen sein, wie aus dem Plinius-Zitat ersichtlich ist, das diesem Kapitel voransteht. Das nunmehr klare und durchsichtige Glas aus den Waldhütten des deutschen Kaiserreiches ähnelt in der Tat sehr dem begehrten Bergkristall. Das vom bekannten Hüttenmeister Michael Müller im Jahre 1683 entdeckte Kreideglas, erstmalig in der Helmbacher Glashütte in Winterberg (jetzt Vimberk, ČSSR) geschmolzen, bedeutet eine erneute Werkstoffverbesserung und hat fördernden Einfluß auf die Glasveredlung. Neben den böhmischen stellen sich die sächsischen und preußischen Glashütten, wie in Dresden und Glücksburg oder in Potsdam und Zechlin, auf Kreide- oder Kristallglas, das sogenannte *Christallin-Glas*, um. Die Techniken des Glasschneidens und -schleifens erfahren einen ungeahnten Höhenflug, weil jetzt mit dem Kristallglas ein Material verfügbar ist, das sich im Gegensatz zum Waldglas überhaupt erst für diese Kunst richtig eignet und die venezianischen Gläser verfahrenstechnisch sogar überragt. Von filigraner Struktur, rein und klar, mit entsprechendem Glanz und gutem Lichtbrechungsvermögen, bietet es für das Glasschneiden und -schleifen bessere Voraussetzungen, weil es weniger spröde ist als das venezianische Glas und erst recht gegenüber dem Bergkristall erhebliche Vorteile bietet. Im hüttentechnisch höher veredelten Glas fanden die Edelsteinschneider und -schleifer einen idealen Werkstoff, der dem

Bergkristall außerdem noch in Angebot und Kosten eindeutig überlegen war. Nicht nur das Kristallglas selbst, sondern vor allem seine arbeitsteilige getrennte Veredlung durch Schliff und Schnitt, führten besonders in Böhmen, Franken, Hessen, Preußen, Sachsen und Schlesien zu künstlerisch hochwertigen Glaserzeugnissen, die weit auf den europäischen Markt ausstrahlten. Der anspruchsvolle Schliff und Schnitt der Hohlgläser begründete den Vorstoß der böhmischen, brandenburgischen und schlesischen Glaserzeugung in eine Spitzenposition.

Die Glasschleifer und -schneider, die damals zu den Künstlern zählten, leiteten in Mitteleuropa die Periode der Manufakturen für die Glasveredlung, der *Glasraffinerien*, ein. Von der Glashütte, die unbedingt noch auf Waldnähe angewiesen ist, räumlich getrennt und auch gewerblich schon selbständig, richten nun die Glasveredler in Städten oder größeren Gemeinden ihre Werkstätten ein, bilden Lehrlinge aus und beschäftigen Gesellen; gleichzeitig streben sie über den jeweiligen Herrn Privilegien an, die dieser auch fast immer erteilt, hat er doch selbst nur Vorteile davon. Denn das Glas der herrschaftlichen Hütte, geschliffen und durch das geschnittene eigene Wappen oder Porträt künstlerisch verziert, kündet von Ruhm und Reichtum, ist ein würdiges Geschenk und profitables Handelsgut.

Die mitteleuropäische Glasschnittechnik des ausgehenden 16. Jahrhunderts hatte sich von Nürnberg und Prag aus entwickelt, wo bereits im Mittelalter die Kunst der Edelsteinbearbeitung erblüht und gereift war. Nürnberg erhebt sich jetzt zum bedeutenden europäischen Zentrum der Glasschneidekunst. An der Wende zum 18. Jahrhundert gehen Glasschneider wie Paulus Eder, Georg Friedrich Killinger, Erhard

und Christian Dorsch dazu über, statt des meist importierten, in der Regel sehr spröden Glases venezianischen Typs das weichere, wenngleich immer noch dickwandigere Kreideglas aus Böhmens Glashütten zu verwenden. Mit der Bearbeitung von Kristallglas erzielten der Nürnberger Glasschneider Anton W. Maüerl und der Gothaer Hofglasschneider Georg Ernst Kunckel beachtliche künstlerische Erfolge.

Als Schüler des an der italienischen Steinschneidekunst anknüpfenden Stein- und Glasschneiders Christoph Labhardt tritt in Kassel der überragende «fürstliche Glasschneider» Franz Gondelach hervor, der den künstlerischen Reliefschnitt bevorzugt. In Braunschweig fördert Herzog Ernst August von Sachsen-Weimar die Glasschneidekunst. Er beruft Andreas-Friedrich Sang zum Hofglasschneider; dessen Sohn Johann Heinrich Balthasar setzt die Tradition des Vaters, der den Berliner bzw. schlesischen Figuralschnitt bevorzugt, nicht einfach fort, sondern dekoriert sehr individuell geschnittene Glaspokale im Rokokostil.

Hessische Glasmacher formen zum Beispiel mit Vorliebe Pokale, die einen angesetzten kegeligen oder glockigen Schaft haben, in dem Blasen ausgestochen sind.

In dem Bestreben, künstlerisch Vollendetes zu schaffen, lehnten sich die mitteleuropäischen Glasschleifer und -schneider in Form und Dekor meist noch an Muraneser Vorbilder an. Mit dem verbesserten Glas gelang es ihnen dann auch überall, ob in Böhmen und Hessen oder in

Deckelpokal. Farbloses Glas. Über dem Ansatz der trichterförmigen Kuppa das bekrönte königliche Wappen von Preußen, umgeben von der Kette mit dem Kleinod des Schwarzen Adler-Ordens, darin das Monogramm Friedrich I. von Preußen. 1. Hälfte des 18. Jh. (Staatliche Kunstsammlungen Dresden, Museum für Kunsthandwerk)

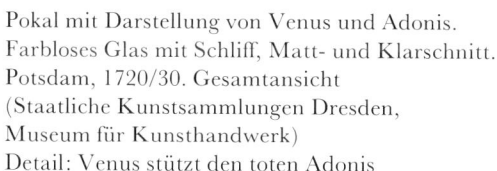

Pokal mit Darstellung von Venus und Adonis.
Farbloses Glas mit Schliff, Matt- und Klarschnitt.
Potsdam, 1720/30. Gesamtansicht
(Staatliche Kunstsammlungen Dresden,
Museum für Kunsthandwerk)
Detail: Venus stützt den toten Adonis

Brandenburg und Sachsen, das bisher unein-
geschränkt marktbestimmende venezianische
Glas von seiner Vorrangstellung zu verdrängen.

Die Glasveredlung orientiert sich am Stil des
Barock: umlaufende figurale Motive treten zurück, der Schnitt barocker Kartuschen und Mo-
nogramme setzt sich durch. In den Schleifmühlen Brandenburgs und Schlesiens sind um die
Wende vom 17. zum 18. Jahrhundert bedeutende Glasschneider tätig.

Einer der bekanntesten Berliner Glasschneider, Martin Winter, erhält 1687 vom «Großen
Kurfürsten» Friedrich Wilhelm in Berlin eine
mit Wasserkraft betriebene Schneidmühle ein-
gerichtet. Seinem Bruder, dem gräflichen
Schloßvogt Friedrich Winter, übergibt ein Jahr
darauf die gräfliche Herrschaft Schaffgotsch fast
die gleiche Werkstatt im schlesischen Herms-
dorf bei Petersdorf, zugleich mit einem Privileg
für das Glasschneiden.

Der Lehrling Martin Winters, der Berliner
Glasschneider Gottfried Spiller, bereits im Alter
von 20 Jahren mit 200 Talern Jahresgehalt beim
Großen Kurfürsten in Dienst, gestaltet mit Vorliebe mythologische Kindergruppen in Glas.

Im Glasschnitt dominierten gegen Ende des

Kuppa eines Pokals mit Darstellung eines Liebespaares.
Farbloses Glas, geschnitten von Heinrich Jäger (?),
Berlin, um 1700
(Märkisches Museum, Berlin)

17. Jahrhunderts Böhmen, Brandenburg mit
Berlin, Franken mit Nürnberg und Hessen mit
Kassel als Schwerpunkt, sowie Schlesien und
Thüringen. Den Vorzug erhielt durchweg ein
hochbarocker Stil mit schweren Gläsern in
wuchtigen Formen. Kuppen, Deckel und Füße
der Gefäße zierten in schmale Spitzen auslau-
fende Reliefblätter.

Der Berliner Glasschneider Elias Rosbach
knüpft in seiner frühen Potsdamer Zeit daran
an, führt später aber in der preußischen Zechliner Glashütte in Anlehnung an venezianisches
Glas leichtere Formen ein.

In Herstellungszeit und -ort nicht genau be-
stimmbar ist die abgebildete reich verzierte
Vase aus Bergkristall von der Hand eines unbekannten Meisters. Sie ist in Form und Dekor so

wunderbar, daß sie die anderen abgebildeten, genau definierten Stücke noch überragt.

In Schlesien, von Preußen im Krieg gegen Österreich 1742 erobert, macht die Glasveredlung ebenfalls tüchtige Fortschritte und bringt beträchtliche künstlerische Leistungen hervor. Der bedeutendste Glasschneider ist dort Christian Gottfried Schneider. Die bekannten Formen und Dekore erhalten mit dem unten eingezogenen Kuppaansatz ein neues und interessantes Stilelement. Sie zeigen darüber hinaus einen besonders zarten Schliff. Das ist vor allem an den Gläsern aus den gräflich Schaffgotschen Glaswerkstätten in Bad Warmbrunn am Zakken (Riesengebirge) zu sehen. Aber auch von anderen Werkstätten, zum Beispiel denen der Fürsten von Lobkowitz in Wiesau, sind zartgeschnittene Glaserzeugnisse überliefert. In thüringischen Glashütten entwickelt sich im 18. Jahrhundert ebenfalls eine bedeutende Kapazität mit eigenen Formen. Charakteristisch sind Pokale mit glockenförmigen Kuppen auf vierkantigem formgeblasenem Schaft, verziert von befähigten Glasschneidern, unter anderen dem Weißenfelser Hofglasschneider Samuel Schwartz und seinem Schüler, dem schon erwähnten späteren Glasschneider am Hofe Herzog Friedrichs II. von Sachsen-Gotha, Ernst Georg Kunckel. Ihre Stücke zeigen meist einen matten polierten Schnitt.

Neben Sachsen, Böhmen und Schlesien hatte gerade das Thüringer Glas in Form und Schnitt erheblichen Einfluß auf die technische und künstlerische Entwicklung in den Glashütten der russischen Zaren. Das mag Ursache und Folge zugleich sein, denn es ist bekannt, daß

Deckelpokal mit Bacchuszug. Farbloses Glas, geschliffen und geschnitten, Potsdam, um 1720 (Märkisches Museum, Berlin)

Geschnittene Flasche. Bergkristall mit Gold, Smaragden, Rubinen und Email, um 1580 (Staatliche Kunstsammlungen Dresden, Grünes Gewölbe)

Michail Wladimirowitsch Lomonossow, der die Entwicklung der russischen Glasfabrikation nachhaltig beeinflußte, für die von ihm betriebene Glashütte Thüringer Glasmacher verpflichtet hatte. Ein bedeutender sächsischer Glasschneider war Johann Christian Kießling, der in der 1. Hälfte des 18. Jahrhunderts in Dresden wirkte und dem vor allem szenische Dar-

stellungen in Glas, wie beispielsweise geschnittene Jagdbilder, zugeschrieben werden.

Im böhmischen Kreibitz, nahe Haida, hatten bereits im Jahre 1669 die Glasschneider und -schleifer gemeinsam mit den «Schraubenmachern», die Schraubverschlüsse auf Trinkflaschen montierten, und den Fensterglasern eine Innung gegründet, deren erste Statuten vom Reichsgrafen Kinsky von Chinitz und Tettau erlassen worden sind. Schon 1683 folgten die in der Kinsky-Herrschaft in Bürgstein bei Haida ansässigen Glasschneider, und elf Jahre später schlossen sich die Glasschneider in Steinschönau zu einer Zunft zusammen.

Das obrigkeitliche Privileg, das der Adel den Glasschneidern vor allen anderen Berufen des Glashandwerks einräumte, wird nun nicht mehr einzelnen Personen, sondern dem gesamten Stand gewährt. In der Steinschönauer Satzung ist festgelegt: «Zum Siebenten. … Kein Kugelschneider noch Polierer soll, bei mir vorbehaltener Strafe, denen Glasschneidern mit ihrer Arbeit nicht den geringsten Eintrag tun.» Während Kugelschneiden (Kugeln) und Polieren Formen des Glasschleifens sind, bestand ein anderes Gewerk – wie Schebeck 1878 schrieb – darin, «auf Schneidstühlen in verkleinertem Maßstab mit Kupferrädchen allerhand Verzierungen, Blumen, Landschaften, selbst Figuren, Jagdstücke und dergleichen herzustellen. Diese Arbeiter nannte man Glasschneider, Glasgraveurs.»

Fast nach venezianischem Vorbild kommt auch im deutschen Kaiserreich zum Privileg die Sanktion. Nach einem Dekret des Wiener Hofes vom 5. 6. 1667 droht jedem Glasmacher bei Auswanderung strengste Strafe. Abwerben unterliegt ebenso der gesetzlichen Ahndung wie der Austritt von Glasmacherkindern aus dem Beruf. Der preußische Königshof in Berlin bestätigte im Jahre 1704 den Glasschneidern der Stadt ebenfalls eine Zunftordnung. Zwar waren die Glasschneider handwerklich organisiert, aber sie sonderten sich von den anderen Zunftständen als Künstler ab, begünstigt durch den Charakter ihrer Produkte, der besondere individuelle Kenntnisse, Fertigkeiten und schöpferische Fähigkeiten verlangte.

Der sächsische Gelehrte, Techniker und Naturwissenschaftler Ehrenfried Walter von Tschirnhaus begründete den Einsatz von Wasserkraft in den Schneid- und Schleifmühlen. Er leitete damit nicht nur das maschinelle Glasschleifen und -schneiden schlechthin ein, das viel produktiver ist. Auch das Arbeitsergebnis ist jetzt genauer vorherbestimmbar, weil die Werkzeugwirkung auf das Glas nicht mehr ausschließlich von der schwankenden Kraft und Ausdauer des Arbeiters abhängt.

Das maschinelle Schneiden und Schleifen weitete das Sortiment an geschnittenen und geschliffenen Gläsern. Im Zusammenhang damit entstand das Bedürfnis, die gegenüber der Glasoberfläche matt wirkenden Schliff- und Schnittflächen zu glänzen, wenn sie die künstlerische Ausstrahlung des Dekors störten. Die Glasschneider suchten folglich nach einfachen und rentablen Verfahren, um die Oberfläche des Glases gezielt zu bearbeiten: nämlich dort, wo es künstlerisch gewollt war, entweder glänzend zu gestalten oder zu mattieren.

Aus überlieferten Berichten und Stücken geht hervor, daß bereits im Jahre 1670 neben anderen der Glasschneider Heinrich Schwanhard in Nürnberg Gläser *geätzt* hat: «Auf alten geätzten Scheiben ist die Schrift erhaben, der Grund geätzt, so an denen der Nürnberger Künstler Schwanhard und Helmhackh», heißt es im *Handbuch der technischen Chemie* von E. L. Schubarth aus dem Jahre 1839. F. E. Fischer,

Deckelpokal mit Jagdszene
(Wildschweinjagd in hügeliger Waldlandschaft)
von Johann Christoph Kießling (?), Dresden, 1731
Gesamtansicht und Detail
(Staatliche Kunstsammlungen Dresden,
Museum für Kunsthandwerk)

ein Fachmann der Glasätzerei, schrieb 1892, es «sind vom Jahre 1670 noch Glastafeln vorhanden, an denen die Schrift und Verzierungen erhaben und der Hintergrund weggeätzt erscheinen. Meistens wurde in damaliger Zeit dieses Verfahren von Glasmalern benutzt, um einzelne Stellen bei Überfanggläsern zu entfernen – wegzuätzen. Zu dem Zweck wurden die zu schützenden Stellen mit Wachs, Asphalt etc. bedeckt, und die freien Stellen mit einem Gemisch von Schwefelsäure und Flußspat geätzt.»

Es gibt auch Rezeptbücher, beispielsweise aus dem Jahre 1725, die das Ätzen von Glas beschreiben. Frühere Belege sind nicht nachweisbar. Offenbar haben die Nürnberger Glaskünst-

Vase von Emile Gallé, Nancy 1895/98
(Staatliche Kunstsammlungen Dresden,
Museum für Kunsthandwerk)

ler ihre Ätzverfahren streng gehütet, so daß erst
55 Jahre vergehen mußten, ehe I. G. Weygand
unter der Überschrift: *«Invention von einem scharfen Aetzwasser, womit man in Glas allerley beliebige
Figuren radieren und corrodieren kann»*, eine Rezeptur in den *Breslauer Sammlungen* bekannt machte.
Dabei hat es sich immer noch um erfolgreiche
Alchimie gehandelt, weil das chemische Verfahren des Ätzens wissenschaftlich noch nicht belegt war: Der Fluorwasserstoff und seine Verbindungen, insbesondere seine wäßrige Lösung,
die Flußsäure, sind erst 100 Jahre nach den
Schwanhardschen Ätzungen auf Glas entdeckt
worden; erst von da an war die theoretische
Grundlage für eine Ätztechnologie geschaffen.

Martin Heinrich Klapproth, zunächst Apo-
theker in Berlin, darauf Chemiker bei der
Akademie der Wissenschaften und später dann
an der Berliner Universität, gab 1787 vor der
Berliner Kunst-Akademie eine ausführliche Beschreibung des Glasätzens. Zunächst äußert
sich Klapproth zur Eigenschaft der Flußsäure,
Silikate zu lösen, so daß es möglich ist, das Glas
durch Ätzen mit dieser Säure glänzend zu machen. Danach ging er auf einen weiteren Effekt
ein, der von nun an eine völlig neue chemische
Veredlungstechnik begründen sollte: Die Gase
der Flußsäure mattieren das Glas, indem sie die
Oberfläche mit einer ganz dünnen, aber un-
durchlässigen und nicht mehr löslichen Schicht
des betreffenden Fluorids überziehen. Resumie-
rend schrieb er:

«Die Anwendbarkeit dieser Manier zu ätzen, die übrigens von selbst in die Augen fällt,
will ich nun an einem Beispiel in Vorschlag
bringen. Die Verfertigung der Glas Microme-
ter, zum Gebrauche der Astronomen, ist, wegen
der ungemeinen Genauigkeit und Feinheit, womit die Linien eingeschnitten werden müssen,
eine der künstlichsten und mißlichsten Arbeiten
in der Glasschneidekunst: denn, bei aller Vorsicht kann doch nicht verhütet werden, daß
nicht in den Winkeln der kleinen Quadrate, welche von den netzförmig sich durchschneidenden
Linien gebildet werden, Glassplitterchen aus-
springen sollten. Dieser nachteilige Zufall ist
aber nicht möglich, wenn die Linien statt der
Eingrabung mit dem Demant, durch Spatsäure-
dunst aufs Glas geätzt werden».[1] Nach einigen
Jahrzehnten gelegentlicher Anwendung des
Glasätzens erlebt es um die Wende zum
20. Jahrhundert einen erneuten künstlerischen

1 Klapproth, M.H.: Über die Kunst,
in Glas und Porzellan zu ätzen, a.a.O., S. 85 ff.

Aufschwung, als es gelingt, auf Überfanggläsern mehrfarbige Bilder herauszuarbeiten, die flach oder tief eingeätzt eine besonders dekorative Wirkung erlangen. Einer der bedeutendsten Künstler, der mit dieser Technik gearbeitet hat, ist Emile Gallé.

Das *Mattätzen* erfolgt heute mit konzentrierter Flußsäure oder Alkalifluoriden über längere Fristen. Als Reaktionsprodukte lagern sich kristallähnliche, pyramidale Erhebungen ab, die das Licht streuen und damit die Mattierung bewirken. Für das *Brillantätzen* kommt ein Säurepolierverfahren mit einem Gemisch aus Fluß- und Schwefelsäure zur Anwendung. Das Glas wird darin abwechselnd kurz geätzt und wieder abgewaschen, um das sonst mattierend wirkende Reaktionsprodukt zu beseitigen. So erhält der Schliff den gewünschten strahlenden Glanz, der nicht besser als mit dem Begriff «Brillant» zu beschreiben ist.

Eine andere, um diese Zeit immer beliebter gewordene Veredlungsart war die Herstellung von sogenannten *Zwischengoldgläsern*. Johann Kunckel hatte diese Technik, die schon die Glasmacher des römischen Kaiserreiches beherrschten, bereits gegen Ende des 17. Jahrhunderts wieder eingeführt. Mit seiner deutschen Abfassung und grundsätzlichen Erweiterung des italienischen Standardwerkes über das Glasmachen von Antonio Neri entriß er auch dieses alte Verfahren der Vergessenheit. Man führt das Dekor bildlich oder ornamental auf einem vergoldeten, versilberten oder farbig lasurierten Blatt aus und legt dieses zwischen zwei zu dünnen Facetten geschliffene Glasplättchen. Durch anschließendes Verkitten entsteht ein fest verbundener Glaskörper. Böhmische Glashütten nahmen derartige Gläser zu Beginn des 18. Jahrhunderts ebenfalls in ihr Sortiment auf und hatten mit ihnen viel Erfolg.

Becher. Zwischengoldglas mit Schliff und farbiger Lasurmalerei, Böhmen, 2. Viertel des 18. Jh. (Staatliche Kunstsammlungen Dresden, Museum für Kunsthandwerk)

Auf den Markt gelangen die Zwischengoldgläser als kleine Becher oder Pokale, mit Spielwürfeln in der Kuppa des Pokals oder in der unteren Becherhälfte.

In der zweiten Hälfte des 18. Jahrhunderts erfährt die Herstellung dieser Gläser einen vereinfachenden Wandel. Man beginnt den oberen und unteren Glasrand doppelwandig zu fertigen. Die Glasschneider legen in den ausgeschliffenen Hohlraum des Doppelglases vor dem Verkitten ein Medaillon mit Goldfolie ein. Johann Sigismund Menzel aus dem schlesischen Warmbrunn benutzt dafür Porträtsilhouetten von Kurgästen, Johann Josef Mildner im öster-

103

Becher, A. H. Pfeiffer zugeschrieben.
Geschnitten und geschliffen, um 1830
(Staatliche Kunstsammlungen Dresden,
Museum für Kunsthandwerk)

Böhmens Glasraffineure übertrugen zu Beginn des 19. Jahrhunderts englische Techniken des Bleikristallschliffs auf das Kristallglas; zum Beispiel den *Brillantschliff*, den sie in kompliziertesten Kombinationen mit feinstem Schnittdekor anwandten und dabei altbewährte Traditionen der Barockzeit weiterführten.

Der berühmteste Glasschneider dieser Zeit ist Dominik Biemann, der an der Kunstakademie in Prag das Zeichnen erlernte. Er lebte zwar in Prag, verbrachte aber seit 1825 jede Kursaison in Franzensbad. Dort schnitt er Porträts von prominenten und reichen Badegästen in Glas. Auch mit dem Pinsel verstand er umzugehen und malte ausdrucksstarke Porträts in flache Glasmedaillons.

Zu gleicher Zeit wirkt in Karlsbad der beste Glasschneideschüler aus der Karlsbader Werkstatt des von Goethe hochgeschätzten Anton Heinrich Mattoni, Anton Heinrich Pfeiffer, der gern religiöse Themen aufgreift und in Glas schneidet, wie zum Beispiel einen Becher mit dem kreuztragenden Christus. Die Qualität dieser Glasschnitte verrät den erfolgreichen Wettbewerb mit Dominik Biemann.

Einen guten Ruf im Glasschnitt des Biedermeier genießt der im Isergebirge ansässige Anton Simm aus Kukan bei Gablonz, der vor allem liebenswürdige Lebensaltergläser gestaltet. Im Empire-Stil überwiegt das farblose Glas, in der Biedermeierzeit der Farbenreichtum: Kobaltblau, Grün, Violett und Weiß. In den vierziger Jahren treten orangefarbene und grün-gelbe Gläser hinzu, während um die Jahrhundertmitte das mit Gold gefärbte Rosalinglas aufkommt. Immer mehr gelangen auch Gläser in das Angebot, die mehrere Arten der Veredlung in sich vereinen. Ein typisches Beispiel hierfür ist das abgebildete schöne böhmische Becherglas aus der Zeit um 1830.

reichischen Guttenbrunn verwendet Wappenbilder, Schloßansichten und Porträts.

Eine andere Art, Glas in ähnlicher Weise zu verzieren und die beabsichtigte Wirkung zu erreichen, ist die sogenannte Inkrustation von Gips- oder Porzellanpasten in Glas. Aus der keramischen Masse formt der Künstler Reliefs, zum Beispiel Porträts von Persönlichkeiten, und schmilzt diese in die noch weiche Glasmasse ein. Besteht der Überzug aus farblosem oder gelbem Glas, dann kann dieses bei geschickter handwerklicher Fertigung dem Relief einen silbernen oder goldenen Glanz verleihen. Die Luftschicht zwischen Inkrustation und Glaswand illustriert den Metallglanz.

Ein ebensolches Prunkstück böhmischen Biedermeierglases ist der sogenannte Kulm-Becher, ein exzellent geschnittener, gravierter, bemalter und emaillierter Pokal. Er entstand als eines von drei Trinkgefäßen anläßlich einer Denkmalseinweihung zur Erinnerung an die Schlacht bei Kulm in den napoleonischen Kriegen.

## Glasraffinerie und Glashandel im Vormarsch

Mit dem 18. Jahrhundert beginnt ein neues Kapitel der Glasgeschichte: die Erzeugung, Gestaltung und Veredlung von Haushalts-, Wirtschafts- und Beleuchtungsglas in großen Mengen. Die Voraussetzung dafür, die Industrialisierung der Rohglasherstellung, entsteht und entfaltet sich mit der Gründung von städtischen Glashütten, die neben die ursprünglichen mittelalterlichen Klosterhütten und die späteren Waldglashütten treten.

Zusehends erweitert sich der Verwendungszweck der Glaswaren. Neue Käuferschichten auf dem Lande und in der Stadt, Bürger, Handwerker, Kaufleute, Beamte des Hofes wie auch Bedienstete des Adels und des reichen Bürgertums vervielfachen den bisherigen engen, vorwiegend aristokratischen Kundenkreis der Glasproduzenten. Ihre Bedarfswünsche verbreitern die Glassortimente. Die Einsatzgebiete des Glases dehnen sich aus, seine Formen und Dekore werden vielfältiger.

Sowohl die Marktbedürfnisse als auch die einsetzende Industrialisierung der Glasherstellung bewirken somit, daß sich immer deutlicher zwei große Erzeugnislinien des Glases abheben: Das *Kunstglas* und das *Gebrauchsglas*.

Der bis in das ausgehende Mittelalter erzielte technische Fortschritt der Glasveredlung hatte seine bedeutendste Produktionsform in der Schneide- und Schleifmühle gefunden. Sie

Becherglas. Bleiglas mit Schliff, gemalter Landschaft in Transparentemail, eingefaßt in gelbgeätztem rechteckigem Rahmen. Nordböhmen, um 1830
(Staatliche Museen zu Berlin, Kunstgewerbemuseum)

ist die Ursprungsform der Glasraffinerie. Aber die Waldglashütten erzeugten das Glas in kleinen Stückzahlen. In den Manufakturen erfuhr es meist eine sehr individuelle Veredlung. Die Werkstelle vor dem Schmelzofen, der Schneidestuhl und der Schleifbock, der Maltisch und Glasbläserplatz vor der offenen Flamme, die Arbeitsstelle vor dem Muffelofen waren eigentlich eine Art Kunstwerkstatt, ein Atelier individueller Fertigung mit deutlicher künstlerischer Prägung. Diese *Atelierfertigung*, wie man sie mitunter bezeichnet, bot dem Glasmacher und -veredler nicht schlechthin alle Voraussetzungen, seine Individualität am Arbeitsgegenstand zu entfalten. Vielmehr forderte sie geradezu seine Intuition, seine Schöpferkraft, sein fachliches Geschick und Können heraus. Von diesen Eigenschaften der lebendigen Arbeit hingen das Produktionsergebnis, das wohlgeformte Glas und sein kunstvolles Dekor, unmittelbar ab. Das Arbeitsmittel hatte darauf noch keinen wesentlichen Einfluß. Damals war fast jedes mundgeblasene und veredelte Glaserzeugnis ein Unikat. Der größte Teil der Herstellungskosten entfiel auf den Arbeitslohn.

Im Schoße der in den Glashütten und -manufakturen angesiedelten Atelierfertigung bildeten sich aber auch Voraussetzungen für die kommende Industrieperiode der Glasfertigung heraus. Bestimmte wichtige Arbeitsschritte der Glasproduktion erhalten in ihr gesicherte technologische Grundlagen, die in den Arbeitsmitteln vergegenständlicht und damit allgemein reproduzierbar werden.

Die Arbeitsmittel bestimmen immer mehr das Produktionsergebnis, und ihr Anteil an den Gesamtkosten nimmt folgerichtig ständig zu. Gleichzeitig treibt der stetig steigende Bedarf an Glas den Übergang zu einer produktiveren Glasfertigung voran. Der Glashandel entfaltet sich und wirkt auf die Glashütten und -manufakturen belebend und fördernd zurück.

Der Markt in Europa öffnet sich den geschnittenen und geschliffenen Bechern, Humpen, Römern, Schalen und Vasen, den Flakons und Gläschen, die in der verschiedensten künstlerischen Gestalt hergestellt sind.

Die Glashütten und -raffinerien gehen dazu über, ihre Erzeugnisse nicht mehr ausschließlich selbst abzusetzen, sondern an Glashändler zu verkaufen, um sich völlig auf die Herstellung der geforderten Glaswaren zu konzentrieren.

Zwischen den Zentren der Glasproduktion und vor allem zwischen den sie vertretenden Handelsfirmen setzt ein harter Wettbewerb ein. So beklagt der Pächter der Dresdner Glashütte, Julius Heinrich Meyer, im Jahre 1713 einen Jahresverlust von etwa 1000 Talern durch die unkontrollierte Einfuhr böhmischen Glases. Der spätere Pächter, Adam Heinrich Rauhe, richtet an den Besitzer der Hütte, den königlich-kurfürstlichen Hof zu Dresden, wegen zu schlechter Ertragslage bei der Glasproduktion ein Memorandum, in dem er sich über die Aktivitäten böhmischer Glashändler beschwert, weil sie zuviel Glas nach Sachsen bringen und sich damit über die ergangenen Mandate gegen das Hausieren hinwegsetzen.

Abgesehen von Venedig, gab es in den anderen mittelalterlichen europäischen Zentren der Kloster- und Waldglashütten keinen eigenständigen Glashandel. Erst als sich die Glasproduktion durch zahlreiche Neugründungen von Waldglashütten und technische Verbesserungen wesentlich erweitert hatte und die Absatzgebiete sich über die eigenen Landesgrenzen hinaus ausdehnten, wie es der böhmische Glasexport nach Sachsen zeigt, waren die handwerklich organisierten Hüttenbesitzer und Glasschneider nicht mehr imstande, die Preisbewegung auf den Außenmärkten zu verfolgen und die Marktlage einzuschätzen. Schließlich mußte man nicht nur die Käuferwünsche erkunden, sondern auch herausbekommen, was die Konkurrenz anbot und an Neuem vorbereitete. Dafür waren Reisen, eine umfangreichere Korrespondenz und immer mehr erfahrenes Personal erforderlich. Der waren- und markt-

Sogenannter Kulm-Römer. Farbloses Glas, geblasen, geschnitten, graviert, emailbemalt. Böhmen, etwa 1835–1850 (The Corning Museum of Glass, Corning/New York)

kundige *Handelsagent* wurde zum vielgefragten und angesehenen Mitarbeiter der Glashandelsfirmen.

Diese Arbeitsteilung zwischen Glasproduktion und -handel wirkte sich für alle Seiten vorteilhaft aus. Der erweiterte Handel stellte viele neue Aufgaben. Die Händler mußten Fremdsprachen erlernen, Werbematerial verfassen und vertreiben, ständigen Kontakt zu den Kunden halten. Einen guten Einblick gewähren Angaben eines bedeutenden Glaskenners und -sammlers über das nordböhmische Glasexporthaus von Josef Palme, der dieses in den Jahren 1724–1751 in Parchen bei Haida betrieb: «Das älteste Versand- und Rechnungsbuch … stammt von 1740 und enthielt Aufzeichnungen über Warensendungen nach Wolfenbüttel, Quedlinburg, London, Amsterdam usw. in den damals üblichen Gattungen …, einzelnes merkwürdigerweise auch nach ‹Thüringer Mode›, offenbar um die Konkurrenz z. B. von Lauscha auszustechen.»[2]

Die Händler erst ermöglichten den Glasproduzenten, ihre Arbeit und ihre Ausgaben auf die Glashütte oder die -raffinerie zu beschränken und damit ihre Leistung schneller zu steigern. Handelsunternehmen und Einzelhändler übernahmen es, die erzeugten Glaswaren vor allem auch auf den ausländischen Märkten abzusetzen. Manche konzentrierten sich nur auf dieses Geschäft. Sie erschlossen Absatzgebiete, warben Kunden, ermittelten den Bedarf nach Sortiment, Menge, Qualität und Termin.

Ein Bild vom hohen wirtschaftlichen Stellenwert der Glasraffinerie einerseits und des Glashandelsgeschäftes andererseits vermitteln folgende Rentabilitätsverhältnisse: Im Jahre 1803 gab es in Böhmen 66 Glashütten, die mit ihren rund 10 000 Beschäftigten Rohglas im Wert von etwa 2 Millionen Gulden (1 Gulden

entsprach ca. 2 Reichsmark) erzeugten und umsetzten. In der Glasraffinerie wie auch im Glashandelsgeschäft erzielten die Unternehmer dagegen mit rund 40 000 Beschäftigten einen *Gewinn von 6 Millionen Gulden*. In der Hüttenproduktion rechnete man damals mit einer Gewinnspanne von ca. 30 Prozent. Danach hätte der Gewinn aus der Rohglasproduktion lediglich rund *600 000 Gulden*, also nur 10 % des Gewinns aus Glasveredlung und Glashandel betragen[3]. Während in der Glashütte eine Arbeitskraft dem Hüttenbesitzer 600 Gulden Gewinn im Jahr einbrachte, konnten die Glasraffineure und -händler 1500 Gulden verbuchen. Durch Schnitt und Schliff erhöht sich, wie E. Schebeck in einer Kalkulation angibt, der Wert des Rohglases auf mehr als das 10fache!

Die rasch zunehmende Arbeitsteilung zwischen Glashütte, -raffinerie und -handel begünstigt den Übergang von der Manufaktur zur Industrie. Die Handelsfirmen beschleunigen den Absatz des Glases und tragen dazu bei, daß sich der Umsatz stetig erhöht. Die Glashütten und -raffinerien erhalten bereits Geld für ihre Erzeugnisse, bevor diese in den Besitz des eigentlichen Verbrauchers gelangen: Die Ware gehört zunächst der Handelsfirma; sie befriedigt erst dann den eigentlichen Bedarf, wenn sie vom individuellen Kunden erworben wird. Damit bekommen die Glasmanufakturen finanzielle Mittel frei, die sie dafür einsetzen können, mehr Ausrüstungen für die Produktion anzukaufen, den Personalbestand zu erweitern und die Schmelz- und Veredlungstechnologien beständig zu verbessern.

So üben die Glashandels- und -exporthäuser durch ihre Mittlerfunktion zwischen Erzeuger

---

2, 3  Pazaurek, G. E.: Gläser der Empire- und Biedermeierzeit, a.a.O., S. 3, 365

und Markt einen gedeihlichen Einfluß auf die Glasproduktion aus. Ihre konzentrierte Marktarbeit erhöht den Bedarf an neuartigen Glaserzeugnissen; und dieser wiederum belebt und fördert die technische Entwicklung sowie die Erneuerung des Glassortiments.

Welch reiche Gewinnquelle die beständige, den Bedarf des Kunden erforschende und auch seine Wünsche prägende Marktarbeit auf der einen Seite und eine große Produktions- und Veredlungspotenz auf der anderen bildeten, läßt sich hervorragend am Beispiel der damaligen böhmischen Glasraffinerie nachweisen. Im Jahre 1804 besuchte der römisch-deutsche Kaiser Franz II. (1792–1806), der bald als Franz I. Erbkaiser von Österreich (1804–1834) werden sollte, die schon mehrfach erwähnte Glasstadt Haida. «Handelsleute zu Hayda, Langenau, Blottendorf, Steinschönau, Parchen ...» überreichten dem Kaiser bei dieser Gelegenheit eine Denkschrift, in der sie eine ganz ungewöhnliche Tatsache hervorheben: «Wenn es sich ... um die Frage handelt, wie weit die Glasraffinirung ... gebracht werden kann, ... so ist mit Grund zu behaupten und zu beweisen, daß sie auf zwei tausend pCt (2000 Prozent – d. V.), auch darüber, durch die hiesigen Glaskünstler betrieben werden kann. Allein da diese feinen Produkte nur unter die Luxuswaren gehören und nur in den Häusern einiger Reichen Absatz finden» ... und ... «man sich beim Handel ins Ausland nach dem Geschmack der Nationen richten müsse, mit denen man Handel treibt, und vorzüglich solche Waren auf die Handlungsplätze bringen müsse, welche am gangbarsten und dem Vermögen der Käufer am angemessensten sind, ... kann man im Durchschnitt zu dem Werthe des in Böhmen erzeugten rohen Glases als Raffinirungs-, Handels- und Frachtgewinn nur 500 pCt zuschlagen.»[4]

Seinerzeit gewährten die Banken auf Spareinlagen bis zu 5 Prozent Zinsen. Der Unternehmergewinn lag bei 10 bis 50 Prozent der für die Produktion aufgewandten Kosten. Verfeinern von Hüttenglas dagegen war in Böhmen für ausgewählte Artikel mit höchster Veredlungsgüte 100mal lukrativer als die Spareinlage und bis zu 50mal gewinnbringender als die Geldanlage in anderen Industriezweigen!

Für den Ausgleich unterschiedlicher Bedarfslagen durch die Vergabe von festen Aufträgen an die Glasraffinerie war das von den Händlern eingeführte *Vertragssystem* bedeutsam. Es sicherte der Produktion einen langfristigen Absatz ihrer Glaswaren, wobei die vereinbarten Preise einzuhalten waren. Produzierte der Glashersteller mit höheren Kosten, dann war es nicht selten, daß die ehemals eigenständige Glashütte oder -raffinerie in das Eigentum der Handelsfirma überging. Möglicherweise ist selbst die weltberühmte Firma Moser in Karlsbad, deren Name heute noch weltweit für bestes Markenglas aus der ČSSR steht, als Vertragshandelshaus entstanden. «Ludwig Moser (1833–1916), der noch beim alten Mattoni lernte, bald aber einen selbständigen Glashandel im Roten Herzen auf der Alten Wiese beginnt, fast alle tüchtigen Schleifer und Schneider Karlsbads allmählich für seine Firma dauernd oder vorübergehend zu gewinnen weiß, auch aus der Ferne geeignete Kräfte herbeiholt, ... gründete im Jahre 1857 eine eigene Fabrik mit 56 Arbeitern, die Ludwig Moser & Söhne A.-G. in Maierhöfen bei Karlsbad ...»[5]

4 Schebeck, E.:
Böhmens Glasindustrie und Glashandel,
a.a.O., S. 389
5 Vgl. Pazaurek, G. E.:
Gläser der Empire- und Biedermeierzeit,
a.a.O., S. 123

Die Glashandelsfirmen erstarken in Wechselwirkung mit den steigenden Produktionsleistungen der Hütten- und Veredlungsbetriebe. Mit der Zunahme des Umsatzes und der Exportmärkte spaltet sich auch das Absatzgeschäft stärker in Groß- und Einzelhandel auf. Gleichzeitig bürgert sich ein, anstelle der Ware das *Muster* als Verkaufsobjekt zu verwenden.

In ihrem Angebotssortiment führen die Glashandlungen zur Entgegennahme von Bestellungen Mustergläser mit, die «z.B. von der Firma Egermann in Haida geschnitten wurden und mehrere verschiedene, meist ornamentale Muster über- und nebeneinander vereinigten, um die Wirkung derselben besser zu zeigen, als dies durch die Zeichnung der Musterbücher möglich wäre».

Damit ist der Weg auch für die Glashütten und -raffinerien zu den *Mustermessen* und späteren *Weltausstellungen* frei. Man beschickt z.B. die Leipziger Messe wie auch andere Industrie- und Handelsmessen mit Mustern der hergestellten Glaswaren und bietet sie dort in dekorativer Weise an. Eine der ersten Ausstellungen, die speziell mit Glasexponaten aufwartet, findet 1798 drei Tage lang in Paris statt, verbunden mit Medaillenvergabe; im Jahre 1801 dauert sie fünf Tage, ein Jahr später öffnet schon der Louvre seine Pforten dem Glas, und 1819 beträgt die Dauer der Ausstellung in Anbetracht ihrer Attraktivität und ihres kaufmännischen Erfolges über einen ganzen Monat. Weitere Ausstellungen und Messen mit Glasexponaten folgen: in Prag (1829), Wien (1835), Kopenhagen (1836), Brüssel (1841), die Allgemeine Deutsche Gewerbe-Ausstellung in Berlin (1844), Gent (1848); zwischenzeitlich auch in Moskau, Petersburg und Warschau. Der Handel mit Glaswaren über Musterangebote gestattete auch den Zugang zur Börse. Das Muster gilt als Maßstab für die Qualität eines ganzen Warenpostens.

Interessant ist es, die Formen zu verfolgen, über die sich der Glashandel zu dem heutigen weltweiten Geschäft mit dem Glas entwickelt hat. Der ursprüngliche *Glashüttenvertrieb* war seit dem Ende des 17. Jahrhunderts zu einem *Hausierhandel*, dann zum *Markthandel* geworden, der die wichtigsten Orte des Absatzgebietes aufsuchte; schon in der ersten Hälfte des 18. Jahrhunderts bildete sich – namentlich im Verkehr mit Spanien – der *Faktoreibetrieb* heraus. Aus ihm ging die *Kompanie* oder der *Gesellschaftsbetrieb* hervor, der sich über Hamburg oder Amsterdam hauptsächlich nach Cadix, Sevilla, Valencia, Barcelona, Lissabon, oder über Lübeck nach Reval und Petersburg, ferner nach Italien oder nach der Levante ausdehnte. Durch die napoleonischen Kriege wurde er stark erschüttert und starb nach und nach ab. Ihm folgte das *Lieferungs- oder Exportgeschäft* mit Musterlager und Reisenden, wie es vor allem für den Glashandel im beginnenden 20. Jahrhundert typisch ist.

Die ursprüngliche Form des Glashandels aber war lange Zeit und weitverbreitet der sogenannte Hausierhandel: Die Händler durchwandern mit Fahrzeugen aller Art, oft nur mit Schubkarren oder Kraxe, das Land und bieten die meist einzeln oder in kleinen Stückzahlen gefertigten Erzeugnisse, Gebrauchsgegenstände für den Haushalt, mitunter aber auch regelrechte Kunstwerke, an der Wohnungstür des Käufers feil. In Siebers Büchlein heißt es hierzu überschwenglich: «Das Großartigste leistet Georg Franz Kreybich, geb. im Jahre 1662 zu Steinschönau, auf seinen fünfzehn, in den Jahren 1682–1721 unternommenen großen Geschäftsreisen, die erste mit dem Schubkarren, die zweite (1686) wie alle folgenden mit einem oder mehreren Wagen. Mit einer Kühnheit und

Ausdauer, die ihresgleichen kaum findet, durchzieht er Deutschland nach allen Richtungen, kommt nach Dänemark, Schweden und Rußland, durchquert den Balkan und setzt in Städten wie auf dem Lande seine Glasgüter ab. Er ist der erste und vornehmste Vertreter des Hausierhandels.»

Eine spezielle Form des Hausierhandels entwickelten Glasschleifer und -schneider, die zeitweilig Marktlücken, in denen ein ausreichender Bedarf zu erwarten war, mit einträglichem Erfolg ausfüllten. Sie handelten mit ihren Kunden die Aufträge «hausierend» aus und verbreiteten diese Form vor allem in böhmischen und schlesischen Kurorten. Der direkte Kontakt zwischen dem Glasraffineur und seinem begüterten Kundenkreis war der Entwicklung von Luxusgläsern sehr förderlich. Die Kurgäste fanden vor allem Gefallen an künstlerisch ausgeführten, meist auf Andenkengläser, hin und wieder auch auf Trinkbecher für den Kurgebrauch geschnittenen Porträts. Aber auch andere Formen waren beliebt. Ein Almanach der Stadt Teplitz (Teplice, ČSSR) im böhmischen Bäderdreieck aus dem Jahre 1883 berichtet unter anderem von den «vielen Glashändlern aus den berühmtesten Glasfabriken Böhmens, welche die Kurzeit hindurch ihre Waren zu den billigsten Preisen verkauften, auch mit Akkuratesse auf Verlangen die ihnen vorgelegten Wappen, Namen, Devisen, Zeichnungen, ja sogar Porträts in die Glaswaren und Steine schneiden …». Einige Glasmacher und -händler haben sich in den Kurorten schließlich ganz niedergelassen, wie die Mitglieder der bereits erwähnten und später so berühmt gewordenen Familie Moser in Karlsbad.

Bald führt der weitere Fortschritt vom Hausierhandel zum Markthandel. Er wird durchweg von Männern betrieben, die von Jugend an Glasmacher gewesen sind und nun auch ihr kaufmännisches Glück versuchen. Manche von ihnen haben Erfolg und gründen florierende Glashandelsfirmen. Zu ihnen gehört Christian Rautenstrauch, der 1710 einen Versuch in St. Petersburg und bald darauf in Moskau macht. Vor ihm sind nordböhmische Unternehmer schon nach Portugal gekommen. Bald nach 1700 bieten Glashändler in Lissabon und Oporto ihre Waren zum Kauf, und 1715 schließen sich 14 von ihnen zu einem Bündnis gegen unlauteren Wettbewerb zusammen.

Der Handelsunternehmer, *Verleger* genannt, kauft daheim die Rohware, läßt sie schleifen, schneiden, bemalen und kugeln, verpackt die Fertigware sorgfältig und übergibt sie heimischen Fuhrleuten, die sie in ganzen Wagenladungen nach Lüneburg und von dort nach Hamburg zur Verschiffung bringen. Der betreffende Eigentümer oder sein Vertreter, der «Glashändler», fährt auf dem Schiff mit, um an Ort und Stelle in einem auf kurze Zeit gemieteten Gewölbe den Verkauf zu leiten. Mit dem Erlös kehrt er nach Hause zurück, sorgt über Herbst und Winter für neue Glaswaren und reist im Frühjahr wieder in die Weite.

Im Laufe der Zeit haben sich neben diesen Glashandelsformen auch andere, seßhafte Formen entwickelt, wie der *Einzel- und Großhandel, der Versandhandel* und nicht zuletzt auch zu einem erstaunlich frühen Zeitpunkt ein einträglicher *Antiquitätenhandel* mit Glas. Das war ein untrügliches Zeichen dafür, welcher Wertschätzung sich schöne, kunstvoll gearbeitete und verzierte Gläser erfreuten und wie sich die Sammelleidenschaft unter der wachsenden Zahl von Glasliebhabern auszubreiten begann.

Klassische Stücke aus Glas werden auf dem Kunstmarkt angeboten und im Regelfall versteigert. Angebot und Nachfrage bestimmen die

Preise des Kunstglases, die mitunter astronomische Beträge annehmen. Der Gesamterlös der Hamilton-Auktion von 1882 mit vorwiegend venezianischem Glas erbrachte über 8 Millionen Goldmark, wobei einzelne reich dekorierte Pokale zwischen 41 000 und 71 000 Goldmark erzielten!

### Eine neue Blüte der Glasveredlung

Das Wechselverhältnis zwischen den schöpferischen Leistungen in der Glasherstellung und -veredlung, begünstigenden Produktionsfaktoren und befruchtender Entfaltung des Handels, wie es früher in Venedig herrschte und vorstehend am Beispiel der sich entwickelnden Glasindustrie in Böhmen beschrieben ist, war in dieser fast klassischen Form in den übrigen Ländern des deutschen Kaiserreiches nicht zu verzeichnen, auch in Sachsen nicht.

Offenbar stehen die Konkurrenz aus Böhmen sowie die wirtschaftlichen und künstlerischen Erfolge der Meißner Porzellanmanufaktur immer wieder einer wirklichen Blüte sächsischer Glaskunst entgegen. Später, bei der industriellen Erzeugung von Gebrauchsglas, verändern sich die Wettbewerbsverhältnisse zugunsten Sachsens. Jetzt aber ist die Situation für das sächsische Glas nicht erfreulich. Obwohl der sächsische Staat das nötige Startkapital für die Gründung der Glasmanufaktur beisteuert und seine schützende Hand über sie hält, obwohl sich Tschirnhaus an der Glashütte beteiligt und nach dessen Tod Friedrich Böttger vom König den Auftrag zur unmittelbaren Mithilfe erhält: die Meißner Porzellanmanufaktur erreicht

Flöte aus rotem Überfangglas mit Monogramm
August des Starken. Schliff und Schnitt,
Dresden 1713–1719
(Staatliche Kunstsammlungen Dresden, Grünes Gewölbe)

Weltgeltung, das sächsische Kunstglas aber bleibt vor allem im Wettbewerb mit dem Glasexport aus den benachbarten böhmischen Hütten zurück.

Wie erfolgreich gerade Böttger auch in der Glasveredlung gearbeitet hat, beweist der Umstand, daß es ihm 1713 gelang, nach einer vom König aus Polen übersandten Vorlage Fadenglas zu fertigen. Außerdem sind durch Unikate seine erfolgreichen Versuche nachgewiesen, Rubinglas in Über- und Unterfangtechnik herzustellen.

Aber auch die deutsche Glasindustrie mit ihrem Zentrum im preußischen Schlesien sowie die österreichische Glasindustrie in Böhmen hatten nicht nur Blütezeiten. Gerade in der ersten Hälfte des 19. Jahrhunderts haben sie mit vielen Schwierigkeiten zu kämpfen, die sich aus der politischen Situation in Europa ergeben, deren wesentliche Ausdrucksformen die sogenannte Kontinentalsperre, die Errichtung von Zollschranken und die ersten Erscheinungsformen zyklischer Wirtschaftskrisen sind. Auch die wiederaufkommende Konkurrenz des englischen Bleiglases macht sich nachteilig bemerkbar, und schließlich ist es vor allem die Entstehung einer leistungsfähigen, industriell organisierten Porzellanfabrikation, die speziell der mitteleuropäischen Glaserzeugung schwer zu schaffen macht. Der Gebrauchscharakter von Glas- und Porzellanerzeugnissen überschnitt sich in fast allen einschlägigen Bedürfniskomplexen, aber das Porzellan erwies sich auf verschiedenen Einsatzgebieten als gebrauchsgünstiger und war zudem oft billiger.

Natürlich suchten die Glasfabrikanten in dieser Situation nach Wegen aus dem Dilemma, vor allem nach neuen Veredlungstechniken, um den Kunden mit neuen Formen und Dekoren zurückzugewinnen. Einer der erfolgreichsten

Erfinder seiner Zeit auf diesem Gebiet war Friedrich Egermann, der mit zahllosen Ideen eine neue Blüte der Glasveredlung einleitete. Vielseitig ausgebildet, einige Monate «in der Meißner Fabrik etwas gesehen, vielleicht die Elemente der Farbenmischung und Farbenauftragung, dazu die Brennmethode sich angeeignet»[6], beherrscht er sowohl die Glastechnologie wie die Malerei, die Schmelz- wie auch die Glasschnitt- und Glasschlifftechnik meisterhaft.[7]

Diese Voraussetzungen gestatten ihm, vor allem die Glastechnologie nachhaltig weiterzuentwickeln. Von ihm stammen das *Agatglas* (1809), sowie das *mattgeschliffene Kristallglas* (1817), das *marmorierte Glas* (1819) und das in Anlehnung an das Buquoysche schwarze Hyalithglas geschaffene *Lithyalinglas* (1828); auf seine Erfindung des *Perlmutt- und Bisquit-Emails* (1824) nimmt Graf Kinsky ein Patent über 15 Jahre. Aber die bedeutendste Neuentwicklung gelingt ihm mit dem *Kupferrubinglas* (1832), für das er 10 Jahre später, 1842, vom Verein für Gewerbefleiß in Preußen den Ehrenpreis in Höhe von 1000 Talern erhält. Es ist eine weltweit anerkannte Verbesserung des vom Hamburger Arzt Dr. Andreas Cassius erfundenen und in der Potsdamer Glashütte von Johann Kunckel erstmals in größeren Stückzahlen erzeugten *Goldrubins*. Kunckel, einer der erfolgreichsten deutschen Glasmacher des 17. Jahrhunderts, galt lange Zeit auch als erster Produzent des Goldrubins. Inzwischen konnte die Kunstwissenschaft den Nachweis erbringen, daß etwa zur gleichen Zeit, als Johann Kunckel in seiner Glashütte auf dem

6 Egermann über sich selbst, zitiert nach Sieber, a.a.O., S. 132
7 Vgl. Haase, G.:
Zur Kunstgeschichte des sächsischen Glases, a.a.O., S. 17

Kanne mit Köpchen. Goldrubinglas, Silberfassung, vergoldet. Potsdam (Johann Kunckel?), 1679–1693 (Märkisches Museum, Berlin)

Hakendamm bei Potsdam und in seinem Laboratorium auf der Pfaueninsel ein leuchtend rotes Glas durch Zusatz von Gold zu schmelzen verstand, auch in süddeutschen Hütten bereits Goldrubinglas hergestellt wurde, so in München, Geising und anderswo.

Egermann wiederum experimentierte viele Jahre mit den verschiedensten Oxiden, um die Haut des Glases chemisch zu färben. Neben dem Kupferrubinglas sind Kobalt-, Türkis-, Chrysopras-, Uran- und Alabasterglas mit seinem Namen verknüpft. Mit Silberoxid erreichte er eine selten schöne Gelbfärbung des Glases. Der eingefärbte Glaskörper bleibt glatt oder wird geschliffen und geschnitten.

Bis auf das Kupferrubinglas sind die damaligen Versuche, nur eine dünne Schicht der Glasoberfläche einzufärben, fehlgeschlagen. Selbst beim Kupferrubin hatte Egermann mit erheblichen technologischen Problemen zu kämpfen, weil beim folgenden Brennprozeß im Rot der Glashaut immer wieder feinste, aber

doch mit dem bloßen Auge erkennbare Risse entstanden. Obwohl es sich also eigentlich um einen großen technologischen Mangel handelte, führte er zur Geburt der berühmten Egermannschen Jagdgravuren. Egermann machte gewissermaßen aus der Not eine Tugend. Er entwarf die Dekoration auf seinen Kupferrubingläsern so geschickt, daß die folgende Gravur mit dem Kupferrad die unerwünschten Risse unsichtbar machte. Es entstand ein szenisch bewegtes Bild auf farbigem Rubinband, mit dem das jeweilige Glas überfangen war. Auf diesen technologischen und formgestalterischen Leistungen gründete Egermann den steilen wirtschaftlichen Aufschwung seiner nordböhmischen Glasraffinerie und sein österreichisch-ungarisches Produktionsmonopol. Heute trägt jener Teil des tschechoslowakischen Glassortiments den Namen Egermanns, dessen Veredlungstechnologien und Formgestaltung auf seine Schöpfungen zurückgehen.

Die wirtschaftlichen Erfolge Egermanns, die er vor allem seiner technologischen Begabung und seinem Erfindungs- und Gestaltungsreichtum zu verdanken hat, machten ihn selbst für den österreichischen Kaiserhof so interessant, daß ihn der Kronprinz und spätere Kaiser Ferdinand I. mehrmals höchstpersönlich in Haida besucht und sich dabei öffentlich mit ihm zu zeigen geruht.

Friedrich Egermann hat nicht nur technisch, künstlerisch und wirtschaftlich, sondern auch politisch im österreichischen Kaiserreich und in seiner nordböhmischen Heimat ein Ansehen erreicht, das ihm half, seine Glasraffinerie zu einem bedeutenden Unternehmen auszubauen und im Glasexport erfolgreich zu sein. Die großen technologischen Leistungen und die künstlerische Meisterschaft in Schliff, Schnitt und gemaltem Dekor waren die Grundlagen für die hohen Veredlungs- und Handelsgewinne. Sie füllten über die Steuern die Kassen auch des Kaiserhofs, der seinerseits wieder die Glashütten, -raffinerien und -händler förderte. Das alles zusammen führte die böhmische Glasveredlung zu hoher wirtschaftlicher Blüte. Sie zeigt sich am besten darin, daß dieser Gewerbezweig im Jahre 1900 an der Ausfuhr der österreichisch-ungarischen Monarchie, bei etwa 8 Millionen Berufstätigen in der Industrie, mit rund 3 Prozent beteiligt war, während die Glashütten und -raffinerien im Deutschen Kaiserreich, das zu dieser Zeit ebenfalls rund 8 Millionen Industriebeschäftigte aufwies, praktisch keinen Exportbeitrag leisteten.

Eine weitere Neuheit, die der Glasindustrie wieder Aufschwung verschaffen sollte, war die Erfindung des *Milchglases*. Mit ihm wollte man vor allem der wachsenden Konkurrenz des Porzellans begegnen. Im Laufe der 60er Jahre des 18. bis in die Mitte des 19. Jahrhunderts entstanden zum Beispiel in der preußischen Glashütte Baruth bei Potsdam Lampenschirme aus bestem Milchglas, das durch das beigemischte Schafsknochenmehl sehr gute Farbqualität aufwies. Bereits 1844 wurden daraus jährlich 600 000 Beleuchtungsschalen gefertigt, wovon ein Drittel in den Export ging. Daneben produzierte man in Baruth auch andere Erzeugnisse, wie beispielsweise weiße Glaszylinder. Die Glashütten im böhmischen Harachsdorf (heute Harrachov, ČSSR) wiederum fertigten Getränkeservices, Flaschen, Vasen usw. aus Milchglas, das in Farbe, Form und Emailbemalung alle

Sturzbecher mit Mönchsbüste. Goldrubinglas, die Wandung der Kuppa tulpenförmig, das Schaftende in Form einer Mönchsbüste gegossen und nachgeschliffen. Potsdam (Johann Kunckel?), Ende 17. Jh. (Märkisches Museum, Berlin)

Henkelvase in antiker griechischer Form,
geschnitten nach Egermann-Art
von Paul Karger, Olbernhau, 1951 (Privatbesitz)

Vase mit Gravur nach Originalvorlage von Egermann
in einfacher, zeitloser Gestaltung.
Emil Pihan, Olbernhau, 1952 (Privatbesitz)

Merkmale des Porzellans nachahmte, aber wesentlich billiger war.

Eine sich rasch bewährende Veredlungstechnik ist der Überfang aus Milchglas. Nachdem der Glaskörper geschliffen ist und damit das farbige Grundglas in verschiedenen Mustern zur Wirkung kommt, dekoriert ihn der Glasmaler mit Emailfarben. Dieses böhmische Glasoriginal wurde in den fünfziger Jahren des vergangenen Jahrhunderts zu einem Exportschlager.

Strahlend wie der helle Tag ...

Als die Künstler dazu übergingen, den Effekt der Lichtbrechung des Kristallglases bei der Gestaltung von Beleuchtungskörpern aus Me-

tall zu nutzen, verschwägerte sich die Glasraffinerie mit der Metallveredlung. Es entstand die *Lusterwerkstatt*, die den Glasveredler und den Gürtler bei der Teilefertigung und Montage von Glaskronleuchtern und -kandelabern zusammenführte. Zum Sortiment der Beleuchtungskörper aus Keramik und Metall gesellten sich nunmehr auch solche aus Glas.

Die große Zeit der *Glaskronleuchter* war die Epoche der Renaissance und des Frühbarock. Sie brachte luxuriöse, reich mit Kristallglas dekorierte Beleuchtungskörper hervor. Entsprechend dem französischen Begriff für Beleuchtungskörper aus Kristall (lustre) findet die Bezeichnung Luster auch allgemeinen Eingang in die Begriffswelt des österreichischen Sprachraumes. Der lustre, aufgebaut auf einer langen, mit Glaskegeln bestückten Achse, die eine Art Glocke mit aufgesetzten Kugeln und Vasen trägt, war schon im Frankreich Ludwigs XIV. überaus beliebt. Zu seiner Vervollkommnung trug die venezianische Glaskunst bei: Glasgehänge aus Perlenschnüren und Prismen in Form von Amoretten, Blättern, Rosetten, Tränen, Tropfen usw. umkränzen den eigentlichen Beleuchtungskörper, der mit Schalen und Kerzenträgern aus geschliffenem und poliertem klarem oder farbigem Glas reichlich dekoriert ist.

Die böhmischen Glaszentren greifen diese Kreationen jetzt auf. Sie gestalten eigene Glasluster und -kandelaber, die ihren höchsten künstlerischen Ausdruck im sogenannten *Maria-Theresia-Luster* gefunden haben.

Die Pracht dieser Luster beherrscht die Festsäle der damaligen Zeit und macht in ihnen

Ein Sortiment Tafelglas aus neuer Produktion, Darstellungen ebenfalls in der Art der Egermann-Gravur (Glaswerk Olbernhau)

die «Nacht zum Tag», wie es in einem zeitgenössischen Bericht heißt. Neben ihrer architektonischen Gestaltung sind es vor allem die Glasprismen, von denen die überwältigende Wirkung der reich geschmückten und kunstvoll geschwungenen Luster ausgeht, weil sich in ihnen das Kerzenlicht in allen Regenbogenfarben bricht und gleißend widerspiegelt.

Mitte des 19. Jahrhunderts dringen neue Lichtquellen vor und verdrängen allmählich die Wachskerze: Das Gasglühlicht wird erfunden, die Elektrizität nutzbar gemacht und schließlich die elektrische Glühlampe eingeführt. Die Formgestaltung der Beleuchtungskörper schlägt neue Wege ein, die sich auf die Fortschritte der Lichttechnik orientieren und darauf bedacht sind, die künstlerische Form und die technische Funktion der Lichtquelle zu einer organischen Einheit zusammenzuführen.

Vielfältige Kreationen aus Glas sind das Ergebnis: Girandolen, Lampen in Form von Vasen, Kugeln und Glocken, undenkbar für Kerzenlicht, erstrahlen bald im Glanz der viel heller

Ein sogenannter Maria-Theresia-Luster,
allerdings eine Nachahmung aus den 20er Jahren
unseres Jahrhunderts, als solche Leuchtkörper
erneut in Mode kamen

leuchtenden Lichtquellen, die mit Gas oder
elektrisch gespeist sind. Diese neuen Generationen von Beleuchtungskörpern können aber die
inzwischen klassisch gewordenen Luster nicht
für immer verdrängen. Bald besinnt man sich
wieder des Maria-Theresia-Lusters, der nunmehr das viel hellere Licht elektrischer «Kerzen» verbreitet, das sich in den Prismen und
Tropfen aus Kristallglas irisierend bricht.

Die Wiege der Glasprismenfertigung war,
wie beim Glasschnitt und -schliff, die künstlerische Bearbeitung von Edelsteinen. Besonders in
Böhmen gab es viele Handwerker, die Edel-

steine schnitten und schliffen. In Verbindung
mit der Glasherstellung bildete sich daraus allmählich die gewerbliche Edelsteinimitation
heraus, die *Bijouterie*, die ihr Zentrum zu Zeiten
der österreichisch-ungarischen Monarchie im
böhmischen Gablonz an der Neiße und im benachbarten Trautenau (heute Jablonec n. N.
bzw. Trutnov, ČSSR) hatte. Die dort ansässigen Glasschneider übertrugen die Jahrhunderte
alten Traditionen der Edelsteinbearbeitung mit
viel Geschick und schöpferischem Können auf
den Schliff von Glasprismen, besonders aber
von Perlen. Zwar war die Nachahmung von
Edelsteinen mit Glas in Böhmen bereits im
14. Jahrhundert bekannt, wurde aber erst zu Beginn des 18. Jahrhunderts, hauptsächlich im
Iser- und Riesengebirge, wiederbelebt, als Luster auch beim Bürgertum wachsende Nachfrage fanden. Man verwendete jetzt dafür das
sogenannte *Kompositionsglas*, ein Sortiment kleiner Glaskörper, wie eben Perlen, aber auch Rosetten, Plättchen und viele andere kleine Gegenstände aus Glas, die alle eines gemeinsam haben: die prismatische, lichtbrechende und lichtstreuende Wirkung, die man für die Gestaltung
von Beleuchtungskörpern und für die Imitation
teurer Steine geschickt zu nutzen verstand.

In Preußen gelang es Johann Kunckel, «Edelsteine» aus Glas herzustellen und damit eine Erwartung seines Kurfürsten Friedrich Wilhelm
zu erfüllen. Die Schleifer und Graveure bearbeiteten die bunten Glasstückchen wie echte
Steine und schufen so täuschende Nachahmungen von Amethysten, Smaragden, Korallen und
Perlensteinen. Ihrem Meister brachte dies den liebevollen Spitznamen «Karfunkel-Kunckel» ein.

Böhmens Glasmacher hatten im Verlauf der
Jahrhunderte aus dem Handwerk der Edelsteinimitation einen ganzen Industriezweig
entstehen lassen, der sich dem Kompositions-

Böhmische Bijouterie aus Gablonz (Jablonec)
Der berühmte «schwarze Schmuck» –
eines der ursprünglichen Muster aus dem 19. Jh.,

Stück im Sezessionsstil,
einer österreichischen Abart des bekannten Jugendstils,
um 1900

glas und der Bijouterie zugleich widmete. Der Durchbruch zum Weltruhm gelang den Bijouterieherstellern aus Gablonz mit ihrem schwarzen Schmuck um die Wende zu unserem Jahrhundert. Dabei kam ihnen ein Umstand besonders zu Hilfe. Als im Jahre 1901 Königin Victoria von England verstarb, rüstete man zu noch nie gesehenen Trauerfeierlichkeiten. Schwarzer Schmuck war folglich in allen Ländern bald sehr gefragt. Natürlich ließ man den echten wohlverwahrt zu Hause oder in den Banksafes. Anstelle der kostbaren Steine legte man die böhmischen schwarzen an und verhalf

damit auch über diese Zeit hinaus ihren Herstellern zu ungeahnten Exporterfolgen.

Die deutsche Glasbijouterie mit dem Schwerpunkt der Perlenerzeugung bildete sich im 16. Jahrhundert in Nürnberg, im 17. Jahrhundert im Fichtelgebirge, bald darauf im Thüringischen um Lauscha und in Potsdam heraus. Den thüringischen Glashütten ist der Übergang von massiven zu geblasenen Hohlperlen zu verdanken. In Frankreich wird die Glasbijouterie gegen Ende des 17. Jahrhunderts rasch berühmt und ist dort unlöslich mit der Erfindung des «Straß» verknüpft (vgl. S. 239).

## Die Hütte sprengt ihre Fesseln

In England hatte schon im 17.Jahrhundert der rücksichtslose Raubbau an den Wäldern zu akutem Holzmangel geführt. Mehr noch als in anderen Ländern war in England Holz lange Zeit der alles bestimmende, für fast alles benötigte Werkstoff. Alle frühen Maschinen in dem anderen Ländern technologisch vorauseilenden England waren aus Holz: Windmühlen und Wasserräder, Krane und Winden, Wagen, Spinnräder, Webstühle und Stickrahmen. Auch für die Metall- und die schon sehr verbreitete Glasindustrie war Holz die alles entscheidende Grundlage, denn bislang wurden Erze und Glas nur mit Hilfe von Holzkohle geschmolzen.

Aus dieser Notlage heraus erging im Jahre 1612, erstmalig in Europa, ein königliches Verbot, Holz weiterhin für das Beheizen von Schmelzöfen zu verwenden. Auch die Glashütten mußten sich nach anderem geeigneten Heizmaterial umsehen und probierten es zunehmend mit Steinkohle. Dieser Übergang zur Kohlefeuerung stand Pate bei einer neuen Technologie der Glasschmelze und einer daraus resultierenden neuen Glasart.

Seit langem waren zwar bleihaltige Gläser bekannt, sie wurden aber meist zufällig erschmolzen, weil das Gemenge ungewollt oder unvermeidlich Bleibestandteile enthielt. In England aber fügte man das Blei jetzt aus energieökonomischen Gründen bewußt dem Gemenge bei. Die Feuerung mit Kohle hatte nämlich den Nachteil, daß deren Schwefeldioxid die Glasschmelze gelb färbte. Deshalb begannen die Engländer, das Glas in gedeckten Gefäßen zu schmelzen. Weil der Schmelzprozeß bei diesem Verfahren schwieriger ist und länger dauert, benötigte man dafür ein «weicheres» Glasgemenge, das bei niedrigeren Temperaturen schmilzt. Mit dem Einsatz von Bleioxid löste man das Problem und gelangte auf diese Weise zum sogenannten *Flintglas*, das als «Bleikristall» in die Geschichte des Kunst- und Wirtschaftsglases einging. Enorme wissenschaftliche Bedeutung sollte dieses Flintglas in der Optik erlangen. Seinen Namen hat es davon, daß man für seine Herstellung als Siliziumdioxidbasis Feuersteine (flint stones) verwendete.

Die höhere Schmelzleistung bei gedeckten Häfen gestattet gleichzeitig den Übergang zur manufakturellen Fertigung in kohlebeheizten Glashütten. Außerdem bringt die Technik der Kohlefeuerung in kurzer Zeit etliche technologische Neuerungen mit sich, die zur eigentlichen industriell produzierenden Glasfabrik führen. George Ravenscroft legte bei der Firma *Glass Sellers Companie* in den Jahren 1670 bis 1680 die wissenschaftlichen Grundlagen dafür.

Die Vorteile der Ablösung von Holz durch Kohle mobilisierten allmählich auch die Regierungen glasherstellender Staaten und die Glasmacher auf dem europäischen Kontinent.

Im Holsteinischen entsteht 1730 die erste Glashütte, die mit Torf heizt, vermutlich in Anlehnung an die Torf feuernden Glashütten in Mecklenburg. «Für eine Glashütte mit 5 bis 10 Arbeitern betrug der jährliche Holzbedarf etwa 320 Bäume; dabei war alles, was am Baume sei, sowohl großes als auch kleines Holz, zu gebrauchen», schrieb ein Zeitgenosse. Dem wollte man nun durch die Torffeuerung abhelfen.

Um dem Holzmangel, der in Sachsen besonders spürbar war, entgegenzuwirken, liefen auch in der Dresdner Glashütte etwa ab 1735 Versuche, Steinkohle zu verwenden. Da dies zunächst erfolglos blieb, wandte sich die sächsische Deputationsbehörde 1764 schriftlich an London mit der Bitte um die Konstruktionsunterlagen für einen kohlebeheizten Glasofen.

Die Glashütte von Potschappel
im Plauenschen Grund,
die erste sächsische Glashütte mit Kohlenfeuerung
nach englischem Vorbild.
Foto eines im 2. Weltkrieg verlorengegangenen Gemäldes
von Caspar David Friedrich, Tempera, 1799
(Ehemals Stadtmuseum Dresden; Ausschnitt)

Im selben Jahr berichtet der Naumburger Stadtkämmerer an die auf kurfürstlichen Befehl zur staatlichen Förderung der Manufakturen gegründete *Landes-Oeconomie-, Manufactur- und Commercien-Deputation* in Dresden, er habe «Erd-kohlen» für Versuche zum Glasschmelzen nach Meißen abgesandt. Gleichfalls habe er in einem «neuen Schmelz-Ofen» mit Kohleheizung «einige kleine Versuche angestellt» und dabei mit 12 Zentnern Kohle in 45 Minuten 1. Glas von grünlichem Kolben, 2. schlechtes grünes Flaschenglas und 3. feines weißes Glas geschmolzen und als Probe beigelegt.

Mit einem Hofdekret empfiehlt schließlich der deutsche Kaiserhof in Wien 1786 den Glashütten, als Brennmaterial anstelle von Holz künftig Kohle zu verwenden.

Über Jahrzehnte werden in Sachsen intensive Versuche unternommen, Kohle zum Glasschmelzen zu verwenden, ehe es der im Jahre 1801 gegründeten Glashütte von Ernst Heinrich Graf von Hagen in Potschappel bei Dresden gelingt, die Kohleheizung mit Erfolg anzuwenden. Nach englischem Vorbild erbaut, erhält sie vom Inspektor der kurfürstlichen Spiegelhütte, Theodor Adolf Roscher, bereits im Jahre 1802 das Prädikat einer mustergültigen modernen Glashütte.

Die mit Kohle heizenden Glashütten siedeln sich nunmehr in verkehrsgünstig gelegenen Städten an. Hier sind mehr und besser ausgebildete Arbeitskräfte verfügbar als in den Walddörfern. Die Rohstoffzufuhr ist sicherer, und die Nähe von Universitäten, wissenschaftlichen Laboratorien und anderen Industriezweigen, wie des Maschinenbaus, wirkt sich fördernd auf die über viele Jahrhunderte gleichartig ausgeübte und häufig auch technisch veraltete Glashüttenpraxis aus.

Mitte des 19. Jahrhunderts war die Glasfabrikation in den fortgeschrittenen Industrieländern zu einer für die Entwicklung des Kapitalismus durchaus typischen Branche geworden. So hat auch Karl Marx die Arbeit in einer englischen Glasflaschenmanufaktur eingehend analysiert, um den Abschnitt *Teilung der Arbeit und Manufaktur* im ersten Band seines *Kapitals* zu illustrieren. Wir wollen seine Darlegungen etwas ausführlicher zitieren, vermitteln sie uns doch einen lehrreichen Einblick in die damaligen Produktions- und Arbeitsbedingungen der englischen Glasmacher. «Sie zerfällt in drei wesentlich unterschiedne Phasen. Erstens die vorbereitende Phase, wie Bereitung der Glaskomposition, Mengung von Sand, Kalk usw. und Schmelzung dieser Komposition zu einer flüssigen Glasmasse. (In England ist der Schmelzofen getrennt vom Glasofen, an dem das Glas verarbeitet wird, in Belgien z.B. dient derselbe Ofen zu beiden Prozessen). In der ersten Phase sind verschiedne Teilarbeiter beschäftigt, ebenso in der Schlußphase, der Entfernung der Flaschen aus den Trockenöfen, ihrer Sortierung, Verpackung usw. Zwischen beiden Phasen steht in der Mitte die eigentliche Glasmacherei oder Verarbeitung der flüssigen Glasmasse. An demselben Munde eines Glasofens arbeitet eine Gruppe, die in England das ‹hole› (Loch) heißt und aus einem bottle maker oder finisher, einem blower, einem gatherer, einem putter up oder whetter off und einem taker in (Flaschenmacher oder Fertigmacher, einem Bläser, einem Anfänger, einem Aufstapler oder Absprenger und einem Abträger) zusammengesetzt ist. Diese fünf Teilarbeiter bilden ebenso viele Sonderorgane eines einzigen Arbeitskörpers, der nur als Einheit, also nur durch unmittelbare Kooperation der fünf wirken kann. Fehlt ein Glied des fünfteiligen Körpers, so ist er paralysiert.»

Die Arbeit verschiedener Berufsgruppen ist technologisch exakt aufeinander abgestimmt. Jeder Arbeiter ist parallel zum anderen tätig, und eine Flasche folgt von Arbeitsverrichtung zu Arbeitsverrichtung der anderen.

«Derselbe Glasofen hat aber verschiedne Öffnungen, in England z.B. 4–6, deren jede einen irdenen Schmelztiegel mit flüssigem Glas birgt und wovon jede eine eigne Arbeitergruppe von derselben fünfgliedrigen Form beschäftigt. Die Gliederung jeder einzelnen Gruppe beruht hier unmittelbar auf der Teilung der Arbeit, während das Band zwischen den verschiednen gleichartigen Gruppen einfache Kooperation ist, die eins der Produktionsmittel, hier den Glasofen, durch gemeinsamen Konsum ökonomischer verbraucht. Ein solcher Glasofen mit seinen 4–6 Gruppen bildet eine Glashütte, und eine Glasmanufaktur umfaßt eine Mehrzahl solcher Hütten, zugleich mit den Vorrichtungen und Arbeitern für die einleitenden und abschließenden Produktionsphasen.»

Der nächste Schritt ist die Verbindung mehrerer verschiedener Manufakturen, die zur Herausbildung der Fabrik mit den organisatorischen Zügen industrieller Fertigung führt.

«Endlich kann die Manufaktur, wie sie teilweise aus der Kombination verschiedner Handwerke entspringt, sich zu einer Kombination verschiedner Manufakturen entwickeln. Die größern englischen Glashütten z.B. fabrizieren ihre irdenen Schmelztiegel selbst, weil von deren Güte das Gelingen oder Mißlingen des Produkts wesentlich abhängt. Die Manufaktur eines Produktionsmittels wird hier mit der Manufaktur des Produkts verbunden. Umgekehrt kann die Manufaktur des Produkts verbunden

Blick in eine alte Glasschleiferwerkstatt ...          ... und in eine moderne Bleikristallschleiferei

werden mit Manufakturen, worin es selbst wieder als Rohmaterial dient oder mit deren Produkten es später zusammengesetzt wird.»

In klassischer Ausprägung, direkt in der Rohglasfabrikation und nicht erst in der Glasraffinerie, verbindet sich die Gürtlerei, die «Gelbgießerei» als Herstellung der Messinghalbfabrikate und ihre Weiterverarbeitung zur «metallischen Einfassung», mit der Glasmanufaktur. Die Kombination von Metallverarbeitung und Glasveredlung bot sich schon in der Lusterfabrikation dar.

«So findet man z. B. die Manufaktur von Flintglas kombiniert mit der Glasschleiferei und der Gelbgießerei, letztre für die metallische Einfassung mannigfacher Glasartikel. Die verschiednen kombinierten Manufakturen bilden dann mehr oder minder räumlich getrennte De-

partemente eincr Gesamtmanufaktur, zugleich voneinander unabhängige Produktionsprozesse, jeder mit eigner Teilung der Arbeit. Trotz mancher Vorteile, welche die kombinierte Manufaktur bietet, gewinnt sie, auf eigner Grundlage, keine wirklich technische Einheit. Diese entsteht erst bei ihrer Verwandlung in den maschinenmäßigen Betrieb.»[8]

Die «Basisinnovation» der Glashüttentechnik des 17. Jahrhunderts, die von England ausging und zunächst als neue Qualität das Flintglas hervorbrachte, leitet aber nicht nur die Manufakturperiode mit all ihren ökonomischen und sozialen Konsequenzen ein, sondern be-

8 Marx, K.: Das Kapital, Erster Band, a.a.O., S. 367 f.
(Die in Klammern eingefügten Texte stehen
im Original als Fußnote)

Fußbecher. Farbloses Glas mit Ecken-, Rauten- und Kugelschliff. Böhmen, um 1830 (Staatliche Kunstsammlungen Dresden, Museum für Kunsthandwerk)

fruchtet mit dem neuen Material auch die Glasveredlung. Bleikristall ist besonders für den Glasschleifer ein interessanter Werkstoff mit hervorragenden lichtbrechenden Eigenschaften. Erst der Glasschleifer bringt den künstlerischen Effekt des Bleikristalls zur Wirkung. Je reichhaltiger der Schliff, um so ausgeprägter die Reflexion. Prismenartige Schliffe zerlegen das Licht in seine Spektralfarben und verleihen dem

Bleiglas Brillanz. Nicht die technischen Eigenschaften sind für die Glasraffinerie das eigentlich Wertvolle am Bleikristall, sondern die Reflexion des Lichts, die der Glasschleifer durch seine meisterliche, künstlerisch anspruchsvolle Schliffausführung hervorruft.

Der Bleigehalt im Flintglas ist sehr unterschiedlich. Entsprechend den internationalen Normen darf Bleikristallglas diese Bezeichnung erst tragen, wenn der Bleianteil nicht unter 21 Prozent liegt. Glas mit einem geringen Bleianteil gibt es schon seit Jahrhunderten. Er wird oft verwundert zur Kenntnis genommen, wenn Analysenergebnisse von alten Gläsern vorliegen. Wie schon erwähnt, handelte es sich hierbei um mehr oder weniger unvermeidliche Verunreinigungen des Glases durch Gemengebestandteile. Bei Sondergläsern ist heute ein Bleigehalt bis zu 80 % möglich, zum Beispiel bei stark lichtbrechenden Verkehrsschildern aus Flintglas. Da Bleiglas ziemlich weich ist, läßt es sich mechanisch viel leichter bearbeiten als das vergleichsweise harte und spröde Kristallglas. Dadurch kann der Glasschleifer relativ große Flächen tiefer oder flächiger ausschleifen.

Ein Taufgeschenk der englischen Glasraffineure zum Bleikristall war der *Rautenschliff*. Ihm folgt bald darauf der *Zylinderschliff*, bei dem der Glasschleifer meist halbzylindrische Glasflächen ausarbeitet.

Im 18. Jahrhundert bringt ein böhmischer Glasschleifer namens Meyr in Adolf den sogenannten *Brillantschliff* hervor, zu einer Zeit, als diese Technik in England noch unbekannt ist. Seine Anwendung auf Bleiglas, das ja erst von der Insel nach Böhmen gekommen war, breitete sich so nachhaltig aus, daß diese Schliffausführung in den 20er Jahren unseres Jahrhunderts immer noch fälschlicherweise als «englischer» Schliff im Sprachgebrauch war.

Daneben entwickeln sich noch vielfältige andere Schlifftechniken, wie der *Keilschliff*, der *Steinschliff*, der *Strahlsteinelschliff*, der *Eckenschliff*, der *Kugelschliff*, der *Büschelschliff* usw., die sämtlich eine reiche Dekoration des Bleiglases gestatten. Beeinflußt vom Klassizismus setzen sich wie in der bildenden Kunst bei der Veredlung des Bleikristalls allmählich einfachere Formen der Schliffgestaltung durch, hauptsächlich «Linien», deren Kanten die Lichtstrahlen der Regenbogenfarben schillernd reflektieren.

In einigen westeuropäischen Ländern blieben sogar die traditionellen Arbeitstechniken der Glasveredlung bestimmend. Zum Beispiel setzten die Glasraffinerien in den Niederlanden verbreitet anstelle des vielfältigen Schliffes das *Reißen* mit Diamanten fort, und etwa seit Mitte des 18. Jahrhunderts kam immer mehr in Mode, englische Bleikristallgläser ebenfalls mit einem Diamanten zu punktieren.

Englisches geschliffenes Bleikristall gewann in der Mitte des 19. Jahrhunderts zeitweilig den Wettbewerb auf dem Weltmarkt und bedrohte als gefährlicher Konkurrent die Glasraffinerien in Deutschland und Österreich. Auf der Weltausstellung 1855 in Paris holten erstmalig englische Glasaussteller für ihre Exponate die begehrten Medaillen und trafen damit die böhmischen Exporteure recht empfindlich. Die Glasraffinerien vom Festland, besonders die seit einem halben Jahrhundert erfolgverwöhnten Aussteller aus Haida, Karlsbad, Neuwelt, Steinschönau usw., blieben künstlerisch gegenüber den formstrengen englischen Glaskreationen zurück und gingen leer aus.

Eine Gegenmaßnahme der mitteleuropäischen Glashütten bestand darin, die englische Schliffausführung in den eigenen reichen Erfahrungsschatz zu integrieren und in einer neuen künstlerischen Qualität auf das eigene Kristall-

Becher. Farbloses Glas mit Kreuzsteinelschliff und Mattschliff. Böhmen, Anfang 19. Jh. (Staatliche Kunstsammlungen Dresden, Museum für Kunsthandwerk)

glas zu übertragen. Dabei gelang es auch, den Glasschliff in vortrefflicher Gestaltung als geschlossenes dekoratives Ensemble mit dem Glasschnitt zu kombinieren. Obwohl die optische Wirkung hinter der des Bleikristalls zurückblieb, war das künstlerische Niveau der neuen Dekore so ansprechend, daß es vor allem den böhmischen Glasveredlern zu einer neuerlichen Spitzenposition neben England verhalf.

125

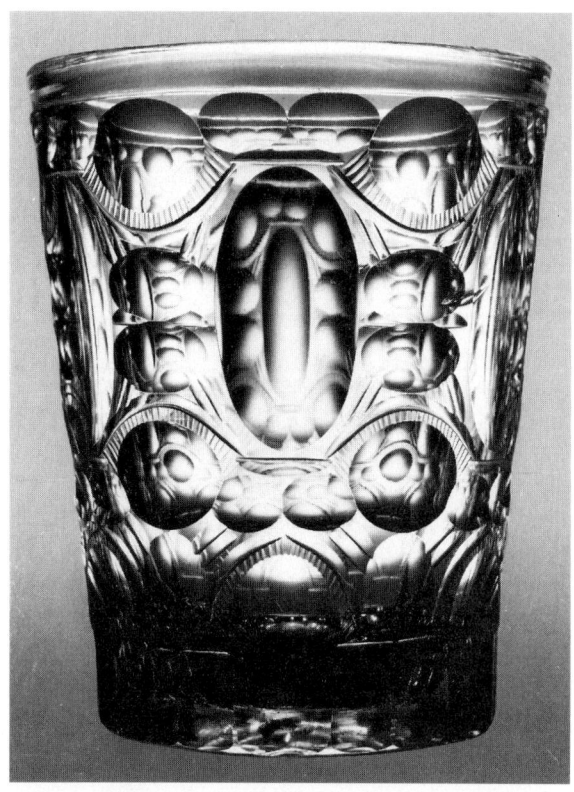

Becher. Farbloses Glas mit Schliff und Klarschnitt.
Nordböhmen, 1780/90
(Staatliche Kunstsammlungen Dresden,
Museum für Kunsthandwerk)

Besonders ausgeprägt entfaltete sich diese
Stilrichtung in den böhmischen Glasraffinerien
in der Gegend von Haida. Doch weder das reicher und besser geschliffene Kristallglas oder
die Schliff-Schnitt-Kombinationen noch das
Überfang- und Farbglas allein konnten die englische Bleiglaskonkurrenz in die Schranken weisen. Erst mit intensiverer Handelstätigkeit seit
etwa 1850 «beginnt die moderne Zeit. Was die
vorausgegangenen Jahre angeregt, wird ausgeführt, was sie zustande gebracht, wird vervollkommnet, die technischen Hilfsmittel des Fa-

briks- und Hausbetriebes wachsen und mehren
sich, die ganze Fülle neuer Verkehrsmittel wird
in Dienst gestellt und es hebt wieder jener Welt-
handel an», der die böhmischen Glaserzeugnisse im Konkurrenzkampf gegen englisches
Bleikristall erneut zu Marktrennern macht, erfahren wir aus Siebers *Geschichte der Stadt Haida*.

Während die Glasraffinerien mit kunden-
orientierten künstlerischen Kreationen um
den Markt ringen, sind die Glashütten ener-
gisch darum bemüht, die Schmelzleistung
durch modernere Hüttentechnologien zu steigern und die Gewinne durch größeren Umsatz
sowie durch verbesserte Produktionsorganisa-
tion und zielstrebige Kostensenkung rasch zu
mehren.

Das Glasschmelzen erfährt einen neuen
Qualitäts- und Produktivitätsschub, als die bisherige Heizquelle im Jahre 1856 durch die indi-
rekte Regenerativgasheizung, eine Erfindung
von Friedrich Siemens, abgelöst wird. Ihm, einem Bruder des berühmteren, 1888 geadelten
Werner von Siemens, gelingt mit seinen hervorragenden technischen Leistungen, was Tschirnhaus, Böttger und anderen um das Glas in Sachsen bemühten Männern nicht vergönnt gewesen
war: Dresdens Glasfabrikation in eine Spitzenposition zu führen. Nachdem Siemens die
Dresdner Glashütte im Jahre 1867 von seinem
Bruder Hans, ihrem Gründer, übernommen
hatte, erwarb er, gestützt auf die ansehnlichen
wirtschaftlichen Ergebnisse seiner Erfindungen, noch die Glashütten in Döhlen bei Dresden, in Neusattel bei Karlsbad sowie die Dresdner Hartglasfabrik.

Einen gewaltigen Fortschritt in der Industrialisierung der Glasschmelzprozesse brachte
der kontinuierlich arbeitende Siemenssche
Dreikammer-Wannenofen. Er findet höchste
Anerkennung unter den zeitgenössischen Fach-

leuten, zu denen auch Ludwig Lobmeyr zählt. «Die Rohstoffe werden in die größte Kammer geworfen; es braucht für solche Öfen nicht erst gefrittet oder gestampft zu werden. Durch das beim Schmelzprozesse erfolgende Zunehmen an spezifischem Gewicht geht die … Masse … in die nächste Kammer und ebenso von da das Glas … in die dritte, die eigentliche Arbeitskammer über. – Aus dieser wird nun mit von 12 zu 12 Stunden wechselnden Arbeitern ununterbrochen gearbeitet und im gleichen Verhältnis als Glas entnommen wird, in die erste Kammer das Rohmaterial nachgeschüttet.»[9] Was ein Wannenofen ist, erläutern wir am Anfang des folgenden Kapitels.

Die mit der Kohlefeuerung in England eingeleitete Industrialisierung der Hüttentechnologie, verbunden mit vervielfachten Schmelzleistungen, führte zu ständig größer werdenden Stückzahlen, so daß sich das Gebrauchsglas immer mehr verbilligte. Ein Meilenstein in diesem Prozeß war die Erfindung des mechanischen Glaspressens. Erstmalig um 1830 erzeugt man nach Amerika auch in Europa, und zwar in belgischen Glashütten, Gefäße aus Preßglas und läutet damit eine stürmische Entwicklung der maschinellen Fertigung von Hohlglas ein – und nicht nur solchen Glases, wie das Beispiel des nur wenig jüngeren böhmischen Preßglasleuchters zeigt.

Das Kunstverständnis jener Zeit steht der Massenherstellung von Gebrauchsglas rat- und hilflos gegenüber. In den Glashütten waren Unternehmer und ihre Techniker am Werk, die das neue Preßglassortiment auch selbst gestalteten. Daher entstand ein zwar billiges, aber in Form und Dekor das geschliffene Kristall meist nur imitierendes Glas.

9  Lobmeyr, L.: Die Glasindustrie …, a.a.O., S. 211

Prachtvoller Deckelpokal mit Tiefschnitt und Mattschnitt. Deckel mit facettiertem tropfenförmigem Knauf und eingeschlossener Luftblase. Dresden, 1720/30 (Staatliche Kunstsammlungen Dresden, Museum für Kunsthandwerk)

Die individuelle Glasgestaltung hatte etwa in der Mitte des 19. Jahrhunderts den Musterzeichner und Dekorationsmaler hervorgebracht. Die Glasschneider, -schleifer und -maler hatten diese Arbeit über Jahrhunderte hinweg selbst ausgeführt, ehe sie sich in eigene, die Glasveredlung vorbereitende Berufe abspaltete. In der gedanklichen Orientierung aber war sie der manufakturellen Technologie verhaftet und damit auch gestalterisch auf diese begrenzt. Die industrielle Glasproduktion, deren begrifflicher Ausdruck Fabriken sind, verlangt jetzt eine Neuorientierung in der Glasgestaltung. Formgebung und Veredlung müssen den neuen Technologien und ihren Möglichkeiten angepaßt werden. Nicht mehr nur das Material und das künstlerische Ziel, das der Glasschneider und -schleifer individuell realisieren kann, sind bestimmend, sondern ebenso die technologischen Bedingungen der Glasproduktion, sowohl in der Hütte wie auch in der Raffinerie. Vor allem ist jetzt zu beachten, daß die herzustellende Stückzahl von einem bestimmten Glas mitunter bereits in die Hunderttausende geht! Und das nicht allein, weil hoher Bedarf an Billiggläsern besteht. Auch die Kapazitäten haben sich vervielfacht und wollen ausgelastet sein. Neue Formen herzustellen ist teuer, und Maschinen auf andere Produktion umzurüsten, ist ebenfalls eine kostspielige Angelegenheit.

In einer Ordnung der Glasmachergenossenschaft des Spessart aus der Zeit um 1500 heißt es, daß ein Hüttenmeister mit einem Gehilfen täglich an die zweihundert Flaschen, «Kutterrolf oder was für Kutterrolf gut» herzustellen hätte. Dieser Stand, der sich bis zum 19. Jahrhundert nicht wesentlich veränderte, wurde in wenigen Jahren technisch revolutioniert, und die Leistungsfähigkeit der Glaserzeugung stieg sprunghaft.

Dasselbe gilt für das Glaspressen. Einem Bericht aus dem Jahre 1865 zufolge hat eine «Firma bei Newcastle, die früher jährlich 350 000 Pfund geblasenes Flintglas produzierte, jetzt statt dessen 3 500 000 Pfund gepreßtes Glas produziert». Die Leistung ist auf das Zehnfache gestiegen!

Der Musterzeichner allein genügte nun nicht mehr. Aus seinem Berufskreis und auch aus neuer Ausbildung entwickelt sich der Entwerfer. Er liefert für die Serienproduktion die gestalterischen Vorlagen und berücksichtigt dabei nicht nur die moderne Technologie der Glashüttenpraxis, sondern nutzt sie schöpferisch für die Erzeugnisgestaltung aus.

Der Entwerfer absolviert die Lehrjahre der späteren industriellen Formgebung. Sein gestalterisches Maß orientiert sich noch an den Stilrichtungen der Vergangenheit. Die Kunst der Gegenwart hat dem Design des Glases noch keine Kriterien gesetzt, die der in kürzester Zeit entstandenen hochentwickelten Produktionstechnik entsprachen.

Der klassische Entwerfer der Manufaktur ging von den Traditionen handwerklicher Glaskunst aus. Ringsum vollzieht sich aber der riesige industrielle Umbruch auf künstlerischem Neuland, und hinter dem Entwerfer mahnt drängend der Unternehmer, Entwürfe zu liefern, die sich bei niedrigen Kosten und hohem Produktionsausstoß umsetzen lassen und den Kunden so beeindrucken, daß die Erzeugnisse den Markt erobern und Profit bringen.

Die neuen Hütten- und Veredlungstechnologien bringen einen Produktivitätsanstieg und damit verbunden bedeutende Kostenvorteile, die ein preisgünstigeres Glasangebot bei steigendem Gewinn erlauben. Der Markt erweitert sich, der Bedarf an Glaserzeugnissen nimmt zu. Die Stückzahlen gehen steil nach oben, doch die künstlerische Gestaltung des Glases verarmt.

Der rasche Übergang von der Manufaktur zur Fabrik überfordert die Kunst. Weit und breit zeigt sich keine industrielle Formgestaltung, die es vermag, Produzenten wie Konsumenten gleichermaßen künstlerisch zu beeinflussen und damit auch der Massenproduktion neue ästhetische Kriterien zu setzen.

Kunstglas wird zwar nach wie vor hergestellt, trifft noch auf ausreichenden Bedarf an künstlerisch wertvollen Gläsern, aber sein Anteil an der Glasproduktion geht stetig zurück und fällt schließlich ökonomisch kaum noch ins Gewicht.

Da gründet im Jahre 1823 Josef Lobmeyr in Wien eine Glashandlung, deren späterer Besitzer Ludwig Lobmeyr, selbst gelernter Glasarbeiter, über Jahrzehnte die künstlerische Glasgestaltung in Österreich und darüber hinaus wesentlich beeinflußt und ästhetisch befruchtet hat. Viele Glasveredler greifen in der beginnenden *Gründerzeit* auf traditionelle Stilarten zurück und setzen die antiken, gotischen, byzantinischen und der Renaissance verhafteten Vorbilder unter neuen technologischen und gesellschaftlichen Bedingungen gestalterisch um. Bereits im 18. Jahrhundert hatte Georg Christoph Lichtenberg in einem Aphorismus gewarnt: «Es ist eine richtige Beobachtung, daß Leute, die zu stark nachahmen, ihre eigene Erfindungskraft schwächen. Wer nachahmt und die Gründe der Nachahmung nicht einsieht, fehlt gemeiniglich, sobald ihn die Hand verläßt, die ihn führte.»

Progressive Künstler, wie Gottfried Semper, und aufgeschlossene, der Kunst verpflichtete Glasproduzenten, wie die Gräflich Schaffgottsche Josephinenhütte in Schreiberhau/Riesengebirge, Lobmeyr in Wien und mit seinen Unternehmen in Steinschönau, die Rheinischen Glashütten AG Ehrenfeld bei Köln, orientierten ab Mitte des 19. Jahrhunderts auf einen neuen

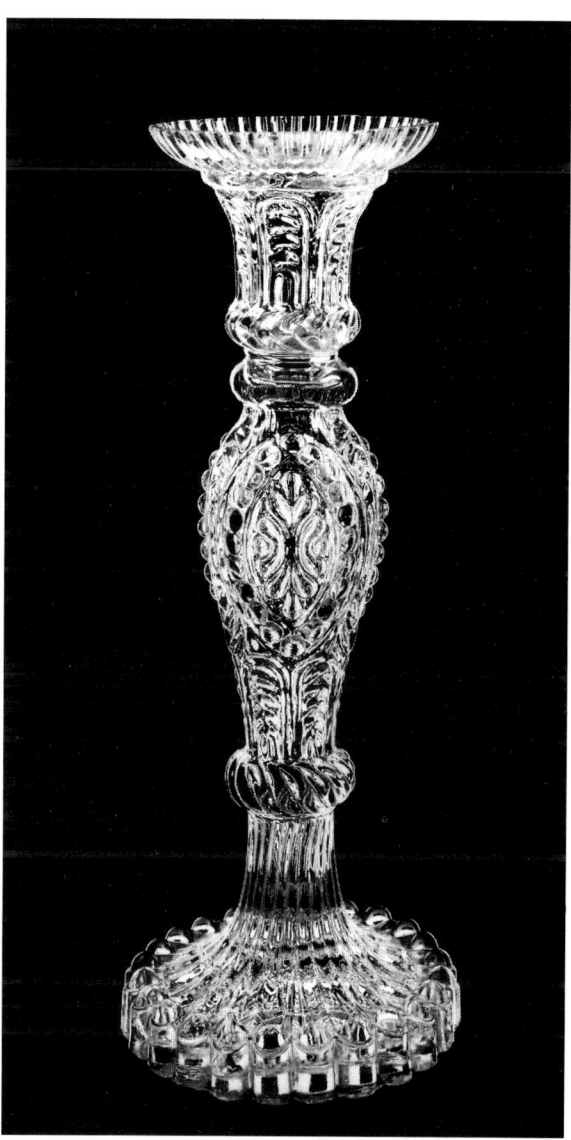

Preßglasleuchter. Böhmen, 2. Hälfte des 19. Jh.
(Staatliche Kunstsammlungen Dresden,
Museum für Kunsthandwerk)

Henkelväschen (Kleine Amphora).
Beinglas mit Emailmalerei.
Lauscha, 2. Hälfte des 18. Jh.
(Museum für Glaskunst Lauscha)

Vase im Jugendstil. Farbloses Glas, violett
überfangen, geätzt, geschliffen.
Christalleries du Val Saint-Lambert, 1903/04
(Sammlung Hilde Rakebrand, Dresden)

Stil. Die Glasgestaltung sollte mehr als die Entwerfer bisher von den technologisch-organisato-
rischen Bedingungen ausgehen und einen
künstlerischen Ausdruck herausbilden, der in
der neuen Gesellschaftsperiode begründet ist.
Diese fortschrittliche Forderung fand, begünstigt durch das äußerst rege nationale und internationale Ausstellungswesen für Glas, an der
Wende vom 19. zum 20. Jahrhundert seine Ausprägung im *Jugendstil*.

Ludwig Lobmeyr setzte sich als Mäzen bil-

dender Künstler für die industrielle Formgestaltung und auch das maschinell geformte Gebrauchsglas aus der Massenfertigung ein und
entwarf dafür neue einfache Formen, die den
Gegebenheiten der höheren, spezialisierten Fer-
tigungsart in großen Serien nachkamen. Er
lieferte überzeugende Beispiele von Gläsern,
die, obwohl auf Maschinen hergestellt, auch den
künstlerischen Bedürfnissen breiter Käufer-
kreise im In- und Ausland entsprachen.

Bald erkannten immer mehr Glasproduzen-

Vase. Bleikristall, mundgeblasen mit Schliff.
Entwurf: Friedrich Buntzen. Weißwasser, Bärenhütte 1953
(Staatliche Kunstsammlungen Dresden,
Museum für Kunsthandwerk)

Eine prachtvolle Vase aus einer böhmischen Werkstatt
der dreißiger Jahre: Kristallglas, gravierte
Farbblüten aus Hochemailauftrag
(Privatbesitz)

ten, wie nützlich es ist, die Ideen von Erzeugnis-
entwicklern und Formgestaltern mit einem entsprechenden künstlerischen Niveau auch in die
Großserienfertigung umzusetzen. Man mußte
den Gebrauchswert der Produkte in Einheit von
konsumtivem Zweck, Materialeignung, techno-
logisch-organisatorischen Bedingungen und
vollendeter künstlerischer Formgestaltung entwickeln. Die Leistungsfähigkeit automatisierter
Fertigungsprozesse der Glaserzeugung und
-veredlung stellt vor allem auch völlig neue An-

forderungen an eine technologisch orientierte
gestalterische Arbeit. Diese verläßt die reine
Entwurfsarbeit kunstgewerblicher oder künstle-
risch-individueller Glasgestaltung, die früher
ausschließlich einzelnen Künstlern und der von
ihnen betriebenen Atelierfertigung, danach
dem Musterzeichner vorbehalten war, und
mündet in den Beruf des *Designers*, des industriellen Formgestalters. Formgestalter, Glas-
entwickler, Technologen, Fertigungsingenieure
und Vertriebsfachleute müssen fortan eng zu-

Vase von Hubert Koch. Lampengeblasenes Glas,
Lauscha, 1982
(Staatliche Kunstsammlungen Dresden,
Museum für Kunsthandwerk)

Vase von Ulrike und Theodor Oelzner.
Hüttenglas, Leipzig, 1976
(Staatliche Kunstsammlungen Dresden,
Museum für Kunsthandwerk)

sammenarbeiten. Vom Mundglasmacher,
Glasschleifer und -schneider sowie vom Glasmaler aber erwartet man jetzt ein Kunstglas.
Das ist nicht etwa ein Widerspruch zwischen
der Maschine und ihrer modernen Technologie
einerseits sowie der manuellen Glasgestaltung
andererseits, sondern Ergebnis einer mit der Be-
dürfnis- und Produktionsentwicklung einherge-
henden Aufspaltung auch der Glasherstellung.

Eine neue Qualität in der Gestaltung industriell gefertigten Beleuchtungs-, Haushalts-
und Wirtschaftsglases bringt der sogenannte

*Bauhausstil*, der in den 20er Jahren zuerst in Weimar, später in Dessau die Grundlagen für modernes Design legt. Bedeutende Formgestalter,
die dem Bauhausstil und seinen künstlerischen
Bestrebungen verhaftet sind und besonders das
industriell gefertigte Glas ästhetisch tiefgreifend
beeinflußt und befruchtet haben, sind Wilhelm
Wagenfeld und Friedrich Buntzen.

Konfektschale nach «Venezianischer Art».
Lampenarbeit von Arno Greiner-Leben. Lauscha, 1930
(Museum für Glaskunst Lauscha)

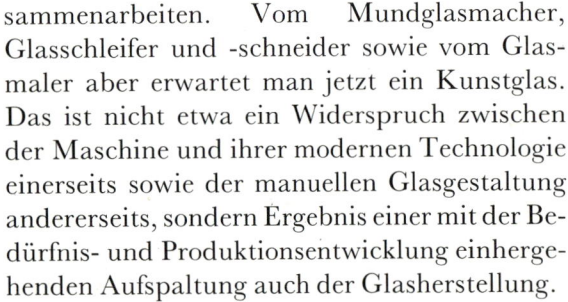

132

Objekt «Die Aufgabe» von Dietmar Witteborn.
Farbloses Floatglas, verschraubt. Magdeburg, 1981
(Staatliche Kunstsammlungen Dresden,
Museum für Kunsthandwerk)

Die Arbeit des Designers gewinnt jetzt außerordentliche Bedeutung, gleich, ob es sich um
hand- oder maschinengefertigte Gläser handelt.
Das beginnt bei der Form,. schließt Material
und Technologie ein und endet bei der Dekoration. Die künstlerische Arbeit des Designers
kreuzt sich dabei aber nicht nur mit bekannten,
sondern vor allem mit neuen Veredlungsverfah-
ren, wie auch mit modernsten Erkenntnissen
über den Werkstoff Glas. Die Ausprägung des
Schönen, des Ästhetischen, zu dem auch hoher
Gebrauchswert und wirtschaftliche Herstellung
gehören, bleibt daher die Grundlinie der Glas-
verhüttung und -veredlung. Das betrifft sowohl die Glasformung im warmen Zustand am
Schmelzofen und vor der Lampe wie auch die
Veredlung des Glaskörpers, zum Beispiel durch
Schneiden, Schleifen und Ätzen; aber auch
Stücke, die in schöpferischer Zusammenarbeit
zwischen bildenden Künstlern und Glasvered-

Vase «Die drei Grazien». Gravur auf Bleikristall.
Entwurf: Werner Klemke; Gravur: Bernd Mühlig,
Olbernhau, 1983
(Staatliche Kunstsammlungen Dresden,
Museum für Kunsthandwerk)

Becher «Bergland» von Volkhard Precht.
Studioglas, frei geformt. Bildhaftes Dekor aus
vielfachen Farbglasfolien-Applikationen in der
Zwischenschicht. Lauscha, 1980
(Staatliche Kunstsammlungen Dresden,
Museum für Kunsthandwerk)

Ein schönes Beispiel
schlichter moderner US-amerikanischer Glaskunst:
Schale von Dominick Labino,
Grand Rapids, Ohio, 1969
(The Corning Museum of Glass, Corning/New York)

lern entstehen, wie die abgebildete geschnittene Vase mit den drei Grazien.

Mit der *Studioglas-Bewegung* konstituierte sich seit 1962 der künstlerische Kontrast zwischen freier, individueller Glasgestaltung und der wissenschaftlich fundierten Gestaltungsarbeit des Glasdesigners. Der Glaskünstler bringt seine Schöpfungen am Glasschmelzofen im eigenen Atelier, dem Studio, mit größter Intuition und Meisterschaft hervor, während der Designer sein künstlerisches Schaffen in Gemeinschaftsarbeit und nach wissenschaftlichen Prinzipien fundiert.

In der DDR fand die Studioglas-Bewegung

ihren ersten und bedeutendsten Vertreter in Volkhardt Precht aus Lauscha. 1963 setzte er seinen Glasschmelzofen im eigenen Haus in Betrieb – ein Jahr, nachdem die eigentlichen Begründer der Bewegung, Harrey Littleton und Dominick Labino, in ihrem Studio in Toledo/ Ohio, USA, mit dem Glasschmelzen begannen.

Ein besonderes Kapitel:
Feuerfestes Wirtschaftsglas

Eine gewisse Sonderstellung unter den hitzebeständigen Gebrauchsartikeln aus Glas nimmt bis heute das feuerfeste Hauswirtschaftsglas ein. Sein Geburtsort ist Jena, das *JENAer Glaswerk*, das solche Glasgefäße seit Beginn der 20er Jahre herstellt. Zuvor hatte man dort schon längere Zeit hitzebeständige Glaszylinder für Gaslichtlampen produziert. Die Einführung der Elektrizität als Beleuchtungsquelle ließ den Bedarf an derartigen Glaskörpern aber rapide schrumpfen. So machte man sich auch im damaligen *JENAer Glaswerk Schott & Gen.* auf die Suche nach neuen Absatzmöglichkeiten mit neuen Glaserzeugnissen, darunter eben auch für den Bereich der Hauswirtschaft. Solche Artikel mußten nicht nur herausragende technische Eigenschaften – Hitzebeständigkeit, Bruchsicherheit – besitzen, sondern auch den allgemein ausgeprägten ästhetischen Ansprüchen an Tischgeschirr genügen.

Zunächst erhielten die Gefäße ihre Form noch unmittelbar im Werk. Bald aber sollte sich die Geschichte des Jenaer Hauswirtschaftsglases mit den progressivsten Design-Bestrebungen in den ersten Dezennien unseres Jahrhunderts verknüpfen. Im benachbarten Weimar wirkte seit 1919 unter Leitung des Architekten Walter Gropius das *Staatliche Bauhaus*, eine progressiv orientierte Kunstschule. Zu ihren Lehr-

Skizze der Sintrax-Kaffeemaschine in der Gestaltung
von Gerhard Marcks
1 Glaskanne, 2 Filteraufsatz aus Glas, 3 Glasdeckel,
4 Isolierter Griff

und Ausbildungsgebieten zählte auch die zweckmäßige Gestaltung von Gebrauchsgegenständen. Man hatte sich das Ziel gesteckt, alle zu Haus und Wohnung gehörenden Bereiche den Anforderungen der industriellen Produktion und den veränderten gesellschaftlichen Erwartungen entsprechend neu zu gestalten.

Im Herbst 1923 stellte das Bauhaus im Rahmen seiner ersten großen Exposition in der Küche des Musterhauses *Am Horn* neue Backschüsseln aus Jenaer Durax-Glas vor. Gropius engagierte sich darüber hinaus in Vorträgen für die neuen Erzeugnisse. Deshalb wünschte er auch, ihre noch vorhandenen formalen Schwächen zu beseitigen. Das Bauhaus kritisierte «die Formgebung der Gefäße in ihren Kurven, Rändern und Knöpfen als zu verwaschen und unausgesprochen». Die Produzenten waren zur Zusammenarbeit bereit, und das Bauhaus übersandte im Sommer 1924 Verbesserungsvorschläge und Entwürfe für neue Typen.

Sie stammten vorwiegend vom Leiter der Metallwerkstatt Laszlo Moholy-Nagy. Wilhelm Wagenfeld, der Mitarbeiter der Metallwerkstatt war und später den Typ des feuerfesten Jenaer Glases prägte, rügte an ihm, daß er noch allzu stark an Formvorstellungen des Konstruktivismus gebunden und auf feste stereometrische Grundformen orientiert war, die den Formanforderungen der Technologie des Preßglases zuwiderliefen. Aus dem Angebot des Bauhauses ging 1925 lediglich die vom Leiter der Keramikwerkstatt, Gerhard Marcks, entworfene Sintrax-Kaffeemaschine in Produktion. Diese Maschine enthielt übrigens eine absolute technische Neuheit, deren Beschreibung einem Artikel über Glasfiltergeräte in der Zeitschrift *Glas und Apparat* vom 12. September 1926 zu entnehmen ist: «Aus Amerika dringt auch zu uns die Gewohnheit, das Glas mehr und mehr in Küche und Haushalt einzuführen. Die Backschüssel und die Kaffeemaschine bürgern sich ein; aber die bisherigen Kaffeemaschinen dieser Art bedurften eines Metallträgers, der mit Filtertuch oder Flanell überspannt wurde … Die Sintrax-Kaffeemaschine enthält, in den Trichter eingeschmolzen, eine Platte aus gesintertem, braun getöntem Glase; der Kaffee kommt in ihr ausschließlich mit Glas in Berührung. Ihre gefällige Form ist bestrebt, den Gedanken an das

Das moderne Tee-set aus dem gegenwärtigen Angebot
in der Gestaltung von Hans Merz

chemische Laboratorium von dem Familienkaf-
feetisch fernzuhalten».

Auf Betreiben der Bürgerblockregierung,
der die Kunstrichtung des Bauhauses ganz und
gar nicht behagte, mußte das Bauhaus im Jahre
1925 seine Pforten schließen. Es zog nach Dessau um, wo man noch Möglichkeiten für die
weitere künstlerische Entfaltung sah. Die Kon-
takte zum Jenaer Werk allerdings brachen nun

ab. Erst 1930 nahm das Glaswerk mit dem aus
dem Bauhaus hervorgegangenen Designer Wilhelm Wagenfeld wieder die Zusammenarbeit
auf, in deren weiterem Verlauf ein breites Sortiment von Hauswirtschaftsgläsern entstand.

Wagenfelds behutsame, aus Erfahrung ge-
reifte Design-Konzeption ließ weder den autori-
tären künstlerischen Anspruch noch die reine
Zweckorientierung gelten. Es galt einen Entwurf zu finden, der sämtlichen Ansprüchen gerecht wurde. Eine Kanne zum Beispiel sollte
nicht nur gut gießen, sicher stehen, den Deckel

halten und bequem zu handhaben sein, sondern auch alle Vorzüge eines «schönen Gebrauchs», etwas für das Auge des anspruchsvollen Nutzers bieten.

In die Formgebung seines berühmten Teeservice sind derartige Überlegungen eingeflossen. Der Gefäßtyp der Teekanne ist mit dem Teegetränk aus Ostasien nach Europa gekommen. Wagenfeld folgte diesem Leitbild, suchte aber zugleich eine Form, die dem neuen Material entsprechen sollte. So charakterisieren den flachkugeligen Kannenkörper ein langer Schnabel und ein zur bequemen Handhabung hochgezogener Henkel.

Diese Doppelbeziehung ist auch für die Tassen kennzeichnend. Vor allem die flachen Schalen folgten der Tradition, Tee aus offenen Gefäßen zu trinken. Sie bestanden aus Kugelkappen, die für die Standfläche nur gering verformt wurden. Kakaokrüge mit kugeligem Bauch, zylindrische Milchkrüge, Schüsseln, Teller und viele andere Gegenstände bereicherten das Sortiment. Für dieses Teeservice erhielten die Hersteller auf der Weltausstellung 1937 in Paris eine Goldmedaille. Es gilt heute zu Recht als «Klassiker» des Design.

Als Wagenfeld das Backschüsselsortiment überarbeitete, das nach seiner Meinung noch zu sehr am Metallvorbild hängen geblieben war, verlieh er dem Geschirr eine eigene, dem «besonderen Glas» folgende Gestalt: Er formte es weich und geschmeidig aus. Die Griffe ragten jetzt zungenartig aus den Rändern, und mehrere Deckel ließen sich als eigenständige Gefäße verwenden. Das gesamte von Wagenfeld gestaltete Sortiment erfreute sich fast drei Jahrzehnte lebhafter Nachfrage.

Im Jahre 1961 beauftragte der *VEB JENA*er *Glaswerk* die Formgestalterin Ilse Decho, das gesamte Sortiment gepreßten und geblasenen feuerfesten Hauswirtschaftsglases neu zu gestalten. Das auf 18 Typen reduzierte Sortiment war auf der Leipziger Messe 1963 erstmalig zu sehen und erzielte eine Goldmedaille. Bei den Backgefäßen gestattete die Technologie des Pressens wenig gestalterischen Spielraum. Die bekannten Formen erhielten lediglich ein strafferes Aussehen. Das Teeservice jedoch entstand gänzlich neu, wobei die veränderten Produktionsbedingungen zu berücksichtigen waren. Um dem ständig steigenden Bedarf des In- und Auslands nach dem preiswerten und beliebten feuerfesten Wirtschaftsglas auch weiterhin nachkommen zu können, mußte man die Herstellung, Lagerhaltung und den Versand der Artikel völlig rationalisieren und technisch-organisatorisch verändern. Dieser Forderung kam Ilse Decho mit der Neugestaltung des Glases in hervorragender Weise nach: Tassen, Zuckerschalen und Milchkännchen erhielten aus Gründen der Stapelfähigkeit die gleiche Grundform. Die Teekanne blieb niedrig, erhielt eine breite Standfläche und einen sicheren Überfalldeckel. Statt aus Kugel und Kugelkappe entstanden die Grundformen von Kanne und Tassen jetzt aus Kegelschalen. So kam ein Tee-set zustande, das neben seinem hohen Gebrauchswert dem Nutzer auch ästhetischen Genuß bot.

Neuen Erfordernissen folgend, entstand 1982 in Zusammenarbeit mit Hans Merz wiederum ein neues Teeservice. Bei automatengerechter Formgebung sind die Linien der Gefäße jetzt mit Rücksicht auf ansprechende Tischgestaltung noch weicher und gefälliger modelliert. Die Grundform, aus der Abbildung gut zu erkennen, ist jetzt der Kelch.

# Pressen,
# Blasen, Ziehen,
# Schäumen...

Ein hoher Anblick ist es, wenn plötzlich
Aus Sand und häßlichem Stoffe,
Ersehnt und doch niemals
Mit Bestimmtheit gewußt,
Das große, vielfarbige Glänzen aufzuckt,
Dem Meister zur Freude
Und jedem Beschauer.

LION FEUCHTWANGER

Otto Schott, in seinen besten Jahren, steht mit dem Sichtglas vor dem Schmelzofen. Deutlich malt sich Sorge in seinen Gesichtszügen. So viele Schmelzen hatte er in seinem Leben schon persönlich überwacht, aber er konnte sich nicht entsinnen, daß ihn je eine so beschäftigt hätte wie diese. Immer und immer wieder waren schon Proben genommen, war geprüft und analysiert worden, aber zufrieden ist Schott noch nicht. Dem roten Filterglas, das man da gerade schmolz, fehlte nach wie vor die richtige Golddosierung. Der Schmelzmeister war ein erfahrener, auch schon in der Arbeit am Ofen ergrauter Mann, den Schott hoch schätzte. Man war ihm entgegengekommen, hatte seine Erfahrungen berücksichtigt, nachgerechnet, das Gemenge stets aufs neue korrigiert. Der Meister war überzeugt, es würde jetzt eine gute Schmelze geben.

«Dennoch», denkt Otto Schott, «irgend etwas stimmt noch nicht.» Nachdenklich klimpert er, die Rechte in der Jackentasche, mit ein Paar Münzen; zieht die Hand hervor, betrachtet ein wenig abwesend das Geld, das da auf seiner Handfläche liegt. Es sind ein paar Silbermünzen und ein glänzender, offenbar neu geprägter Goldtaler.

Da schießt Otto Schott ein Gedanke verführerisch durch den Kopf: «Gibt es einen Wink des Schicksals?» Der eher nüchtern-sachliche Mann weist den Gedanken innerlich sogleich von sich. Und dennoch ..., vielleicht ...?

Verstohlen sieht er sich um. Sollte er es wagen, etwas zu tun, wofür er jeden anderen auf der Stelle vom Ofen und aus der Fabrik gejagt hätte? Noch einmal blickt Schott unauffällig in die Runde, niemand ist zu sehen – und flugs, fliegt die Goldmünze aus einer blitzartigen Handbewegung in den Schmelztiegel und verschwindet darin augenblicklich.

Wie es heißt, soll sich diese Schmelze als die seit langer Zeit vollkommenste erwiesen und Otto Schott veranlaßt haben, aus dem erfolgreichen intuitiven Versuch eine ständige Arbeitsmethode zu machen ...

## Als die Häfen nicht mehr reichten

Ja, Glas schmelzen und für den jeweiligen Zweck das richtige Gemenge aus zahllosen Experimenten herausfinden, das war über Jahrtausende und ist auch heute noch hohe Kunst und streng gehütetes Geheimnis. Aber nicht weniger Kopfzerbrechen bereitete den Glasschmelzern von jeher die Herstellung der erforderlichen Schmelzgefäße, in denen sie die kristallinen Rohstoffe zum erwünschten amorphen Gefüge, dem Glas, umwandeln konnten.

Assyrer und Ägypter schmolzen das Glas über der offenen Flamme. Sie verwendeten dafür Tiegel aus gebranntem Ton, wie sie damals die Töpfer fertigten. Diese blieben dann über drei Jahrtausende hinweg das typische Glasschmelzgefäß und erhielten irgendwann einmal unter deutschen Glasmachern, nach dem alten deutschen Namen «Häfele» für ein Topfgefäß, die Bezeichnung *Hafen*.

Die über Jahrtausende währende Schwierigkeit des Glasschmelzens, dem Gemenge überhaupt die erforderliche Schmelzenergie zuzuführen, ist heute mit dem Einsatz von Gas, Heizöl und Elektrizität ein für allemal überwunden. Zugleich damit ist auch das Problem der verunreinigenden Stoffe aus der Feuerung gelöst worden.

Vor ständig neuen Fragen standen und stehen aber die Glasschmelzer, wenn es darum geht, die Schmelzgefäße für immer höhere Schmelztemperaturen und immer aggressivere Glasflüsse – vor allem für die wissenschaftlichen Gläser – bereitzustellen. Denn die Salze der glü-

henden Glasflüsse sind bei den hohen Schmelztemperaturen außerordentlich aggressiv. Eine
in die Schmelze geworfene Stahlkugel löst sich
in Minutenfrist auf und färbt das Glas grün.
Kupfer und Kobalt werden von der Schmelze
ebenfalls sofort gelöst. Man nutzt die Oxide dieser und anderer Metalle, um damit unter anderem die Gläser für Sonnenbrillen zu färben. Silber ist als Nitrat in den phototropen Brillenglä-
sern enthalten. Selbst Gold löst sich – wie wir
eben aus der Anekdote über Otto Schott erfuhren – in der Schmelze rasch und verteilt sich im
Glas völlig gleichmäßig.

Anfangs bewährten sich als Gefäßmaterial
für aggressive Schmelzen noch am besten hoch-
stabile Oxide, vor allem Aluminium-Oxid, das
in der Natur als Tonerde vorkommt. Heutigen
Anforderungen werden sie aber in vieler Hinsicht nicht mehr gerecht. Und wie erzeugt man
heute überhaupt Glas in den bekannten riesigen Mengen? Ist der Hafen durch den wissenschaftlich-technischen Fortschritt nicht überholt?

Das alte Verfahren, Glas in Tonhäfen zu
schmelzen, ist heute in der Schmuckgefäß-In-
dustrie, im Glas-Kunsthandwerk und in einigen
notwendigen Spezialfällen, auch bei der Erzeugung bestimmten optischen Glases, wie wir
noch näher sehen werden, nach wie vor unabdingbar. Dieses Schmelzgefäß entsteht in einem
langwierigen Prozeß aus Tonerde, Rohscha-
motte, zurückgewonnenem, zermahlenem Ha-
fenmaterial (Hafenschale) und Bindemittel;
nach der Formung durchläuft es in mehreren
Trocknungsstufen eine drei Monate währende
Trocknungszeit – früher in der sogenannten Häfenstube –, wird bei 750 °C eine Woche getem-
pert und schließlich oberhalb der Schmelztemperatur, beim optischen Glas um 1450 °C, im
Schmelzofen dichtgebrannt.

Die «Häfenstube» in einem großen Glaswerk
zu Beginn dieses Jahrhunderts
(Nach einer Zeichnung von E. Kuithan)

In diesen glühend heißen Hafen gelangt nun
allmählich das Gemenge. Es enthält alle für die
Glassynthese notwendigen Bestandteile, ist
nach genauer Rezeptur aus computergesteuer-
ten Silos über Präzisionswaagen abgemessen
und wird sorgfältig zusammengemischt.

Allein mit der großtechnischen Gewinnung
der für diese Gemenge vorgesehenen extrem reinen Oxide, Chloride und Fluoride befaßt sich
eine ganze Industrie. Vielfalt der Rohstoffe, ge-
forderte Reinheit, Ausschaltung aller färbenden
Elemente – das und manches andere sind Gesichtspunkte, die die Rohstoffexperten den ganzen Erdball nach immer neuen Fundorten geeigneter Materialien absuchen lassen. Die bei

allen feuerfesten Gläsern eingesetzten Borverbindungen gibt es nun einmal nur an wenigen Orten unseres Erdballs; Lanthan, ein wichtiger Rohstoff für hochbrechende Gläser, gehört sogar zu den seltenen Erden, dennoch benötigt man davon Tausende von Tonnen beispielsweise für optische Schmelzen. Denn diese sogenannten «seltenen Erden», die man früher als «Spurenelemente» des periodischen Systems kennzeichnete, werden heute samt und sonders in optischen Gläsern eingesetzt. Im sogenannten n-γ-Diagramm, auf das wir noch ausführlicher zurückkommen werden, sind die Lagen aller im optischen Glas eingesetzten Oxide eingetragen. Jedes konkrete optische Glas besteht aus einer Mischung solcher Oxide oder Fluoride.

Häufig lassen sich diese Oxide selbst nicht in den glasartigen Zustand überführen, sondern kristallisieren beim Abkühlen aus. Das ist einer von etlichen Gründen, warum die Glassynthesen aus mehreren Substanzen zusammengesetzt sind. Ein weiterer ist oft der, daß manche optisch interessanten Gläser nur eine geringe chemische Beständigkeit haben, und nicht zuletzt spielen Gesichtspunkte der Material- und Energieökonomie eine große Rolle. In jüngerer Zeit haben sich noch andere, neuere Gesichtspunkte hinzugesellt: ein bestimmtes angestrebtes Dehnungsverhalten des Glases unter Temperatureinfluß, seine Festigkeit gegen Strahlungen, seine erhöhte Durchlaßfähigkeit für ultraviolettes und infrarotes Licht, die Unabhängigkeit des Lichtweges von der Temperatur des Mediums. Alles das will im Glasgemenge wohldosiert und fein aufeinander abgestimmt sein.

Es ist gut zu verstehen, daß bei derartigen mehrdimensionalen Möglichkeiten, die Eigenschaften des Glases und dementsprechend seine Zusammensetzung zu variieren, die optimale Synthese für den gegebenen Zweck nicht mehr ausschließlich eine Sache des Experimentes ist: Sie wird mit Hilfe der mathematischen Modellierung auf elektronischen Datenverarbeitungsanlagen exakt berechnet und vorherbestimmt.

Bevor es aber möglich war, diese neuen Materialien einzusetzen, mußte man erst einmal die Schmelzgefäße weiterentwickeln. Denn die erwähnten neuen Synthesen waren so aggressiv, daß sie bei den ersten Schmelzversuchen 10 cm dicke Spezial-Tonhäfen in wenigen Stunden wie ein grobes Sieb durchlöcherten.

Diese Barriere haben die Glastechnologen in den 30er Jahren überwunden, indem sie auch für die industrielle Produktion Schmelzgefäße aus Platin einsetzten, die man vorher nur im Laboratorium verwendete. Die daraus entwickelte *Platintiegel-Technologie* ist heute eine Standardtechnologie moderner Glasbetriebe. Sie hat viele Varianten. In der Abbildung ist zu sehen, wie gerade in einer Roboter-Anlage eine ca. 200 kg schwere Lanthanglas-Schmelze aus einem 70 l-Platintiegel in einem bestimmten Ablaufprogramm ausgegossen wird. Ein solcher Platintiegel kostet heute auf dem Weltmarkt einige Millionen Mark. Wenn man bedenkt, daß bei jeder Schmelze mit einem Materialverlust von 2 % zu rechnen ist, dann ist verständlich, warum dieses optische Spezialglas so hohe Herstellungskosten verursacht, die sich in nicht geringem Maße auch in den Preisen der Objektive für hohe Ansprüche unangenehm bemerkbar machen.

Bei all diesen stufenweisen Verfahren werden nacheinander bei Temperaturen und Zeiten, die für die verschiedenen Gläser sehr unterschiedlich sein können, gleichbleibend folgende Prozesse durchgeführt:

Ausgießen eines Tonhafens
in eine Form für optisches Blockglas

– Einlegen des Gemenges, Übergang des kristallinen Materials in die Glasschmelze, Entbinden von im Gemenge mitgeführten und beim Schmelzen entstehenden Gasen;
– erstes Homogenisieren der Schmelze (Beseitigen von Schlieren);
– Läutern der Schmelze (Entfernen von Gasblasen) mit Läutermitteln unter weiterem Rühren;
– Abstehen, allmähliches Absenken der Temperatur;
– bei hochwertigen Gläsern: Rühren zum weiteren Homogenisieren;
– Ausgießen der Schmelze.

Wie man sieht, ist der Hafen immer noch ein unabdingbares Requisit auch der modernsten «industriellen Glasmacher». Aber wie schon erwähnt, gilt das nur für ganz bestimmte Gläser.

Seit der zweiten Hälfte des 19. Jahrhunderts wirkte sich die stürmische wissenschaftlich-technische Entwicklung auch nachhaltig auf die Glasherstellung aus. Die erwähnten neuen und leistungsfähigen Energieträger in Verbindung mit Vorwärmanlagen für Heizgase und Luft ermöglichten den Übergang zu einer neuen Technologie, die an die Stelle des Hafens die sogenannte *Wanne*, den *Wannenofen*, setzte. Diese neue Technologie war von durchgreifendem Einfluß auf die Qualität und Leistungskraft der massenhaften Glasproduktion. Einer solchen großflächigen Wanne wird ständig – entweder durch Entnahmeöffnungen oder über spezielle Speiservorrichtungen bei der maschinellen Fertigung – flüssiges Glas zur Produktion von Glaserzeugnissen entnommen und ständig neues Gemenge in präzise gleichbleibender Zusammensetzung zugeführt. Selbst optisches Glas erzeugt man heute in großen Mengen aus kontinuierlich arbeitenden Wannen.

Die zeitlich hintereinander liegenden Prozeßschritte werden in der Wanne an verschiedenen Stellen durchlaufen (siehe Abbildung). Derartige Wannenöfen gibt es heute in den verschiedensten Formen, Größen und mit den unterschiedlichsten Beheizungssystemen. Neben kleinsten Wannen mit nur wenigen Quadratdezimetern Herdfläche – wie z. B. eine Platinkleinstwanne für optische Spezialgläser – gibt es riesige Wannen, zum Beispiel für die Flachglasherstellung, mit einem Volumen von 5000 t Glasschmelze, aus denen an einem einzigen Tag mehr als 300 t Glaserzeugnisse hervorgehen. Diese Menge reicht allein aus, um täglich ca. 40 000 m$^2$ Fensterscheiben für den Wohnungsbau zu produzieren!

Trotz ihrer verschiedensten Form und Ausstattung haben alle Wannenöfen eines gemeinsam: die Unterteilung in die Schmelzwanne und in die Arbeitswanne mit der Entnahmezone. Aus dieser gelangt die Schmelze durch manuelle oder mechanisierte bzw. automatisierte Entnahme mittels sogenannter Speiservorrichtungen zur weiteren Verarbeitung. Der Vorteil dieser gegen die aggressive Schmelze hervorragend ausgekleideten Wannenöfen liegt darin, daß sie eine kontinuierliche Produktion in großen Stückzahlen ermöglichen, weil sie viele Monate, ja mitunter sogar Jahre ununterbrochen in Betrieb bleiben.

Wie entstehen nun aus dem geschmolzenen Glas die Halbzeuge oder Fertigprodukte, die eine Glasfabrik verlassen?

In einzelnen Fällen, vor allem dann, wenn es sich um eine besonders hohe Qualität geprüften Glases handelt, findet nach wie vor die klassische Kaltbearbeitung durch Sägen, Fräsen, Schleifen und Polieren Anwendung. In zunehmendem Maße aber produziert man Halbzeuge mit einem hohen Fertigstellgrad. Das wird in den folgenden Abschnitten kurz erläutert.

Große Sorgen bereitet den Glastechnologen immer noch die Tatsache, daß Schmelzen extremer Gläser beim Abkühlen gern Kristallite bilden, also wieder auskristallisieren, anstatt die amorphe Struktur zu wahren. Daher ist man bestrebt, die Temperaturbereiche, in denen Kristalle entstehen und wachsen, sehr schnell zu «durchfahren». Diese Methode ist nur bis zu einer bestimmten Menge der Schmelze anwendbar, weil größere Posten verständlicherweise viel langsamer abkühlen als kleine. Auch hierfür hat man inzwischen einen prinzipiell neuen Weg gefunden: Die Herstellung von Glas aus der Gel-Phase. Es würde in diesem Buch zu weit führen, das komplizierte Verfahren detailliert darzustellen. Bei unserem Ausblick auf die künftige Glasentwicklung kommen wir darauf noch kurz zurück.

Grob, aber billig

Das älteste Verfahren, dem Glas Form zu verleihen, ist das *Gießen*. Man kennt es seit uralten Zeiten. Und bereits um 1500 v. u. Z. haben es ägyptische Glasmacher meisterhaft verstanden, selbst filigrane Kunstgegenstände in vorher sorgsam präparierten Gußformen herzustellen. Der beste Beweis hierfür ist das auf S. 43 abgebildete, nur wenige Zentimeter hohe Porträt des ägyptischen Pharaos Amenhotep II. Aber auch sehr große Gußstücke verstand man im Altertum aus Glas herzustellen. Sesotris ließ schon im Jahre 1463 v. u. Z. eine Bildsäule aus Glas gießen. Allerdings muß es damals unbeschreiblich mühselig gewesen sein, die Formen für derart komplizierte Gegenstände herzustellen.

Heute trifft man reine Gießprozesse nur noch bei der Herstellung von Halbzeugen (Rohlingen) an, die in der folgenden Verarbeitung wieder eingeschmolzen oder noch zur endgülti-

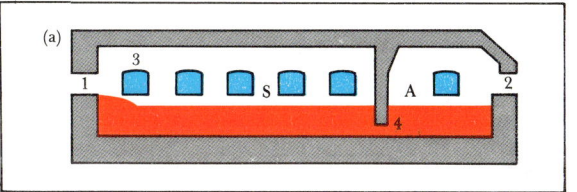

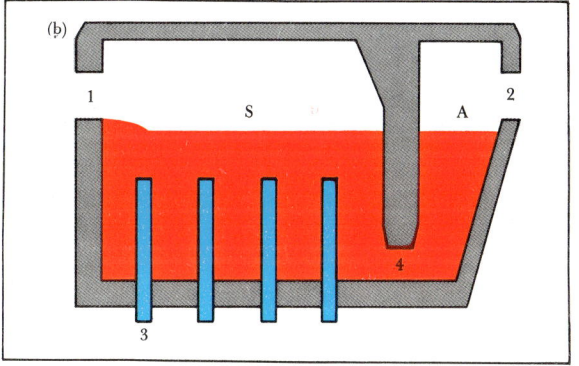

Prinzipskizze eines gasbeheizten (a) und eines elektrisch beheizten (b) Wannenofens
1 Einlegeöffnung, 2 Entnahmeöffnung, 3 Gasbrenner (a) bzw. Elektroden (b), 4 Durchlaß
S Schmelzwanne, A Arbeitswanne

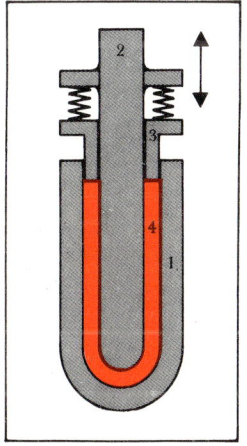

Prinzipskizze des Pressens von Glasgegenständen
1 Form (Matrize), 2 Stempel, 3 Deckring, 4 Zähflüssiges Glas

147

Satz feuerfestes Geschirr aus JENA<sup>er</sup> GLAS, maschinengepreßt

So fließt das Glas in die Preßformen (beim maschinellen Pressen von Rohlingen, die zur Weiterverarbeitung bestimmt sind)

gen Gestalt umgeformt werden sollen. Auch das weiter hinten dargestellte Floatverfahren der Flachglasherstellung läßt sich im weiteren Sinne als ein Gießverfahren bezeichnen.

Eine Gießtechnologie ist schließlich auch das sogenannte *Schleudern*, bei dem zusätzlich Zentrifugalkräfte zur Wirkung kommen. Die Glasschmelze wird bei diesem Verfahren in geschlossene Formen gegossen. Durch die gleichzeitige oder anschließende Rotation und die aus ihr entstehenden Fliehkräfte schmiegt sich das flüssige Glas an die Formenwand an und erstarrt dort. Schon ägyptische Glasmacher erzeugten auf diese Weise größere Hohlgefäße, Vasen, Amphoren und andere, in großen Tonformen, die sie auf Töpferscheiben rasch kreisen ließen. Und nach demselben Prinzip, nur mit modernen Produktionsmitteln, entstehen heute noch großformatige rotationssymmetrische Hohlkörper, beispielsweise riesige Glasrohrstücke von 2 m Länge und 1 m Durchmesser, voluminöses Wirtschafts-, Beleuchtungs- und Dekorationsglas für Außenelemente an Gebäuden usw. Auch alle Bildschirme von modernen Farbfernsehgeräten sind im Schleuderverfahren

hergestellt, weil die engen Formtoleranzen auf anderem Wege bislang nicht realisierbar sind.

Fast ebenso alt wie das Gießen ist das Verfahren, Glas in Formen zu *pressen*. Auf diese Weise dürften die ersten größeren «Serien» von Glasgefäßen, einfachen Bechern und Schalen, bereits vor 2500 bis 3000 Jahren entstanden sein. Im Rom vor der Zeitenwende war das In-die-Form-Pressen eine weit verbreitete Technologie. Später geriet sie mit der Erfindung des Glasblasens mehr und mehr in Vergessenheit, bis sie im Jahre 1720 in Amerika eine überraschende modernere Wiedergeburt erlebte.

Pressen von Glaserzeugnissen ist heute eine

In Reih und Glied: die fertigen Preßlinge
für Brillengläser

Beispiel für die geschmackvolle Gestaltung
farblosen Gebrauchs-Preßglases:
Jardinière aus der Glashütte Rudolfova/ČSSR.
Entwurf: Ladislav Vizner, 1963
(Staatliche Kunstsammlungen Dresden,
Museum für Kunsthandwerk)

einfache und hochproduktive Art der Formgebung, die man vor allem für relativ dicke Stücke anwendet. Linsenpreßlinge, Kompottschüsseln, Aschenbecher, Kuchenteller, Schälchen – sie alle und noch viel mehr Gegenstände des täglichen Bedarfs und für die industrielle Weiterverarbeitung kommen aus der maschinellen Glaspresse. Der bisherige Mangel des Glaspressens, die nicht so glatte Oberfläche wie bei geblasenem oder gezogenem Glas, ist heute durch neue Werkstoffentwicklungen, Bearbeitungsverfahren und Preßwerkzeuge so weit behoben, daß oft nur noch der Fachmann erkennen kann, ob es sich um ein maschinengepreßtes oder ein handgeschliffenes Stück handelt.

Es gibt viele Erzeugnisse, für die man die Vorzüge des Pressens – hohe Maßgenauigkeit bei bemerkenswerter Leistungsfähigkeit und daraus resultierend auch ein relativ geringer Erzeugnispreis – nutzen kann. Vor allem sind das

massive oder hohle Glasartikel mit flachem und einfachem Hohlraum. Neben den aus dem Alltag bekannten billigen Gebrauchsgläsern, Industrieglasdeckeln und ähnlichen Erzeugnissen erhalten vor allem Rohlinge zur industriellen Weiterverarbeitung für hochwertige Erzeugnisse und billiger herstellbare Teile von Konsumgütern aus Glas durch Preßprozesse ihre vorbestimmte Form.

Ein komplettes Preßwerkzeug besteht normalerweise aus der Form, die für kompliziertere Erzeugnisse auch mehrteilig sein kann, dem Stempel und dem Deckring (vgl. Abbildung S. 147). Der Deckring stellt die Verbindung zwischen Form und Stempel her und verschließt damit den Innenraum des Preßwerkzeugs, wodurch auch die Gestalt des Preßlings vollständig bestimmt ist.

Selbst das ursprüngliche Handpressen hat sich für bestimmte Erzeugnisse, die einzeln oder

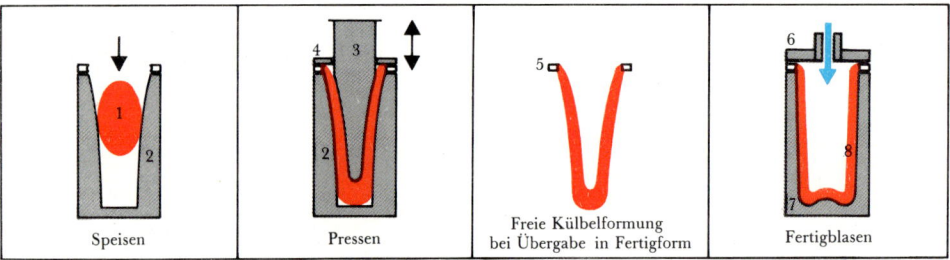

Prinzipskizze des Preß-Blas-Verfahrens
1 Glasposten, 2 Vorform, 3 Preßstempel, 4 Preßring,
5 Halsring, 6 Blaskopf, 7 Fertigform, 8 Fertiges Erzeugnis

in kleinen Stückzahlen herzustellen sind, bis heute erhalten. Man schöpft das Glas mit kellenartigen Werkzeugen in die Form und preßt es darauf mit dem Stempel. Kraftübertragende Hebel helfen dabei, die Muskeln des Glasmachers zu schonen.

Beim maschinellen, heute meist vollautomatisierten Pressen kommen mehrere Formen, aber nur ein Stempel mit Deckring zum Einsatz. Auf sogenannten Drehtischpressen rotieren schrittweise die Formen, während der Stempel im Takt, der von der Größe und Gestalt des Preßlings abhängt, auf und nieder geht. Der rotglühende Glasposten fällt aus einer Speiservorrichtung in die Form (Speiserverfahren) oder wird aus der Oberfläche der Glasschmelze angesaugt (Saugverfahren). Es ist für den Nichtfachmann ein faszinierendes Erlebnis, einer solchen vollautomatischen Anlage bei der Arbeit zuzusehen!

Selbstverständlich vollziehen sich diese Prozesse nicht so problem- und konfliktlos, wie es aus diesen wenigen Zeilen scheinen mag. Die richtige chemische Zusammensetzung des Gemenges, das präzise Temperaturregime beim Schmelzen und für die Aufrechterhaltung einer gleichbleibenden Wannentemperatur, die richtige Kühlung oder Beheizung der Formteile, die

genaue Regelung von Masse und Form der Posten sowie viele andere Probleme bereiten den Glasspezialisten tagtäglich nicht geringes Kopfzerbrechen. Das gilt nicht allein für die hier nur grob skizzierte Technologie des Glaspressens, sondern ebenso für alle nachfolgend kurz beschriebenen Aufbereitungsverfahren. Daran sollte man immer denken, um allzu vereinfachte Vorstellungen von der Glasverarbeitung rasch wieder zu verdrängen.

Maschinen mit stärkeren Lungen

Der feurige, summende Ofen ist das Herz der Hütte. Auf der Bühne, die ihn umgibt, gehen die Glasbläser mit ruhigen, abgezirkelten Schritten. Sie tauchen das lange Rohr, die Glasmacherpfeife, in die rotbrodelnde Masse, heben geschickt flüssiges Glas heraus, nur ein wenig, drehen und wenden es und formen es zu einem kleinen Ball, dem *Külbel*. Dem hauchen sie Leben ein, Atem, und blasen die orangefarbene Kugel frei schwebend aus oder in eine begrenzende heiße Negativform. Mit Zangen, Scheren und allerhand anderem Gerät wird das Glas weiter geformt, geht von Hand zu Hand in einem leichten, spielerischen Rhythmus, eine exakte Choreographie vor dem glühenden Gott. Die Glasmacher sind allein mit dem schwierigen, eigenwilligen Material, kämpfen mit ihm, überlisten es, schmeicheln ihm die Form ab, die sie ihm zugedacht haben. Alles geschieht in Augenblik-

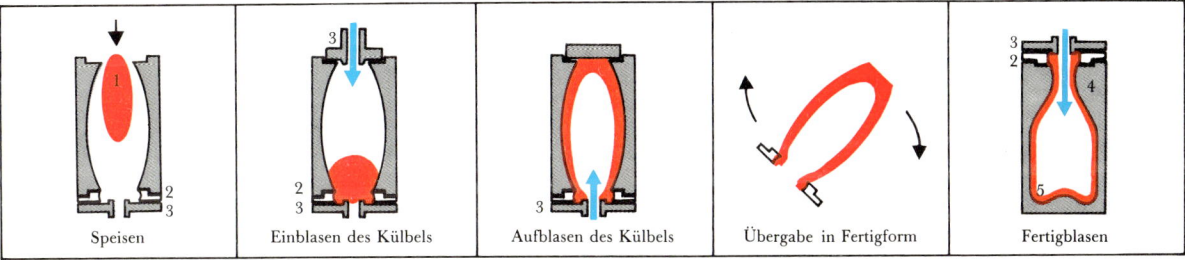

| Speisen | Einblasen des Külbels | Aufblasen des Külbels | Übergabe in Fertigform | Fertigblasen |

Prinzipskizze des Blas-Blas-Verfahrens
1 Glasposten, 2 Halsring, 3 Blaskopf, 4 Fertigform,
5 Fertiges Erzeugnis

ken. Daß es nur so geschehen kann, gehört zum Zauber und zur Poesie des Glases.

Die Formen, in die das glühende Glas geblasen wird, sind aus Holz oder Guß. Während des Blasens wird der Form Wasser zugeführt; der entstehende Wasserdampf bildet zwischen Glas und Holz eine schützende Schicht. Wenn das Glas geformt ist, wird es auf das Kühlband gelegt. Hier kühlt es ganz allmählich ab. Das dauert, je nach Wandstärke des Artikels, bis zu vierundzwanzig Stunden. Danach wird es geschliffen und poliert und, je nachdem, auch anders dekoriert, bevor es zum Gebrauch gelangt.

So war es über 2000 Jahre. Kaum eine andere Technologie für die Herstellung eines Erzeugnisses ist über so lange Zeit unverändert geblieben wie die Fertigung von Glasgefäßen mit der Glasmacherpfeife.

Aber angesichts der rasch fortschreitenden industriellen Entwicklung im 19. Jahrhundert war diese Technologie endgültig zum Hemmschuh der Produktivkräfte in der Glasherstellung geworden. Das Gebrauchsglas breitet sich immer mehr aus. Der Bedarf steigt, die Erzeuger müssen sich starker Konkurrenz erwehren und nach produktiveren Herstellungsmethoden für schönes und zweckmäßiges Glas Ausschau halten. Denn die Formgebung des Hohlglases mit der Glasmacherpfeife hat ihre natürlichen Grenzen in der physischen Leistungskraft des Glasbläsers. Neben der an sich schon schweren körperlichen Arbeit, die er beim Transport der an der Glasmacherpfeife hängenden Körper ausführen muß (beim Blasen von 30-Liter-Heißwasserbehältern bewegt er an einem Arbeitstag bis zu 2 t glühende Glasmasse), ist es vor allem das Luftleistungsvolumen seiner Lungen, das die täglich herstellbare Stückzahl in verhältnismäßig engen Grenzen hält. *Vitalkapazität* nennen die Fachleute diesen bedeutsamen Maßstab menschlicher Leistungsfähigkeit, und manchem Leser ist dieser Ausdruck gewiß schon im Zusammenhang mit dem Leistungssport begegnet. Ein zweiter für das Mundglasblasen bestimmender Wert der Leistungsfähigkeit menschlicher Lungen ist die *Atemfrequenz*. Das ist die Anzahl der Atemzüge, die der Mensch entsprechend seinem Alter und seiner Belastung in einer Minute ausführt. Aus beiden errechneten Arbeitsmediziner anhand von Durchschnittswerten die theoretisch mögliche und praktisch vertretbare Höchstleistung eines Mundglasmachers.

Natürlich hat sich über solche Dinge vor hundert Jahren kein Glashüttenbesitzer den Kopf zerbrochen. Aber kluge Glasmacher haben schon sehr früh darüber nachgedacht, wie sie ihre Lungen schonen und deren Blaskraft vermehren könnten. So fanden sie heraus, daß sich die Luft im Hohlkörper stark ausdehnt,

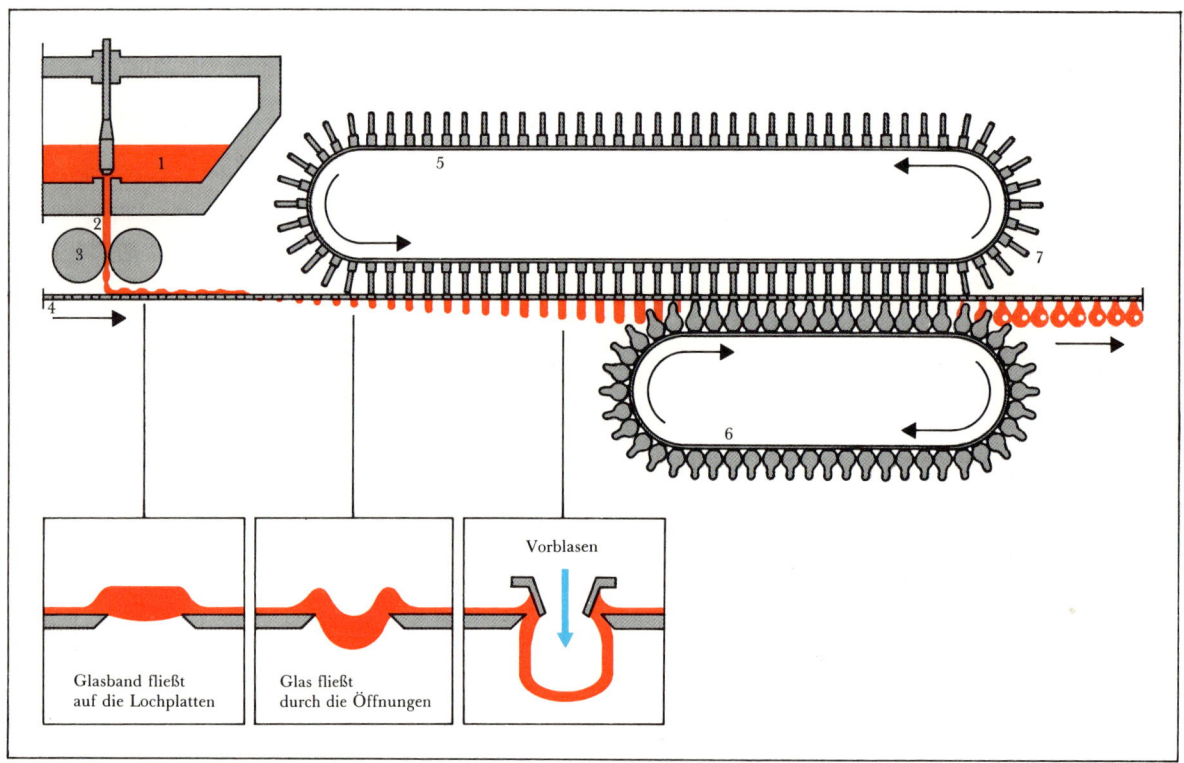

Vorblasen

Glasband fließt
auf die Lochplatten

Glas fließt
durch die Öffnungen

Prinzipskizze des Ribbon-Verfahrens
1 Glasschmelze, 2 Glasstrang, 3 Kerbwalzen,
4 Horizontales Plattenband, 5 Blaskopfband,
6 Blasformenband, 7 Blaskopf

wenn man mit dem Atem gleichzeitig Alkohol einbläst, und machten sich das für das Ausblasen großer Glaskörper zunutze. Natürlich blieb diese Erkenntnis auch nicht den Hüttenherren verborgen. Um mehr und billigere Glasgefäße auf den Markt bringen zu können, stellten sie daher ihren Glasmachern sogar kostenlos Alkohol als «Blashilfe» zur Verfügung. Aus Überlieferungen wissen wir, daß sich dabei Glasmacher hin und wieder mehr an die Fläschchen der Hüttenbesitzer hielten als ihnen selbst guttat ...

Welche Verfahren auch immer man ersann, um die Leistungskraft der Glasbläserlungen zu

steigern – keines war so wirksam, daß es auf längere Zeit den Druck, produktivere maschinelle Produktionsverfahren wenigstens für die Herstellung einfachster dünnwandiger Gefäßformen zu finden, verringert hätte. Es war nur noch eine Frage der Zeit, bis auch auf diesem Gebiet eine funktionstüchtige Maschine die Arbeit des Menschen zumindest teilweise ersetzen würde.

Anfängliche diesbezügliche Versuche stützten sich auf Blasvorrichtungen nach dem Vorbild des allseits bekannten Blasebalgs. Die erste industriell eingesetzte *Glasblasmaschine* erfand

So kommen feuerfeste Glasgefäße aus der Blasmaschine. Mit heißer Gasflamme wird ihr kantiger Rand «geglättet», das heißt kurz aufgeschmolzen und damit gerundet

**Der Glaſer.**

Ein Glaſſer war ich lange jar/
Gut Trinckgläſer hab ich fürwar/
Beyde zu Bier vnd auch zu Wein/
Auch Venediſch glaßſcheiben rein/
In die Kirchen/ vnd ſchönen Sal/
Auch rautengläſer allzumal/
Wer der bedarff/ thu hie einfern/
Der ſol von mir gefürdert wern.

Der Glaser. Holzschnitt aus dem «Ständebuch»
von Jost Amman, 1568, Blatt 26

der Nordamerikaner Atterbury, dem man darauf bereits im Jahre 1873 in Pittsburgh ein Patent erteilte.

Völlig neue Dimensionen eröffneten sich dem maschinellen Glasblasen, als es gelang, die Komprimierung der Luft und die Steuerung der Luftzufuhr über Drosseln und Ventile technisch zu bewältigen, also die Funktion der menschlichen Lunge zwar ebenfalls nachzuahmen, aber eben in vieltausendfacher Verstärkung. Mit gesteuerter Preßluft war nunmehr ein grundlegender Schritt möglich, um die Produktivität, technische Zuverlässigkeit und Arbeitsgenauigkeit der Glasblasmaschinen merklich zu erhöhen.

Davon ausgehend entwarf und baute in Deutschland der Glas- und Maschinenbautechniker Kutscher eine Glasblasmaschine, mit der die industrielle Hohlglaserzeugung auf eine neue materiell-technische und technologische Basis gelangte. Das auszublasende Luftvolumen war von jetzt an maschinell unbegrenzt. Neue Grenzen erhoben sich dagegen durch die zu geringe Leistungsfähigkeit der Glasschmelzeinrichtungen, die zu langsamen mechanischen Arbeitsprozesse und durch das unzureichende Tempo der zu- und abführenden Transport- und Umschlagprozesse. Aber auch sie fanden im Laufe der jahrzehntelangen Entwicklung ihre Bezwinger, von denen einer der schon erwähnte Friedrich Siemens war (S. 126). Heute erzeugen Glasblasautomaten in modernsten Großanlagen an einem einzigen Tag riesige Stückzahlen verschiedenster Hohlgläser, für die man tagtäglich Dutzende von Eisenbahnwaggons mit Rohstoffen anfahren und ebenso mit Fertigwaren beladen muß, um den kontinuierlichen Lauf der automatischen Anlagen aufrechtzuerhalten. So gibt es bereits Schmelzwannen mit einem Leistungsvermögen für eine halbe Million Flaschen in 24 Stunden. Nicht auszudenken, wenn bei solch riesigen Stückzahlen der An- und Abtransport der Güter einmal ins Stocken gerät!

Bei der Herstellung von Hohlglas auf Glasblasmaschinen kommen nun immer Verfahren mit mindestens zwei grundlegenden Arbeitsstufen zur Anwendung. Aus dem Tropfen wird zunächst – ähnlich wie beim Mundglasblasen –

ein sogenannter Külbel geformt (Vorformen), aus dem anschließend der gewünschte Hohlglasartikel durch Einblasen in eine Form entsteht (Fertigformen).

Heute werden Hohlgläser hauptsächlich nach zwei Verfahren hergestellt: nach dem *Preß-Blas-Verfahren* und dem *Blas-Blas-Verfahren* (vgl. S.150/151).

Beim *Preßblasen* erhält der Külbel durch Pressen seine Vorform und wird anschließend in einer Fertigform ausgeblasen. In der Abbildung ist der Prozeß vereinfacht dargestellt: Der Tropfen (Glasposten) fällt aus einem sogenannten Speiser in die Vorform, die eine Preßform ist. Der Druck des Preßstempels sorgt dafür, daß sich der Tropfen in der Form gleichmäßig ausbreitet. Der Halsansatz des künftigen Glasgefäßes erhält dabei bereits seine endgültige Gestalt. Infolge des Wärmeentzugs durch das Preßwerkzeug kühlen sich die Außenschichten des heißen Preßlings ab und verleihen ihm dadurch Festigkeit. Nach Entnahme aus der Vorform erwärmen sie sich aber wieder durch den einsetzenden Temperaturausgleich im Glas. Der zunächst verhältnismäßig steife Preßling wird dadurch wieder zähflüssig, kann sich beim Überführen zur Fertigform längen und erhält in dieser schließlich durch Ausblasen seine endgültige Gestalt. Die Formen befinden sich auf einem Drehtisch und durchlaufen in kontinuierlicher Bewegung die notwendigen Stationen.

Beim Blas-Blas-Verfahren entsteht aus dem in die Form gespeisten Glasposten zunächst durch Blasen ein vorgeformter Külbel. Das Glas drückt sich dabei in den engsten Teil der Form (z.B. Flaschenhals) ein. Dann wird der Külbel in der Vorform aufgeblasen, bei der Übergabe zur Fertigform geschwenkt und in dieser von oben fertiggeblasen.

Jahrzehntealter Vorläufer des Blas-Blas-Verfahrens ist das sogenannte *Saug-Blas-Verfah-*

Der Glaser. Aus dem 1. Originalband der Landauerschen Stiftungsbücher aus den Jahren 1511–1708, aufbewahrt in der Nürnberger Stadtbibliothek

*ren.* Bei ihm gelangt das Glas durch Unterdruck-Sog aus der Oberfläche der Glasschmelze in die Vorform, der weitere Ablauf ist im Prinzip unverändert. 1899 gelang es Michael Owens, den ersten Vollautomaten zur Flaschenherstellung nach diesem Prinzip zu bauen. Nachdem zahlreiche weitere technische Probleme gelöst waren, nahm die erste voll funktionsfähige Anlage im Jahre 1904 den Betrieb auf. Owens-Maschinen, nach ihrem Erfinder benannt, sind bis heute in Betrieb. Auf ihnen lassen sich kleinste Ampullen wie auch große Ballons mit 200 Liter Fassungsvermögen herstellen. Bis zu 200 Flaschen – je nach Formenkompliziertheit – verlassen die Maschine in einer einzigen Minute! Dennoch hat sich das Speiserverfahren bei modernen Anlagen heute eindeutig durchgesetzt. Sie sind noch leistungsfähiger und ermöglichen eine höhere Qualität der Glaserzeugnisse mit weiteren Folgewirkungen. So sinkt durch die bessere Wanddickenverteilung bei diesem Fertigungsprinzip der Materialeinsatz je Gefäß, wodurch die Erzeugnisse leichter werden – ein mehr als nur materialökonomischer Effekt.

Eine Sonderform des maschinellen Glasblasens ist das *Ribbon-Verfahren*, bei dem die Maschine den Posten nicht direkt aus der Schmelzwanne erhält. Ein Glasstrang, der den Speiser kontinuierlich verläßt, wird zunächst breitgewalzt und gelangt auf ein Band mit Lochplatten. Über diesem bewegt sich genau synchron ein Band mit Blasköpfen, unter ihm eines mit Blasformen. Das heiße weiche Glas sinkt kraft seines Eigengewichts durch die Plattenöffnungen in die Formen, in denen es zu Glaskolben ausgeblasen wird. Dieses Verfahren eignet sich besonders zur Herstellung dünnwandigen Glases, zum Beispiel von Glühlampenkolben. Sein Vorteil liegt darin, daß sich die Zahl der Stationen (Formen) beliebig erhöhen läßt, wodurch aber auch die Bandgeschwindigkeiten steigen müssen. Zur Zeit haben solche Maschinen Bandlängen von etwa 10 Metern, und die Bandgeschwindigkeit beträgt etwa 1 m/s. Damit kann eine Maschine an einem Tag eine Million Glühlampenkolben erzeugen. Das sind rund 10 Kolben in der Sekunde. Welch ein überzeugender Produktivitätsfortschritt gegenüber dem zwei Jahrtausende alten Mundblasen!

Eben wie ein stilles Wasser ...

So wie die Glasmacherpfeife über zwei Jahrtausende unverändert die Formung von Hohlglas bestimmte, war auch die Herstellung von Flachglas fast über denselben Zeitraum hinweg bis in die jüngste Vergangenheit praktisch unverändert geblieben. Bereits aus römischer Zeit sind Versuche bekannt, durch Gießen ein durchscheinendes Flachglas herzustellen. Aber in Anbetracht der unvollkommenen Beherrschung der Schmelz- und Gießprozesse war dieses Glas ziemlich dick und unregelmäßig, innerlich unausgeglichen und stark durchgefärbt, so daß es nur wenig Licht durchließ. Daher blieb dieses Verfahren zunächst auf die Herstellung kleiner farbiger Glasplättchen beschränkt, die seit dem 6. Jahrhundert für künstlerische Zwecke immer breitere Verwendung fanden. Ihre Blütezeit erreichte die Kunst der Glastafelverarbeitung erst im 13. und 14. Jahrhundert.

Hauptsächlich stellte man in den ersten Jahrhunderten unserer Zeitrechnung Flachglas in Anlehnung an die seit langem bekannte Hohlglasfertigung mit Hilfe der Glasmacherpfeife her. Für kleinere Stücke bediente man sich einer Arbeitsweise, die heute als *Schleuderverfahren* oder *Mondglasverfahren* bekannt ist. Eine mundgeblasene Kugel wird, nachdem sie von der Pfeife abgesprengt ist, noch einmal erhitzt, mit Hilfe eines sogenannten Auftreibeeisens aufgeweitet und durch schnelle Rotation zu einer Scheibe ausgeschleudert, die sich für kleine Verglasungen verwenden läßt. Auf diese Weise entstanden seit dem 15. Jahrhundert vornehmlich jene kleinen, in Blei gefaßten runden Scheiben, die uns als meist farbige, romantisch anmutende sogenannte Butzenscheiben gut bekannt sind. Jost Amman hat das in seinem 1568 veröffentlichten «Ständebuch» einprägsam be-

Der Londoner Kristallpalast in einer zeitgenössischen
Lithographie von der Weltausstellung 1851

schrieben. Dieses Buch enthält den abgebildeten Holzschnitt «Der Glasser». Ihm ist das Gedicht beigefügt, in dem von «Venedisch glaß-
scheiben rein» die Rede ist und die in Form der
erwähnten Butzenscheiben auf dem Arbeits-
tisch des Glasers gut zu erkennen sind. Aus derselben Zeit stammt der erste Originalband der
in der Nürnberger Stadtbibliothek aufbewahrten «Landauer Stiftungsbücher» (aus den Jahren 1511 bis 1708). Ihm ist das Bildnis des Glasers entnommen, der Butzenscheiben für ein
Fenster in Blei faßt (vgl. S. 154/155).

Diese alte Technik der Fensterherstellung
findet heute vielfache Nachahmung. Dabei kostet es allerhand technologische Mühe, die aus
den damaligen unzulänglichen Verfahren her-
rührende Unebenheit der Scheiben originalge-

treu nachzuahmen, ohne den Aufwand dafür zu
übertreiben.

Dasselbe gilt auch für das bereits erwähnte
Verfahren, aus einem geblasenen und anschließend aufgeschnittenen Zylinder eine ebene
Glasscheibe aufzubiegen. Man bezeichnet es
heute als *Schwenkverfahren*, weil der Glasmacher
den langgestreckten Zylinder an der Pfeife unter
kräftigem Schwenken fertigt. Bei diesem Verfahren erhält man meist größere Scheiben, die
jedoch nur einseitig feuerpoliert sind und deshalb auch nur eine glatte Seite haben.

Welches Verfahren man wo zuerst angewandt hat, ist umstritten. Fest steht, daß Flachglas bis in die zweite Hälfte des 19. Jahrhunderts
hinein ausschließlich so hergestellt wurde. Noch
als wagemutige Bauleute anläßlich der Weltausstellung 1851 in London ein für damalige
Verhältnisse äußerst kühnes Bauwerk errichteten, den legendären Kristallpalast, verschlang

157

Flachglasherstellung im 18. Jahrhundert
Abschöpfung von Verunreinigungen vor dem
Ausgießen der flüssigen Glasmasse

die Fassadenfläche 300 000 zylindergeblasene
Glasscheiben! 554 m lang und 42 m hoch war
dieser von Joseph Paxton erbaute Riese, der
über eine Million Kubikmeter Raum umschloß.
2300 gußeiserne Träger und 358 schmiedeei-
serne Gerüste verliehen ihm ein ehernes Skelett,
das 100 000 m$^2$ Glas bedeckte. In einer einzigen Woche setzten 80 Arbeiter nicht weniger als
18 000 Glasscheiben in die dafür vorgesehenen
Rahmen. Noch jetzt gilt den englischen Glas-

bläsern jener Zeit unsere Hochachtung, einge-
denk der mit äußerst schwerer körperlicher Arbeit verbundenen Scheibenherstellung nur mit
Hilfe der Glasmacherpfeife.

Wer einmal mit angesehen hat, wie anstrengend diese Arbeit ist, der versteht auch gut, daß
diese manuelle Scheibenherstellung heute nur
noch für sehr geringe Mengen ganz spezieller,
meist farbiger Flachgläser künstlerischer Prägung zur Anwendung kommt.

Was aber die genannten Daten angeht, so
darf man ihnen mit ruhigem Gewissen Glauben
schenken, denn der Londoner Kristallpalast ist

Ausgießen auf den Walzwagen und Walzen
der Tafeln

wohl das am besten dokumentierte Gebäude des
ganzen 19. Jahrhunderts. Zahlreiche Bilder sind
von ihm aus dieser Zeit, dem «goldenen Zeitalter der Farblithographie», erhalten, desgleichen
berühmte Fotografien von William Henry Fox
Talbot, Mitglied der exklusiven Royal Society.
Er leitete mit seinen Lichtbildern einen neuen
Abschnitt in der Entwicklung der dokumentari-
schen Kunst ein, vergleichbar in der Bedeutung
mit eben dem Paxtonschen Glas- und Eisenbau
für die Geschichte der modernen Architektur.

Die Idee der römischen Glasmeister, Flachglas durch Gießen von Platten herzustellen,
griffen Glasmacher zwar gegen Ende des
17. Jahrhunderts in Frankreich noch einmal
auf; aber das Verfahren, das Glas auf einen ebenen Tisch zu gießen und mit schweren eisernen
Rollen auszuwalzen, erbrachte aus vielerlei
Gründen kaum bessere Tafeln als runde 1300
Jahre zuvor. Beim Walzen entstanden rauhe
und wellige Oberflächen, die das Glas nur
durchscheinend, aber nicht durchsichtig werden ließen. Erst ein komplizierter und aufwen-
diger Schleif- und Polierprozeß erbrachte das

159

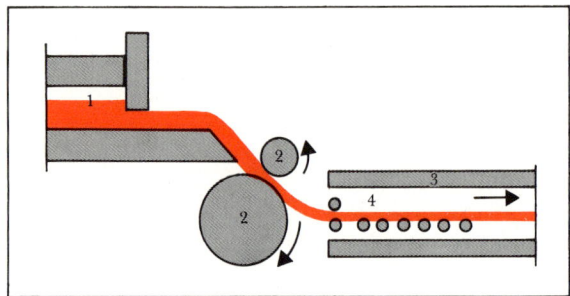

Prinzipskizze des kontinuierlichen Walzens
von Flachglas aus Gußglas
1 Schmelzwanne mit Speiser,
2 Walzenpaar, 3 Kühlofen, 4 Transportwalzen

angestrebte durchsichtige, planparallele Glas, das für den Luxusbedarf der Königs- und Fürstenhöfe unabdingbar war.

Was wunder, daß beispielsweise ein Spiegel, der aus klarem und vor allem aus absolut ebenem Flachglas hergestellt sein muß, wenn der Betrachter sein wirkliches Abbild in ihm erblicken soll, für die niederen Schichten und Stände jener Zeit eine meist unerschwingliche Kostbarkeit verkörperte. Das erklärt auch, warum Glasspiegel zu damaliger Zeit in begüterten Kreisen vielfach ebenso kostbar gerahmt waren wie Gemälde. Vom 15. bis zum Ende des 17. Jahrhunderts waren venezianische Spiegel die schönsten der Welt. Ihr Glas war glatt und klar, so daß es die Lichtstrahlen besonders gut reflektierte. Die Rückseiten ihrer Spiegel belegten die Venezianer mit Metallblättchen. Aber diese Spiegel waren sündhaft teuer. Metallspiegel, selbst aus Silber, waren deshalb damals noch weit mehr in Gebrauch als solche aus Glas. Einer zeitgenössischen französischen Enzyklopädie sind die beiden Darstellungen zur Flachglasherstellung entnommen.

Erst 1921 verbesserte der französische Ingenieur Bicheroux das vorstehend erwähnte Ver-

fahren und eröffnete ihm dadurch ein weites Anwendungsfeld. Er ersetzte den Tisch durch eine zweite Walze und ließ nun die Glasschmelze sehr schnell durch beide Walzen laufen. Dadurch verkürzten sich die Berührungszeiten zwischen dem Glas und der Stahlwalze beträchtlich, wodurch eine ausgeglichenere, glattere Oberfläche entstand. Außerdem verbilligte dieses erste *kontinuierliche* Verfahren der Flachglasherstellung direkt aus einer Schmelzwanne das Endprodukt wesentlich. Das so hergestellte Flachglas war zwar auch noch nicht einwandfrei durchsichtig, aber man mußte sich damit zunächst begnügen. Später machte man aus der Not eine Tugend und produzierte nach diesem Verfahren alle Glaserzeugnisse, bei denen der Effekt der verschwommenen Durchsichtigkeit geradezu erwünscht und überdies mit geringem Aufwand, gewissermaßen beiläufig, erreichbar ist. Das vor allem im Bauwesen verwendete *Ornament-, Profil- und Dickglas* ist auch heute noch fast ausnahmslos ein Produkt des Glaswalzens.

Auch das sogenannte *Drahtglas* zählt zu den so hergestellten Erzeugnissen. Um seine Erfindung rankt sich eine Legende, die – wie alle Legenden – auf einer wahren Begebenheit beruhen soll. Bei dem englischen Glasfabrikanten Newton wurde um die Mitte des vergangenen Jahrhunderts eines Tages eingebrochen. Die Einbrecher gelangten durch die zertrümmerte Scheibe eines Verandafensters in die Wohnung und erbeuteten etliche Schmuckgegenstände. Newton mußte erkennen, daß Glasscheiben nicht vor Einbrechern schützen. Das machte ihm viel Kopfzerbrechen, bis er endlich eine Lösung fand. Anstatt Stahlgitter vor seinen Fenstern anzubringen, schmolz er in besonders dicke Glasscheiben Stahldraht ein und versah sie auf diese Weise mit einem vor Einbrechern schützenden bewehrenden Skelett.

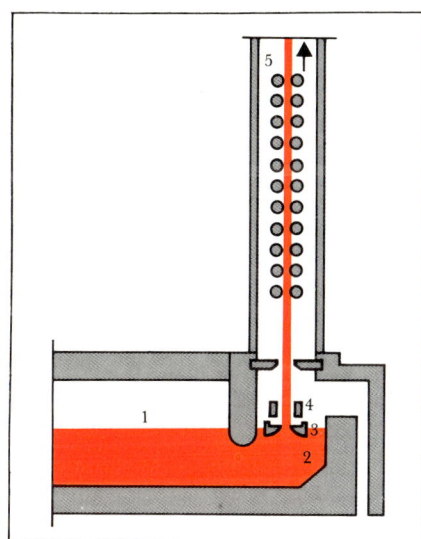

Prinzipskizze des kontinuierlichen Ziehens
von Flachglas nach dem Fourcault-Verfahren
1 Schmelzwanne, 2 Ziehkammer, 3 Ziehdüse, 4 Kühler,
5 Ziehschacht

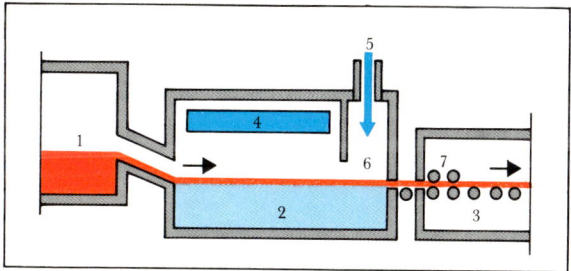

Prinzipskizze des Float-Verfahrens
1 Schmelzwanne, 2 Zinnbad, 3 Kühlofen, 4 Heizung,
5 Inertgas, 6 Kühlzone, 7 Walzen zum Abziehen
des Glasbandes

Im Laufe der Jahrzehnte wurde dieses Drahtglas dann zu einem unentbehrlichen Artikel für die Bauwirtschaft; eines seiner Geschwister, das *Drahtornamentglas*, hat als schmückendes Element vor allem in die Bauarchitektur Eingang gefunden. Übrigens entstand auch Flachglas für die Spiegelherstellung bis vor wenigen Jahren noch nach dem Walzverfahren, indem man die Glastafeln anschließend schliff und polierte.

Auf einer entsprechenden Anlage werden bei Bandbreiten von 1,5 bis 3 m und Walzgeschwindigkeiten zwischen 2 und 7 m/min, je nach Scheibendicke, 100 bis 200 t Glasschmelze pro Tag verarbeitet.

Inzwischen aber, im Jahre 1902, erfand der Belgier Fourcault eine neuartige Technologie der Flachglaserzeugung. Anstatt das Glas aus der Wanne herausfließen zu lassen, zog er es senkrecht mittels mehrerer asbestbeschichteter Walzenpaare über eine breitschlitzige Düse aus einem abgetrennten Teil der Schmelzwanne nach oben. Das sogenannte *Ziehverfahren*, das «Glas aus der Düse», war damit geboren, das die Tafelglasherstellung auch zu neuen Produktivitätshöhen emporschnellen ließ. Heute werden nach diesem Verfahren an einer Anlage 10 bis 40 t Glasschmelze pro Tag zu Tafeln verschiedener Breite und Dicke verarbeitet.

In Anbetracht des relativ geringen Ziehtempos ließen sich nach dem Fourcault-Verfahren anfangs nur dickere Glasscheiben herstellen. Der Engländer Colburn entwickelte daher ein vertikales Glasziehverfahren ohne Einsatz einer Düse und mit Umlenkung des Glasbandes in die Horizontale. Diese Technologie gestattete wesentlich höhere Ziehgeschwindigkeiten und daher die Herstellung auch dünneren Flachglases, war aber maschinell wesentlich komplizierter und daher teurer. Ein Versuch, die maschinelle Einfachheit des Fourcault-Verfahrens mit dem technisch-technologisch überlegenen Colburn-Verfahren zu kombinieren, hat als *Pittburgh-Verfahren* Verbreitung gefunden. Hier wird das Glas ebenfalls senkrecht, aber aus der freien Oberfläche der Schmelze gezogen.

So zogen und formten die Glasarbeiter
noch zu Beginn unseres Jahrhunderts das Glasrohr
(Nach einer Zeichnung von E. Kuithan)

Die vorgenannten Technologien und auch das hier nur der Vollständigkeit halber erwähnte *Asahi-Verfahren*, eine qualitätserhöhende Variante der Fourcaultschen Methode, hatten bei allen technischen, technologischen, Leistungs- und Qualitätsunterschieden eines nach wie vor gemeinsam: die immer noch mehr oder weniger wellige Oberfläche der erzeugten Glastafeln. Um klare, verzerrungsfreie Gläser, die sogenannten *Spiegelgläser* zu erhalten, ist bei diesem Ausgangsmaterial stets noch eine aufwendige und kostspielige zusätzliche Bearbeitung durch Schleifen und Polieren erforderlich. Zwar konnte

diese Bearbeitung im Laufe der Zeit ebenfalls schrittweise kontinuierlich gestaltet und damit wesentlich rationalisiert werden, aber sie verteuerte die Glasprodukte doch merklich.

Erst im Jahre 1960 gelang auch hier wiederum einer englischen Firma der große technologische Wurf mit einer einleuchtenden Idee, die ohne jede mechanische Bearbeitung die Herstellung eines völlig planparallelen Tafelglases ermöglicht. «Auf das Nächstliegende kommt der Mensch meist zuletzt», heißt eine weitverbreitete Volksweisheit. Möglicherweise war aber die Idee schon lange vorhanden, und es mangelte – wie so oft – an geeigneten Voraussetzungen, um sie auszuführen. Denn immerhin soll es eines ganzen Jahrzehnts intensiver Forschungsarbeiten bedurft haben, bis es gelang, die Idee für das neuartige Verfahren auch technologisch in eine rentable Massenproduktion umzusetzen. Im Grunde scheint alles ganz einfach bei diesem von Alastair Pilkington in den Jahren 1952 bis 1958 entwickelten *Float-Verfahren*, das seinen Namen vom englischen Wort für Schwimmen hat.

Denn das noch weiche Glas schwimmt hier im wahrsten Sinne des Wortes auf einem Metallbad. Zinn eignet sich dafür am besten, weil es die günstigste Komposition aller erforderlichen technischen Daten erlaubt (Materialdichte, thermische Werte u.a.). Auf das Zinnbad gelangt das Glas nach einem Vorwalzprozeß oder – neuerdings – unmittelbar aus der Schmelzwanne als Rieselfilm über eine geneigte Ebene. Es breitet sich dort aus und nimmt die absolute Ebenheit des Flüssigkeitsspiegels an. Natürlich haben die Glasingenieure dabei nicht wenige technische und technologische Voraussetzungen zu beachten und Schwierigkeiten zu meistern; aber schließlich sichert dieses Verfahren Spiegelglasqualitäten, die höchsten Ansprüchen genügen. Bis zu 50 m lang ist das Floatbad bei modernen

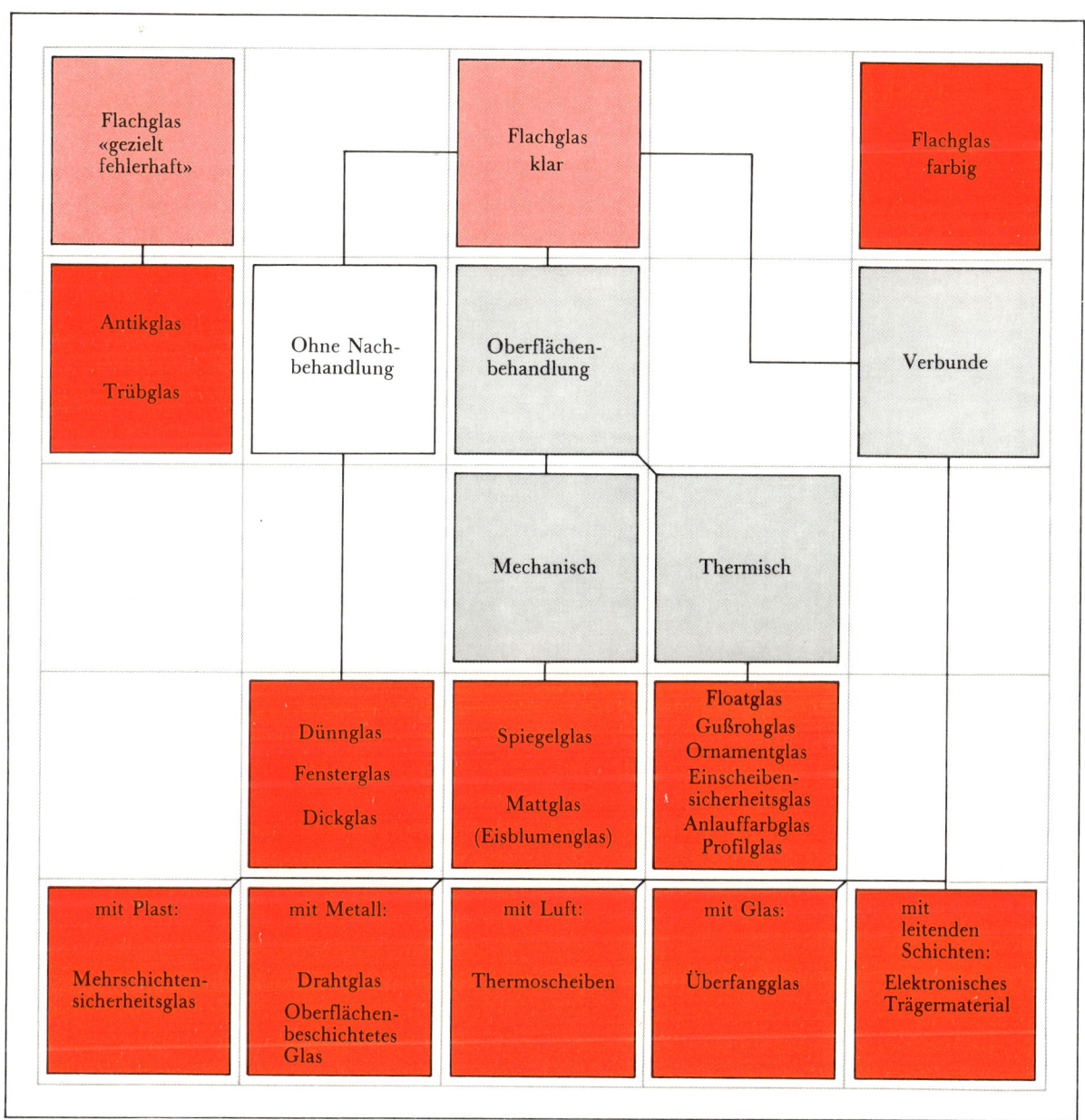

Wie man Flachglas heute einteilt und bezeichnet

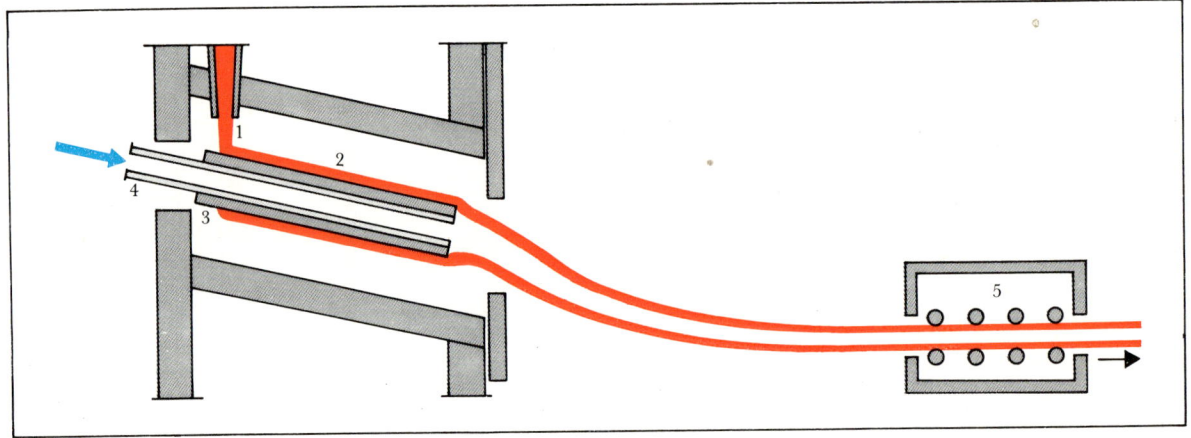

Prinzipskizze des Horizontal-Rohrziehens
1 Glaszulauf, 2 Glas-Rieselfilm auf der Pfeife, 3 Pfeife,
4 Stahlrohr in der Pfeife, 5 Luftzufuhr, 6 Ziehvorrichtung

Anlagen dieser Art. 200 bis 600 t Glasschmelze pro Tag werden in ihnen zu 2 bis 20 mm dickem und bis zu 4 m breitem Glastafelband verarbeitet. Das entspricht einem Durchschnittswert von 1000 m$^2$ Spiegelglas pro Stunde!

Die hohe Erzeugnisqualität, die Wirtschaftlichkeit und Leistungskraft sowie andere Vorzüge dieses Verfahrens haben bewirkt, daß es weltweite Verbreitung fand und heute den absoluten technologischen Höchststand der Flachglasfertigung repräsentiert.

Fördergut in «Schaurohren»

Die äußerst vorteilhafte Kombination einiger Glaseigenschaften – Korrosionsbeständigkeit, Gas- und Wasserundurchlässigkeit, Inaktivität, hygienische Zuverlässigkeit und die aus alledem resultierende lange Lebens- und Nutzungsdauer – haben in jüngerer Zeit immer wieder zu Versuchen geführt, auch das *Glasrohr* auf verschiedenen neuen Anwendungsgebieten einzusetzen. Schon vor 50 Jahren benutzten Mühlen-baufirmen Glasrohre für die pneumatische Förderung des Mehls über Stockwerke hinweg. Insbesondere die hohe Beständigkeit des Glases gegen Säuren, Laugen und Lösungsmittel sowie die neuesten Ergebnisse aus den Bemühungen um höhere mechanische Festigkeit und Temperaturbeständigkeit haben dazu ermutigt, auch herkömmliche Rohrleitungen aus Stahl durch Glasrohre zu ersetzen und damit einen weit höheren Effekt zu erzielen. Zwar wird noch emsig nach neuen Anwendungsmöglichkeiten geforscht, aber schon heute gibt es genügend Beispiele für den erfolgreichen Einsatz von Glasrohren. Säuren, Laugen, Wein, Milch, synthetische Waschmittel und Obstsäfte, Farbstoffe und viele andere Produkte fließen inzwischen bei ihrer Herstellung und Verteilung durch Rohrleitungen aus Glas.

Gegenüber Stahlrohrleitungen hat sich dabei eine bis zu 20mal längere Nutzungsdauer ergeben: Die Einsatzzeiten von bisher mitunter nur wenigen Monaten dehnten sich auf zehn und mehr Jahre aus. In der Sowjetunion beispielsweise montiert man bereits Glasrohrleitungen alljährlich in mehr als 2000 Objekten. Der Nutzen beträgt bis zu 18 Rubel je laufendes Meter eingesetzten Glasrohres! In der DDR, in der BRD, in Frankreich und anderen industriell fortgeschrittenen Ländern haben Glasrohrsysteme für industrielle Zwecke, im Wohnungsbau, für Kalt- und Warmwasserleitungen, für Schmutz- und Regenwasser, für Schornsteinauskleidungen und viele andere Zwecke weite Verbreitung gefunden. Nach modernsten Technologien und in hochproduktiven Anlagen sind heute bereits Glasrohre mit Durchmessern bis zu mehreren Dezimetern herstellbar.

Seine allgemeine Verbreitung konnte das Glasrohr allerdings erst erfahren, als man es verstand, Stahl- und anderes Rohr nicht nur technisch, sondern auch wirtschaftlich durch solches aus Glas zu ersetzen. Der unproduktive, trotz häufiger individueller Virtuosität aufwendige, zudem auch körperlich äußerst anstrengende Handzug mußte durch produktivere maschinelle Verfahren abgelöst werden. Das geschah am Anfang unseres Jahrhunderts.

Glasrohre werden maschinell grundsätzlich aus der Schmelze gezogen. Das geschieht überwiegend in drei Varianten, die sich im wesentlichen durch die Ziehrichtung unterscheiden.

Der senkrechte oder *Vertikalrohrzug* eignet sich für Rohrdurchmesser über 30 mm. Man zieht das Glas bei diesem Verfahren heute aus der freien Badoberfläche über eine Blasdüse nach oben. Dieses als *Schuller-Verfahren* 1931 entwickelte völlig neue Wirkprinzip verkleinert die erforderlichen Produktionsflächen, erschwert aber die technisch-technologische Beherrschung der Prozesse. Deshalb stellt man nach diesem Verfahren vor allem dickwandige und großformatige Rohre her, um seine Wirtschaftlichkeitsvorteile weitgehend auszuschöpfen.

Älter ist ein Verfahren, das der Glasingenieur Danner entwickelte. Bei dem nach ihm benannten *Danner-Verfahren* läuft flüssiges Glas auf eine schwach geneigte, mit einem Stahlrohrkern

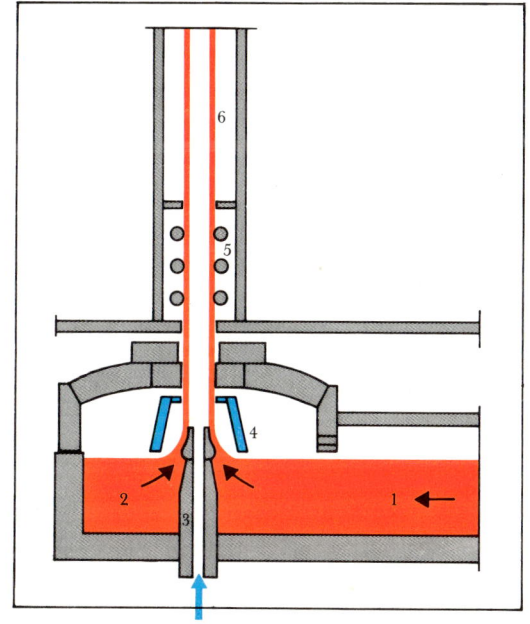

Prinzipskizze des Vertikal-Rohrziehens
1 Schmelzzulauf, 2 Vorherd, Ziehherd, 3 Düse,
4 Kühlung, 5 Ziehmaschine mit Rollen, 6 Ziehschacht

bestückte Schamottepfeife auf, die sich nach unten hin verjüngt. Eine weiter entfernte Ziehvorrichtung zieht das Rohr, das sich durch Luftzufuhr durch die Pfeife bildet, von dieser ab und transportiert es horizontal weiter.

Nach demselben Verfahren lassen sich auch Glasstäbe herstellen, wenn man auf die Luftzufuhr verzichtet. Durch die konische Gestaltung der Pfeife fließt das Glas rasch wieder zusammen und wird als massiver Strang abgezogen. Auf Danner-Anlagen lassen sich Rohre von etwa 2 bis 60 mm Außendurchmesser herstellen. Täglich entstehen so aus 3 bis 30 t Glasschmelze Dutzende von Kilometern Rohr als Ausgangsmaterial für Ampullen, Fläschchen, Spritzen, Thermometer und viele andere Verwendungen. Das Bild auf S. 141 zeigt eine solche industrielle Horizontal-Rohrzuganlage.

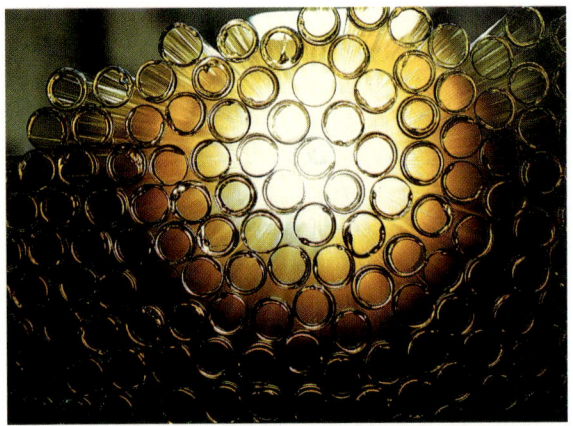

Glasrohr für technische Zwecke

Tradition und technischer Fortschritt im Weinkeller: Eichenfaß und Glas-Weinleitung

Bei der dritten Variante, dem nach seinem Erfinder benannten *Vello-Verfahren*, zieht man das Glasrohr senkrecht *nach unten*. Über eine zylindrische, konisch geformte Öffnung im Schmelzgefäß fließt ein Rieselfilm. Zentrale Blasluft hält den entstehenden hohlen Strang offen, der im freien Durchhang in die Horizontale umgebogen und über eine rollenbesetzte Ziehbahn wie beim Danner-Verfahren abgezogen wird. Im Vello-Verfahren erzeugt man die üblichen, relativ dünnwandigen Rohrsortimente; dickwandige entstehen in ähnlichen Verfahren, aber ohne den konischen Rieselfilm.

Ein Schaum, der kein Traum blieb

Ist es vorstellbar, anstelle von Mauersteinen oder Betonblöcken beim Bau eines Hauses Glas zu verwenden? Ist Glas dafür nicht zu schwer, zu kalt, zu teuer? Wenn man dabei nur an herkömmliche Glasziegel denkt, die da und dort anstelle von Fenstern in Korridorwände eingemauert werden, um sie lichtdurchlässig zu machen, mag das schon stimmen. Aber Werkstoffwissenschaftler an der Universität Strasbourg in Frankreich hatten etwas Neues ausgeknobelt:

Sie entwickelten ein spezielles Verfahren, um aus Glas superleichte und undurchsichtige Bausteine herzustellen. Dafür versahen sie Glasbruch mit speziellen Zusätzen, zermahlten alles zu Mehl und erhitzten dieses in rechteckigen Formen, bis das geschmolzene Glas aufschäumte. Das abgekühlte Endprodukt waren 20 bis 30 cm dicke Steine, die sich mit einem Spezialkleber zu Platten zusammenfügen und direkt auf der Baustelle zu ganzen Bauelementen montieren ließen.

Derartige Glasschaumkonstruktionen sind sehr leicht, nicht entflammbar und haben ein außerordentliches Isolationsvermögen: etwa wie eine gewöhnliche Ziegelwand, die mit einer 15 cm dicken Polystyrolschicht umgeben ist.

Überzeugend und imponierend zugleich:
Der Einsatz von Glas (Marke Rasotherm)
in technischen Labor- und Großanlagen

Die Großproduktion macht sie außerdem auch ökonomisch vielfältig einsetzbar. Darüber hinaus ist dieser Glasschaum so fest, daß Bauteile aus ihm für tragende Konstruktionen verwendet werden können. Alles in allem wiederum eine echte Neuerung, bei der das Glas als Rohstoff Pate stand.

Inzwischen ist Schaumglas zu einem vielseitig eingesetzten Erzeugnis der Glasindustrie geworden. Man hat sich bei seiner Herstellung das kennzeichnende Merkmal aller Schäume, die Verteilung eines Gases in einem organischen oder anorganischen Stoff, zunutze gemacht. Ein Schaum wird erzeugt, indem man Gase in eine Flüssigkeit oder Schmelze einrührt; oder indem man gasbildende Substanzen in die Schmelze einbringt, wo sie bei bestimmten Prozessen unter bestimmten Temperaturen Gase entwickeln; oder indem man im Glasfluß gelöste Gase unter Einwirkung eines Vakuums freisetzt, so daß sich Gasblasen bilden.

Die vorgenannten drei Möglichkeiten sind zwar alle auch für die Herstellung von Schaumglas theoretisch beherrschbar, aber nur eine ist – zumindest heute noch – unter wirtschaftlichem Aspekt vertretbar, weil sich dabei die gasbildenden Bestandteile organisch in den Schmelzprozeß einbeziehen lassen und keine zusätzlichen teuren technischen Anlagen notwendig sind: die Gasabspaltung aus Stoffen beim Erhitzen des Schmelzgutes, wie eingangs beschrieben.

Für Schaumglas verwendete Gläser entsprechen weitgehend dem Flachglas, sind also hinsichtlich der eingesetzten Rohstoffe und ihrer Verarbeitung relativ billig. Schaumglas ist hervorragend schall- und wärmedämmend, chemisch beständig, formstabil; es quillt, fault und verrottet nicht. Wegen seines hohen Gasanteils von rund 95 Prozent hat es eine außerordentlich geringe Dichte und ist folglich sehr leicht. Schaumglas wiegt nur etwa halb soviel wie Naturkork. Sorten mit geschlossenen Poren nehmen auch kein Wasser auf, sind folglich schwimmfähig. Schaumglas ist bis zu etwa 450 °C hitzefest, nicht brennbar und beständig gegen Mikroben und Ungeziefer. Es ist mechanisch gut bearbeitbar, läßt sich sägen, bohren, schneiden und schleifen.

Infolge aller vorstehend aufgezählten, gegenüber anderen Stoffen zum Teil herausragenden Eigenschaften ist Schaumglas zu einem unentbehrlichen Baustoff geworden, obwohl seine Einsatzgebiete eigentlich erst erschlossen werden und sich rasch ausdehnen. Hervorragend hat es sich bereits beim Bau von Kühlhäusern (Isolation), bei der Kombination mit herkömmlichen Baustoffen (Wärme- und Schalldämmung, Verminderung der Masse der Bauwerke), für die Dekoration von Bauwerken (farbiges Schaumglas), für den Kühlbehälterbau (leichte isolierte Container) und auf ähnlichen Gebieten bewährt.

## Dünner als ein Menschenhaar

Sicherlich kann sich mancher Leser aus der «älteren Generation» noch an das «Engelshaar» erinnern, das alljährlich neben vielen farbenprächtigen Glaskugeln den Weihnachtsbaum schmückte. Wer wußte damals schon, daß auch dieses gekräuselte Wunderwerk, das im Kerzenlicht so schön glitzerte, aus Glas sein könnte? Es entstand aus zwei Gläsern verschiedener Wärmedehnung, die man zusammenschmolz und zu einem «doppelten» Faden auszog. Dieser kräuselte sich beim Abkühlen infolge der unterschiedlichen Dehnungen sofort und dauerhaft zu den erwünschten Lockenimitationen.

Ägyptische Glasmacher verstanden bereits

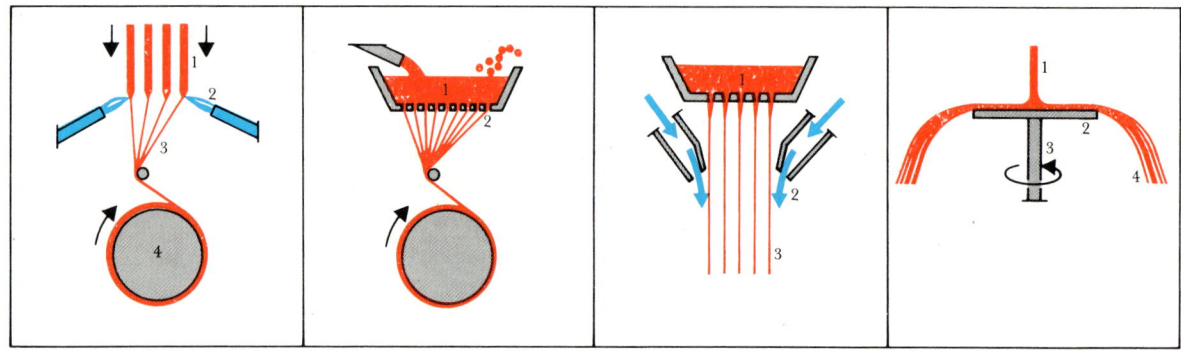

Prinzipskizzen der Herstellung von Glasfasern

Stabziehverfahren
1 Glasstäbe (automatischer Vorschub in der
Abschmelzzone), 2 Gasbrenner, 3 Glasfasern, 4 Trommel

Düsenziehverfahren
1 Glasschmelze, 2 Düsen

Düsenblasverfahren
1 Glasschmelze, 2 vorgespannter Dampf, 3 Glasfasern

Horizontal-Schleuderverfahren
1 Flüssiges Glas, 2 Drehteller, 3 Drehachse, 4 Glasfasern

1600 v. u. Z., Glasfäden zu ziehen. Allerdings waren diese recht grob und dienten ausschließlich zur Verzierung von Glasgefäßen. Später haben römische und dann vor allem die venezianischen Glaskünstler die Technik der Glasfadenverzierung zu hoher Meisterschaft geführt.

Bei diesem Verwendungszweck des Glasfadens als Schmuck- und Verzierungselement ist es bis in das 19. Jahrhundert hinein im wesentlichen geblieben. Gelegentliche Versuche um anderweitige Anwendungen sind auch aus früherer Zeit bekannt, hatten aber keinen dauerhaften Erfolg.

Ein gewisser Umschwung begann sich in der Mitte des 19. Jahrhunderts abzuzeichnen. In England wurde um diese Zeit der erste Glasfaden für textile Zwecke gezogen. Neue technische Voraussetzungen hatten es ermöglicht, ihn auf

einen Bruchteil seines früheren Durchmessers, den einer echten Faser, «abzumagern». Jetzt ließ sich dieser dünne Faden allein oder im Gemisch mit anderen Stoffen verweben. In Wien begann man wenig später, als modische Neuheiten Hutschmuck, Krawatten, Dekorationsstoffe, ja sogar Kleiderstoffe und Wandtapeten aus Glasfasern herzustellen. Aber in Anbetracht der ungenügenden Kenntnis der Glasfasereigenschaften und der daraus resultierenden unzureichenden Herstellungsverfahren konnten sich die Glasfasern insgesamt gesehen noch immer nicht durchsetzen. Das änderte sich ziemlich rasch zu Beginn unseres Jahrhunderts. In kurzer Zeit entstanden mehrere neue, auf den Verwendungszweck orientierte Technologien zur Herstellung von Glasfasern, die ihnen fast schlagartig zu völlig neuen Einsatzgebieten sowie zur massenhaften Verbreitung in schon bekannten Anwendungen verhalfen.

Heute sind rund 40 000 Sorten von Glasfasern bekannt. Tausende Erzeugnisse bestehen ganz oder teilweise daraus, wobei allerdings technische Anwendungen eindeutig vorherrschen.

Die herausragenden Eigenschaften der Glasfasern sind mechanische Festigkeit und hohes Isolationsvermögen. Daher standen Anwendungsgebiete, auf denen diese Eigenschaften besonders gefragt sind, bislang im Vordergrund. Glasfasermatten oder -vlies, Glasfaser-schnüre und -schalen, Glasfaserrollfilz und Glasfaserplatten verwendet man direkt für ver-schiedenste Isolationszwecke oder zur Herstel-lung entsprechender Erzeugnisse, wie Träger-bahnen für Dachbeläge, komplizierte Formiso-lationen und dergleichen. Spinnfäden aus Glas, die 100 und mehr Einzelfasern zusammenfas-sen, werden zu Geweben verarbeitet. Die Draht- und Kabelindustrie braucht isolierende Umflechtungen, Isolierschläuche und -schnüre, die aus verdrillten Glasseidengarnen und -zwir-nen entstehen. Das sogenannte Glasseidenro-ving – 20 bis 120 parallel gefaßte Glasseiden-spinnfäden – verstärkt Plasterzeugnisse und macht sie damit weniger empfindlich gegen me-chanische Einflüsse. Ebenso sind Glasseidenge-webe für verschiedenste Dekorationsstoffe, vom feuerfesten Theatervorhang bis zu Tischdecken und anderen Erzeugnissen für den Haushalt, längst unverzichtbar geworden.

So ließen sich Erzeugnisse aus Glasfasern und deren Einsatzgebiete über Seiten hinweg aufzählen. Ein Anwendungsgebiet aber hat in den letzten Jahren geradezu sensationelle Be-deutung erlangt: die *Glasfaseroptik*. Sie bietet Möglichkeiten in der Nachrichtentechnik, die mit den traditionellen Mitteln nicht erreichbar sind. Für die Übertragung optischer Signale werden superdünne Glasfasern benötigt. 0,001 Millimeter, viel dünner als ein Menschenhaar, ist der zur Zeit technisch realisierbare Durch-messer. Es wird nicht lange dauern, bis auch diese Grenze unterschritten ist. Die Seiten ab 205 enthalten nähere Ausführungen zu dieser «Lichtleiter-Nachrichtenübertragung».

Je nach dem Einsatzgebiet und dem ange-strebten geringen Durchmesser der Glasfasern wendet man heute verschiedene Verfahren zu ihrer Herstellung an, die sich jedoch alle auf drei Grundarten, das *Ziehen*, *Schleudern* oder *Blasen*, zurückführen lassen. Mitunter kombiniert man sie auch für bestimmte spezielle Zwecke.

Das einfachste und auch älteste Verfahren ist, Glasstäbe bis zum Erweichen zu erhitzen und von ihrem schmelzenden Ende Glasfäden abzuziehen. Bei diesem maschinellen *Stabzieh-verfahren* lassen sich das Abschmelzen und das Aufwickeln so aufeinander abstimmen, daß von jedem Stab ein endloser Faden entsteht, der bei etwa 800 Umdrehungen pro Minute auf eine Trommel gelangt. Ist eine bestimmte Schicht erreicht, so schneidet man die entstandene Trommelumhüllung auf und erhält damit soge-nannte *Stapelfasern*. Das sind Fasern, die mehr oder weniger kurz sind, sich also «stapeln» las-sen. Es ist aber auch möglich, die abgezogenen Fasern direkt zu einem Vorgarn zusammenzu-fassen, um daraus dann das Garn herzustellen. Da man jedoch die abgeschmolzenen Glasstäbe durch neue ersetzen muß, treten in der Produk-tion unweigerlich Unterbrechungen auf, so daß es sich hierbei um ein diskontinuierliches Ver-fahren handelt.

Eine kontinuierliche Glasfaserherstellung sichert das um 1920 erfundene *Düsenziehverfah-ren*. Aus zahlreichen Düsen mit 1 bis 2 Millime-tern Durchmesser im Boden einer Schmelz-wanne werden mit einer Geschwindigkeit von 25 bis 50 Metern pro Sekunde Glasfäden nach unten gezogen, zusammengeführt, je nach dem Zweck der Weiterverarbeitung mit 70 bis 200 Drehungen pro Meter verdrillt und auf eine Spule gewickelt.

Besonders feine Glasfasern entstehen durch Kombination des Düsenziehverfahrens und des Blasverfahrens zu dem sogenannten *Düsenblas-verfahren*, bei dem Dampf oder Druckluft zur An-wendung kommen. Je nach der Viskosität des Glases entstehen hierbei mehr oder weniger kurze Faserstücke, die gestapelt oder zu endlosem Glasfaserband zusammengeführt und aufgerollt werden.

Auf ähnliche Weise stellt man auch die extrem feinen Fasern her. 0,2 Millimeter dicke Primärfäden werden bei etwa 1600°C zu dünnsten Fasern von 1 bis 4 Mikrometern (0,001 … 0,004 mm) Durchmesser ausgezogen. Auch sie sind relativ kurz. Man fängt sie in Gefäßen auf oder führt sie ebenfalls auf Trommeln zu Glasbändern zusammen.

Kurze Fasern lassen sich auch im *Schleuderverfahren* erzeugen. Das Prinzip beruht darin, daß ein dünner Strahl flüssigen Glases aus der Bodenöffnung der Schmelzwanne auf eine horizontale Scheibe gelangt, die sich 3000 bis 4000mal in der Minute um ihre Achse dreht. Die rotierende Scheibe schleudert Glastropfen fort, die kometengleich einen noch am Scheibenrand haftenden Faden hinter sich herziehen. Nachdem die Tropfen von den Fasern getrennt sind, fallen diese als schlauchartiges Gebilde nach unten, das, aufgeschnitten, Stapelfasern ergibt. Das Verfahren hat etliche Varianten, deren Ergebnis unterschiedlich lange und dicke Fasern sind.

Die Schmelzwannen für das Glasfadenziehen sind vergleichsweise klein gehalten, weil man in Anbetracht des geringen Volumens der Fasern nur wenig Ausgangsmaterial benötigt. Aus einem Glaswürfel von 1 Kubikzentimeter lassen sich 51 Kilometer Glasfasern von 0,005 Millimeter Durchmesser ziehen! Wenige Kilogramm Glasschmelze genügen somit für die kontinuierliche Fertigung von Hunderttausenden Kilometern Glasfaser. Die negative Seite dieses Verfahrens ist das ungünstige Volumen/Oberflächen-Verhältnis der Fasern, das hinsichtlich ihres Schutzes gegen chemische Einflüsse schon manches Problem aufgeworfen hat. Bieten doch die erwähnten 51

Festigkeitswerte einiger Fasern aus organischen und anorganischen Stoffen

| Material | Festigkeit (kp/mm$^2$) |
|---|---|
| Glasfaser (3 bis 5 $\mu$m) | 200 bis 400 |
| Massives Glas | 4 bis 10 |
| Schafwolle | 10 bis 40 |
| Viskose | 20 bis 50 |
| Baumwolle | 30 bis 70 |
| Naturseide | 40 bis 60 |
| Kunstseide | 50 bis 70 |
| Flachs | 40 bis 70 |
| Leinen | 45 bis 75 |
| Stahl | 40 bis 60 |

Kilometer Glasfasern im Vergleich zu ihrem Ausgangsmaterial, dem Glaswürfelchen, eine 1300mal größere Angriffsfläche!

Im allgemeinen erhalten die Glasfasern mit einem Spezialmittel, der sogenannten *Schlichte*, noch eine Oberflächenbehandlung. Damit erhöht sich ihre Scheuerfestigkeit und Gleitfähigkeit gegeneinander sowie ihre Widerstandskraft gegen den Angriff von Feuchtigkeit. Schlichte verklebt ferner Einzelfäden zu verspinnbaren Garnen oder haltbaren Matten.

Grundsätzlich lassen sich aus allen Glasarten Fasern herstellen, doch wäre das wenig sinnvoll. Es kommt immer auf die erstrebte Eigenschaft an. Einmal ist es das höchstmögliche Isolationsvermögen, ein andermal stehen die chemische Beständigkeit, das Dehnungsverhalten oder andere Aspekte, nicht zuletzt wirtschaftliche, im Mittelpunkt; schließlich kann auch ihre bestmögliche Kombination das Ziel sein.

Von ganz besonderem Interesse aber ist an der Glasfaser die enorme mechanische Festigkeit. Wer kann sich schon vorstellen, daß die Festigkeitswerte von Glasfasern weit über denen von massivem Glas liegen, ja selbst die betreffenden Werte von Stahl weit hinter sich lassen?

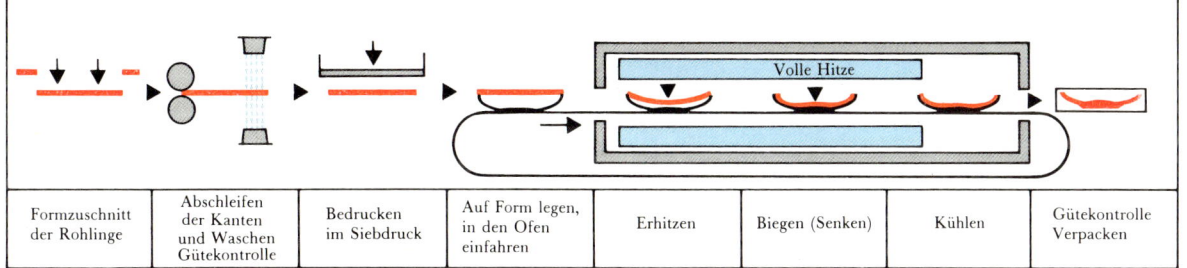

| Formzuschnitt der Rohlinge | Abschleifen der Kanten und Waschen Gütekontrolle | Bedrucken im Siebdruck | Auf Form legen, in den Ofen einfahren | Erhitzen | Biegen (Senken) | Kühlen | Gütekontrolle Verpacken |
|---|---|---|---|---|---|---|---|

Prinzipskizze des Verarbeitungsprozesses
beim Thermoform-Verfahren

Die Tabelle verdeutlicht einige Vergleichswerte für organische und anorganische Stoffe.

Allerdings wird dieser Vorzug durch geringere Bruchdehnung, eine nicht so gute Verknüpfbarkeit sowie eine niedrigere Verdrehungsfestigkeit und Scheuerfestigkeit dieser Fasern relativiert.

Dennoch bleiben genügend Fakten, die den Glasfasern bereits jetzt unermeßliche Einsatzgebiete erschließen: für die Wärme-, Schall- und Temperaturdämmung im Bauwesen, als Lichtleiter in der Nachrichtenübertragung sowie auf anderen Gebieten, und nicht zuletzt in Form verschiedenster Gebrauchsgegenstände des täglichen Lebens, die bereits heute ganz oder teilweise aus Glasfasern hergestellt sind oder es einmal sein werden.

Biegen statt Blasen und Pressen

Die zunehmende Nachfrage nach schönem Wirtschafts- und Beleuchtungsglas hatte anhaltende Bemühungen der Glasindustrie zur Folge, neue Verfahren zu finden, mit deren Hilfe materialsparend und insgesamt billiger als bisher funktionell vielseitige, technisch und formgestalterisch variantenreiche sowie rasch modifizierbare Glaskörper herstellbar wären. Damit wollte man die Hauptbarrieren der herkömmlichen Verfahren – aufwendige Technik und damit verbunden relativ geringe Flexibilität des Erzeugnissortiments – überwinden. Das Ziel war, immer neue Sortimente und Dekore selbst in kleinsten Stückzahlen ohne großen Umrüstaufwand zu vertretbaren Kosten herzustellen und zu rentablen Preisen anzubieten.

Auf diese Weise kam eine zwar schon bekannte, aber erst jetzt in all ihren Vorzügen erkannte Methode der Glasumformung zu hohen Ehren: das sogenannte *Glasbiegen*, verbreitet auch als *Thermoformverfahren* bekannt. Man versteht darunter die Formveränderung des erwärmten Glases unter der Wirkung seines Eigengewichts. Hierzu benutzt man Formen, die den Glasgegenständen die beabsichtigte Gestalt verleihen.

Die besondere wirtschaftliche Attraktivität dieses Verfahrens liegt darin, daß sich mit seiner Hilfe billiges Flachglas mit verhältnismäßig geringem Aufwand zu erstaunlich dekorativen Tellern, Schalen, Platten usw. umformen läßt. Auch prächtige schalenförmige Beleuchtungskörper und ähnliche Gegenstände entstehen bereits vielfach auf diese Weise.

Das Prinzip besteht im großen und ganzen darin, daß das kostengünstige Ausgangsmaterial in Form des Flachglases vor dem Umformen auf rationelle Weise – z.B. durch Sieb- und Offsetdruck oder in Sandstrahltechnik, zum Teil auch noch in Handarbeit – eine Farbdekoration erhält,

173

Zwei Beleuchtungskörper,
hergestellt im Thermoformverfahren.
Links: Lampe aus Flachglaselementen, gebogen,
opalüberfangen, mit geschliffenem Dekor;
rechts: Lampenschirm, überfangen und bemalt

die im anschließenden, unter Erhitzung verlaufenden Umformprozeß eingebrannt und damit dauerhaft gemacht wird. Die erwähnten ökonomischen und technologischen Vorteile des Flachglasbiegens gegenüber dem Pressen oder gar Mundblasen – das Kostenverhältnis beträgt hier beispielsweise 1:5, wenn man eine strukturierte und farbdekorierte Deckenschale als Vergleichserzeugnis wählt – sind allerdings auch nicht unbegrenzt. Sie enden spätestens bei komplizierteren, mehrgliedrigen Formen der Glaskörper, und ausgesprochene Hohlglaserzeugnisse lassen sich in dieser Technologie gar nicht fertigen.

Besonders geeignet ist das Verfahren allerdings für alle Gegenstände des weiten Gebietes preiswerten Hauswirtschafts- und Beleuchtungsglases. Je nach dem Krümmungsverhält-

nis von Senktiefe und Senkradius kennt man sogenanntes flächiges oder volumiges Glas. Die Scheidegrenze zwischen beiden liegt beim Verhältnis 2:3. Hat der Hohlkörper ein Fassungsvermögen von mehr als einem Liter, dann sprechen die Fachleute von großflächigem bzw. großvolumigem Glas.

Was allerdings den Laien mehr interessieren dürfte, ist eine kurze Beschreibung, wie sich eigentlich eine schlichte, einfache Flachglasscheibe zu einer hübschen Kuchenplatte oder zur dekorativen Schale einer Deckenbeleuchtung umwandelt. Es geht dabei im Prinzip stets um folgende vier Herstellungsschritte:

*Zuschnitt* der Glastafeln und Einbringen eventueller technischer Elemente, die der fertige Glaskörper besitzen soll. Bei Beleuchtungsschalen sind das zum Beispiel Bohrungen für Schnüre sowie Gänge zur Aufnahme elektrischer Leiter in das isolierende Glasmaterial.

*Dekoration* des Glases je nach Gestaltung und Verwendungszweck.

Ein Sortimentsatz Gebrauchsgeschirr
aus Thermoformglas
mit aufgedruckten Barockszenen

*Umformen* des vorbereiteten Flachglaskör-
pers. Dafür wird er auf Temperaturen zwischen
560 bis 760 °C erhitzt. Dadurch senkt sich das
Material unter der Last seines Eigengewichts in
oder über die darunterliegende Form. Dieser
Vorgang kann je nach Kompliziertheit der an-
gestrebten medialen und sektoralen Krümmun-
gen in mehrere Etappen aufgegliedert sein.

*Abkühlen* des umgeformten Fertigerzeugnis-
ses, Qualitätskontrolle und Verpackung.

In modernen Produktionsanlagen verlaufen
diese Prozesse weitgehend kontinuierlich, teil-
oder vollautomatisiert. Die so hergestellten Erzeugnisse erfreuen sich in Anbetracht ihrer dekorativen Gestaltung und ihres vergleichsweise
niedrigen Preises gegenüber anderen Erzeugnissen aus teureren Rohstoffen und aufwendige-
ren Verfahren zunehmender Beliebtheit beim
Käufer. Die vorstehend beschriebene Technologie ist in der Skizze auf Seite 173 veranschaulicht.

# Vom neuen Nutzen

Die Huygens und die Kepler, Newtons dann erstanden,
Gesetze sie der glasgebrochenen Strahlen fanden.
Die Wirklichkeit war den Vernünftigen nun klar.
Was uns Kopernikus gelehrt hat, das ist wahr ...
In Form des Fernrohrs offenbart es uns das Glas,
Wie weit den Himmelsraum des Schöpfers Hand bemaß ...
Durch Optik kann das Glas den Weg uns dahin weisen,
Geistiger Dumpfheit dunklen Schleier zu zerreißen!

MICHAIL LOMONOSSOW

Am Rande einer wissenschaftlichen Tagung anläßlich des Jubiläums «100 Jahre JENAER GLAS» gab der in Wien gebürtige amerikanische Professor Norbert Kreidel, ein weltweit anerkannter Glasspezialist, der unlängst seinen 80. Geburtstag beging, dem Berliner Rundfunk ein Interview.

*Frage: Warum unterscheidet man heute so streng zwischen Glaswissenschaft und Glastechnologie?*

Antwort: Diese Trennung ist eigentlich erst dramatisch geworden durch die Neuentwicklungen des Glases. Wir verstehen nämlich heute unter Glas nicht mehr dieses nützliche durchsichtige Material, das Sie sehen, sondern in der Wissenschaft verstehen wir unter Glas jeden Festkörper, in dem die Atome nicht wie eine Tapete wiederholbar geordnet sind. Manche dieser neuen Gläser, die man durch neue Methoden der Wissenschaft erforschte, haben mit dem Glas als solches keine Ähnlichkeit mehr, ausgenommen diese gemeinsame Art von Atomanordnung. Und da gibt es eine ganz neue Art von Gläsern, die genau so aussehen wie Stahl, wie ein Metall, wie ein Stück Kalk usw.

*Frage: In dem Teil Ihres Vortrages, den Sie den optischen Gläsern widmeten, ist die Rede davon, daß die Forschung auf diesem Gebiet einigermaßen gesättigt ist. Dann sagten Sie allerdings, die Wirtschaft formuliere insgesamt doch neue Forderungen auch an optische Gläser. Welche Forderungen sind das, in welche Richtung gehen sie?*

Antwort: Wenn ich von einer Sättigung im optischen Glas spreche, also bei Prismen, Linsen usw., dann meine ich damit auch, daß man statt, sagen wir, eines Systems von Prismen Fasern verwendet, z. B. kurze Fasern, die man verbiegen kann, wodurch man ein neues Bild erhält; daß man kleine Stücke, ganz kleine Stücke flaches Glas verwendet, die man durch chemische Behandlung dazu reizt, den Lichtgang zu verändern; daß man dem Glas dünne Schichten anderer Materialien auflegt, die seine optische Wirkung verändern usw. usw. Es ist also noch ein weites offenes Feld für die Entwicklung des Materials Glas in der Optik, und von Sättigung in der Glasforschung spreche ich nur im engeren Sinne.

*Frage: Gibt es unter den Kindern – nennen wir sie einmal so – des Glases, also den verschiedenen Glassorten, den verschiedenen Entwicklungen des Glases, einen Liebling für Sie?*

Antwort: Wohl ebensowenig wie unter den Mädchen – ich bin allen treu.

*Frage: Es ist doch aber eine schwere Aufgabe, dieses komplexe Gebiet im Auge zu behalten und da keinen zu bevorzugen. Ist das überhaupt möglich für die Glaswissenschaftler?*

Antwort: Ich würde sagen, es ist vollkommen unmöglich, und mit dem Preis einer gewissen Seichtigkeit fast nur noch verkraftbar für den sehr alten Mann, der ich bin, der damit aufgewachsen ist. Neu hineinzukommen ist praktisch unmöglich. Und wir kommen jetzt in ein Zeitalter der Informatik, wo statt dieses Übels – leider, würde ich sagen, aber unvermeidlich – der Zustand eintritt, daß Sie ihre Maschine etwas fragen und aus einem Speicher eine Antwort bekommen, die zwar weit ist, aber nicht so flexibel wie der Mensch.

*Frage: Sie erwähnten auch, daß nun in der Rückwirkung Glas für die Medizin, für die Biochemie eine große Rolle spielt. Welche Beispiele können Sie hierfür nennen?*

Antwort: Das ist zwar noch ein kleines, aber eines der faszinierendsten Grenzgebiete. Nur um zwei Beispiele zu nennen: Das eine ist die Erfindung eines Glases, das durch Wärmebehandlung in eine sowohl dem Stahl als auch der Knochensubstanz ähnliche Masse verwandelt werden kann, die sich vom Chirurgen während der Prothesenoperation bearbeiten läßt und sich dann nach Einsatz im menschlichen Körper mit der Blutsubstanz zu echter Knochensubstanz verbindet. Und ein zweites Beispiel ist ein Glas, das sich – in kleinen pulverartigen Mengen in eine Geschwulst eingeimpft – in einem Wellenfeld so erhitzt, daß es den Tumor zerstört. Hierbei wird das gesunde Gewebe nicht betroffen, wie bei der Bestrahlung, sondern nur die Gegend, in der das Glas eingesetzt ist, das sich dann im menschlichen Körper vollkommen auflöst.

*Frage: Ein Gebiet von großer Faszination für das breite Publikum, auf dem auch die Gesellschaft große Hoffnungen in das Glas setzt, ist die Nachrichtenübertragung. Welche Probleme stehen da noch aus?*

Antwort: Ich glaube, das Problem der Lichtleiterfaser ist gelöst. Die notwendigen Schritte heute sind nurmehr wirtschaftlicher Natur. Man hofft für ein allgemeines Telefonsystem noch auf eine Preisminderung gegenüber dem jetzigen Stand etwa auf ein Viertel, während man sonst beinahe schon auf ein Tausendstel heruntergekommen ist; und man würde für diese Fasern noch gerne eine etwas längere Wiederholungsstrecke erreichen. Aber grundsätzlich ist das Problem des Lichtleiters gelöst.

Professor Kreidel hat in den wenigen Interviewminuten markante, gewissermaßen die publikumswirksamen Richtungen der künftigen wissenschaftlich-technologischen Glasentwicklung angedeutet. Wir wollen sehen, wie es zu diesen und anderen neuen Anwendungen des Glases kam.

## Glas soll mehr als schön sein

Von Ausnahmen abgesehen, diente Glas Jahrtausende bis in die Neuzeit hinein im wesentlichen zur Fertigung von Schmuck und Gefäßen, von Gegenständen zur Verschönerung des Lebens und zur Erbauung der Reichen. Aus den feurigen Flüssen bezaubernde Becher, Vasen und Schalen zu formen, bunte Steine, den farbigen Edelsteinen gleich, war nahezu ausschließliches Ziel der Glasmacher. Glas war bevorzugter Werkstoff der Künstler. Nur am Rande, eher im Schatten der künstlerischen Glasgestaltung, vollzog sich zaghaft auch eine technische Entwicklung und Anwendung des Glases, die von naturwissenschaftlichen Erkenntnissen ausging und ihrer Verbreitung diente.

Dieser Zustand änderte sich ausgangs des 19. Jahrhunderts von Grund auf. Glas fand durch seine industrielle Herstellung auf vielen Gebieten des Alltags, im Haushalt, in Handel und Gewerbe, in der Medizin, weite Verbreitung. Es wurde zum Massenartikel. Bierflaschen, billiges Tafelgeschirr, Meßbecher und Glasballons, Industriegläser, die Injektionsspritze und Tausende andere Massenartikel aus Glas setzten zu einem unbeschreiblichen Feldzug gegen die herkömmlichen Waren aus Holz, Stein, Ton und Metall an. Aber auch die aufblühende Industrie verlangte dringend nach mehr und besseren wissenschaftlichen Geräten, Werkstoffen und Halbzeugen, die mitunter völlig neue physikalische und chemische Eigenschaften besitzen mußten.

Kennzeichnend für diese Periode ist unter anderem, daß Werkstoffe entstanden und zum Einsatz gelangten, die selbst reine Kinder der Wissenschaft waren. Auf den Werkstoff Glas trifft das ganz besonders zu. Man entdeckte an ihm immer neue Eigenschaften, die den Erwartungen der Wissenschaftler entsprachen.

Völlig neue Industriezweige bildeten sich heraus. Im Gerätebau, namentlich beim Bau optischer Geräte, nutzte man vor allem die Tatsache, daß Glas lichtdurchlässig ist und Licht sowohl bricht wie auch in seine Farbbestand-teile zerlegt. Es setzte eine ausgedehnte Ferti-gung optischer Linsen und umfangreicher opti-scher Systeme ein.

Die Verwendung des Glases für optische Zwecke reicht allerdings schon in das 13. bis 16. Jahrhundert zurück. Es war die Zeit der Re-naissance, in der sich weltoffenes Denken kri-tisch prüfend bisher unantastbaren Dogmen zu-wandte. Das Verhältnis des Menschen zur Na-tur änderte sich radikal. Beobachtung, Erfah-rung und Experiment bestimmten jetzt die Na-turforschung, ein über Jahrhunderte hinweg er-starrtes Weltbild wurde der wissenschaftlichen Analyse unterzogen. «Aber von da an ging auch die Entwicklung der Wissenschaften mit Rie-senschritten vor sich und gewann an Kraft, man kann wohl sagen im quadratischen Verhältnis der (zeitlichen) Entfernung von ihrem Aus-gangspunkt», schrieb Friedrich Engels in der *Dialektik der Natur.*

Galileo Galilei, Professor in Padua, ent-deckte mit dem Fernrohr die Bewegung der Planeten um die Sonne. Er lieferte damit den Beweis für die Lehre des Kopernikus, dem noch keine solchen Beobachtungsgeräte für den Nachweis seiner Berechnungen zur Verfügung gestanden hatten. Johannes Kepler formulierte in seiner *Dioptrice* (Dioptrik) die Theorie des astronomischen Fernrohres, das seitdem auch Keplersches Fernrohr heißt. Er beobachtete und beschrieb die ellipsenförmige Bewegung der Planeten um die Sonne und förderte nach-drücklich das heliozentrische Weltbild.

Die Entdeckungen Galileis erschütterten das astronomische System des Ptolomäus, das kosmische Modell des griechischen Altertums mit der Erde als dem Mittelpunkt der Welt, und sie stützten gleichzeitig das neue, das heliozen-trische Weltbild, das Kopernikus bereits 100

Jahre zuvor entworfen und begründet hatte. Der Kampf des Neuen gegen das Alte, das sich selbst des Scheiterhaufens bediente, wenn es galt, weltoffenes Denken zu vernichten, be-durfte des exakten Nachweises, um sich gegen uralte Dogmen durchsetzen zu können. Aus dem Verlangen nach sicherer Naturerkenntnis ergab sich auch das Bedürfnis nach besseren Abbildungsleistungen der optischen Instru-mente. Dafür aber brauchte man Gläser mit neuen optischen Eigenschaften. Wir kommen darauf noch ausführlich zurück.

Ein weiteres Anwendungsgebiet des Glases, das sich seit dem 19. Jahrhundert rasch ausbrei-tete, war die Chemie. Sie benötigt für ihre Ana-lysen und für die Einrichtungen zur labormäßi-gen und industriellen Synthese Glas mit hoher Widerstandskraft gegen Basen, Laugen und an-dere Chemikalien, das zugleich feuerfest ist, also bei plötzlichen Temperaturänderungen von über 100° Kelvin nicht zerspringt. Vor allem aber braucht die Chemie und die Pharmazie präzise Thermometer sowie Destillationsanla-gen wachsenden Ausmaßes, die aus Glas sein müssen. Um Pharmaka über lange Zeit steril la-gern zu können, benötigt man chemisch stabile Ampullen, Blutkonservenflaschen usw.

Schließlich hat sich ein großes neues An-wendungsfeld für das Glas aus der Möglichkeit eröffnet, es zu haardünnen Fasern mit hoher Zugfestigkeit zu verziehen. Glasfaserverstärkte Plaste stecken in Sportbooten, Skibrettern und -stöcken, in Angelruten oder Hochsprungstäben. Glasfasern verdrängen heute Kupfer und Blei aus Nachrichtenkabeln.

Und so dürfte es kaum einen modernen In-dustriezweig geben, der nicht neue Forderun-gen an das Glas erheben und neue Möglichkei-ten für seinen immer wirksameren Einsatz bie-ten würde.

Neuerdings geschieht dies auf besondere und vielfältige Weise durch die Mikroelektronik: Sie verlangt mit ihren extremen Anforderungen an die hochproduktive Herstellung feinster Strukturen wiederum eine Weiterentwicklung des optischen Glases über die bisher beherrschten Grenzen der Transmission, Homogenität und Blasenfreiheit hinaus. Sie benötigt aber zugleich Glas mit einem vorbestimmten Temperatur-Dehnungsverhalten. Solches Glas dient als Unterlage für Schablonen und Schaltkreise sowie als hermetisch schließendes, ultraviolettdurchlässiges Fensterchen über integrierten Schaltkreisen, deren Speicherinhalt vom ultravioletten Licht gelöscht wird.

Die moderne Elektrotechnik und Elektronik erfordert, Drähte durch Glas hindurchzuführen – Glühlampe, Leuchtstofflampe, Fernsehbildröhre, Gaslaser u. a. Für diesen Zweck muß der thermische Ausdehnungskoeffizient des Glases dem der betreffenden Metalle entsprechen. Die Elastizitätseigenschaft des Glases und die daraus resultierende Möglichkeit, mit seiner Hilfe Schallwellen fortzuleiten, wird heute in jedem Farbfernsehgerät genutzt. Gegenwärtig vollzieht sich im Nachrichtenwesen gerade der Übergang vom Kupfer- zum Lichtleitkabel auf Glasfaserbasis. Wen wundert es da, daß also auch die Medizin das Glas für verschiedenste neuartige, geradezu spektakuläre Anwendungen zu nutzen beginnt und deshalb ebenfalls völlig neue Ansprüche an die Chemie und Technologie des Glases erhebt?

## Vom Lesestein zum Lithium-Glas

Selten trat der Mensch als schöpferisches Wesen in Wissenschaft und Produktion so deutlich hervor wie auf dem Gebiet der Optik. Selten hängt soviel vom Menschen ab, von seinem Seh-und Konzentrationsvermögen, seinen geistigen und technischen Fähigkeiten, wie bei der Anwendung der Optik. Selten ist aber auch die Gefahr subjektiver Fehler so allgegenwärtig wie bei der Herstellung optischer Gläser und Systeme.

Eigentlich ist es sehr verwunderlich, daß man das Glas speziell als Hilfsmittel des Auges erst vor etwa 700 Jahren zu nutzen begann, ist doch seine Geschichte mehr als 4000 Jahre alt und hat doch die Sehschwäche dem alternden Menschen seit Urzeiten zu schaffen gemacht. Vor 2000 Jahren schon klagte der alternde Cicero in einem Brief an seinen Freund Atticus, daß die Sehkraft nachlasse und er sich von einem Sklaven vorlesen lassen müsse. Die einzig bekannte Nutzung optischer Wirkungen von Glasstücken waren Brennsteine, die die Strahlen des Sonnenlichtes bündeln und die man im Altertum dazu nutzte, Gegenstände zu erhitzen und Feuer zu entfachen. Erst um das Jahr 1000 sind nachweislich im arabisch-islamischen Raum Lesesteine aus Kristallen und Glas in Gebrauch.

Al-Biruni, die «Krone der mittelalterlichen Wissenschaft», aus Choresmien stammender Arzt, Astronom, Mathematiker, Historiker und Mineraloge, der 30 Jahre in Indien lebte und vor allem durch seine *Indica* oder *Geschichte Indiens* bekannt wurde, beschrieb das so: «Wenn man einen Korund in Form einer Halbkugel in die Nähe eines Buches bringt, lesen sich die kleinen Schriftzeichen ebenso wie mit einer Halbkugel aus Bergkristall, weil sich unter ihr für den Betrachter die Schriftzeichen verdicken und die Zeilen auseinanderrücken. Warum das so ist, lehrt die Wissenschaft von den Spiegeln.» Da der Korund sehr hart ist, muß eine solche Lupe die Politur besonders gut bewahrt haben.

Lesesteine aus Bergkristall sind offenbar im Orient zu jener Zeit keine Seltenheit mehr. Die

Die vergrößernde Wirkung eines Kugelglassegments – eines «Lesesteins»

Beschreibung einer Linse in Form eines Kugelsegments liefert ein Zeitgenosse Birunis, Abu Ali Muhammed ben al-Hassan ben al Haitam al-Basri, dessen Aufzeichnungen erst 1572 in Basel unter dem Titel *Opticae thesaurus Alhazeni arabis* veröffentlicht werden.

Solche Lesehilfen aus Bergkristall, die die Form einer doppelt konvexen Linse – oben ein fast halbsphärisches Segment und unten eine geringere Krümmung – aufwiesen und die Größe der betrachteten Schriftzeichen für das Auge etwa verdoppelten, sind auch aus archäologischen Angaben bekannt. So bewahrt man in der Sektion Geschichte des *Georgischen Museums*

in Tbilissi eine Linse von 45 mm Durchmesser auf, die zusammen mit Gegenständen aus dem 8.–10. Jh. in einem Kosakendorf im Kubangebiet gefunden wurde. Ein Stockholmer Museum besitzt eine Linse von 50 mm Durchmesser aus einem Wikingergrab. Eine weitere Linse dieser Art mit 32 mm Durchmesser befindet sich im *Mineralogischen Museum* der Akademie der Wissenschaften der UdSSR. Ihre Herkunft ist leider unbekannt.

Allerdings liegt der Ursprung der Linsenherstellung noch sehr im geschichtlichen Dunkel. Antike Linsen aus Bergkristall wurden in Gebieten des ehemaligen Troja (aus der Zeit um 2300 v. u. Z.), auf Kreta (1600 v. u. Z.), in Assyrien (800 v. u. Z.), in Phönizien (300 v. u. Z.) und in Schweden (550 u. u. Z.) gefunden, solche aus Glas stammen aus Karthago (600 bis 150 v. u. Z.) und aus mehreren Provinzen des Römischen Reiches. Bekannt ist, daß man kurz vor der Zeitenwende eine Art Drehbank zum Schleifen von Linsen erfand. Allerdings dienten diese Linsen aus Bergkristall oder Glas in jenen Zeiten vorwiegend als Schmucksteine. Überlieferungen aus dem Altertum zu Kenntnissen der optischen, insbesondere der vergrößernden Wirkungen der Linsen fehlen weitgehend. Daraus ist nicht zu schließen, daß keine vorhanden waren, zumal das geduldige und sorgfältige Schleifen der Linsen sicherlich auch deren genaue Inspektion bedingte.

Es ist bekannt, daß sich bereits die antiken Naturphilosophen Anaxagoras, Euklid, Archimedes und Ptolemäus mit den optischen Eigenschaften des Glases auseinanderzusetzen suchten. Die Verwendung von Glas für optische Zwecke ist erstmals durch Aristophanes aus der Zeit um 400 v. u. Z. verbürgt, der in seiner Persiflage *Die Wolken* die Verwendung des Brennglases erwähnt. Neros Lehrer, der Philosoph Seneca, beschrieb die vergrößernde Wirkung einer Kugellinse. In China sollen bereits im 6. Jahrhundert v. u. Z. Brillengläser aus hochbrechendem Barium-Blei-Silikatglas hergestellt worden sein. Das Brennglas kannte man dort spätestens seit 83 v. u. Z.

Von der Entdeckung der vergrößernden Wirkung gläserner Kugelsegmente durch Alhazen um das Jahr 1000 bzw. durch Robert Grosseteste um 1200 über die Erfindung des Lesesteines durch den englischen Mönch Roger Bacon führte der Weg der optischen Verwendung des Glases schließlich in Europa zur *Brille*.

Noch 1267 schrieb Bacon in seinem *Opus majus*: «Nimmt man ein Kugelsegment von Kristall oder Glas und ist die Höhe des Segmentes kleiner als der Radius, und legt man die ebene Seite auf Buchstaben, so sieht man diese Buchstaben und kleinere Gegenstände größer … Deshalb gibt dies ein vorzügliches Instrument für alte Leute und solche, die schwache Augen haben. Denn sie können auch noch so kleine Buchstaben in genügender Größe sehen.»

Auf diesem Prinzip aufbauend, breiten sich nur wenige Jahre später in Italien die ersten Lesegläser und die ersten binokularen Lesehilfen in Form der heute allgemein bekannten Brille aus. Ihre Erfinder waren wahrscheinlich um 1270 Salvino Armati oder Petrus Hisparius, der spätere Papst Johannes XXI. Auf dem Fuße folgten bereits in den Jahren 1300 und 1301 erste Verordnungen zum Schutz des venezianischen Brillenmonopols. Die Brille breitet sich aus, sie wird zum Förderer der Gelehrsamkeit und des Wissens, zugleich ist sie Ausdruck von Wohlhabenheit und Würde. In den Chroniken des Dominikanerklosters St. Caterina zu Pisa aus der Zeit um 1300 kann man über einen Frater Alessandro della Spina folgendes erfahren: «Ein bescheidener und guter Mann … Er ver-

Eine mittelalterliche Erfindung:
Buch mit Brillenfutteral im Einband

fertigte selbst Brillen, die zuerst von jemandem hergestellt wurden, der darüber nichts mitteilen wollte, und verbreitete sie fröhlichen und bereitwilligen Herzens.»

Aus dem Zitat und den erwähnten Monopolbestrebungen ist erkennbar, daß die Herstellung dieses ersten und einfachsten optischen Instruments noch lange nicht Allgemeingut, sondern zunächst sorgsam gehütetes Geheimnis war. Selbst in Johannes Keplers *Dioptrice*, die ja erst 1611 in Augsburg erschien, finden sich nur rein quantitative Gesetzmäßigkeiten für den Strahlenverlauf in Linsen und Linsensystemen.

In Frankreich sind Brillenmacher seit 1465 verbürgt. Einer der ersten deutschen Brillenmacher war Jakob Phulmeier, der 1478 als «Paril-

Dunckers Buch «Belehrung über Brillen»
mit einer Auswahl damals moderner Sehhilfen

200 Jahre später, als die ersten optischen Abbildungssysteme aus dem dringenden Bedürfnis nach neuen wissenschaftlichen Untersuchungen entstanden.

Der holländische Brillenmacher Zacharias Jannssen baute 1590 das erste *Mikroskop*, im Jahre 1604 das erste *Fernrohr*, fast gleichzeitig mit ihm auch Lipperhey in Middelburg, und Galileo Galilei folgte ihm darin 1608 in Italien. 1611 beschrieb Kepler das nach ihm benannte astronomische Fernrohr. Wenig später, 1613, wurde es von dem Jesuitenpater Christoph Schneider gebaut. Ein Jahr darauf führte Schneider auch das von Kepler erfundene terrestrische Fernrohr aus, bei dem im Unterschied zu den astronomischen Fernrohren erstmalig die betrachteten Gegenstände nicht mehr seitenverkehrt und kopfstehend erschienen. Schyrleo de Rheits entwickelte es zum Auszugsfernrohr weiter und fertigte es ab 1640 viele Jahre in bemerkenswerten Stückzahlen. Diese ersten optischen Geräte verhalfen der Menschheit zu bahnbrechenden Entdeckungen. Galileo Galilei konnte das 100 Jahre vorher von Kopernikus erkannte Sonnensystem durch Beobachtungen bestätigen und damit die erkenntnistheoretischen Grundfesten des Katholizismus auch experimentell widerlegen.

Angesichts der mit den neuen optischen Geräten erzielten Erkenntnisse war es nur natürlich, daß man danach trachtete, sie ständig zu verbessern, und die theoretischen Grundlagen der Optik entwickelten sich rasch. Snell (Snellius Van Roijen) entdeckte um 1620 das *Brechungsgesetz*, das den Verlauf der Lichtwege in optischen Medien beschreibt. Er begründete damit die geometrische Optik, und Isaac Newton erkannte die Abhängigkeit der Brechung des Lichts von seiner Wellenlänge, die sogenannte *Dispersion* des Lichts.

lenmacher» das Nürnberger Bürgerrecht erwarb. Eine der ersten deutschen Brillenmacherzünfte entstand 1535 ebenfalls in Nürnberg.

Die praktische Nutzung der Glaslinsen aber nahm von nun an einen stürmischen Verlauf. Petrus von Alexandria hatte schon 1342 eine Lochkamera beschrieben, eine sogenannte *laterna magica*, deren Abbildungsqualität D. Barbaro im Jahre 1568 durch Benutzung einer Linse verbesserte. Er erfand damit faktisch das optische Prinzip der späteren *Fotokamera*.

Wieder neue Anforderungen an die optischen Eigenschaften des Glases ergaben sich

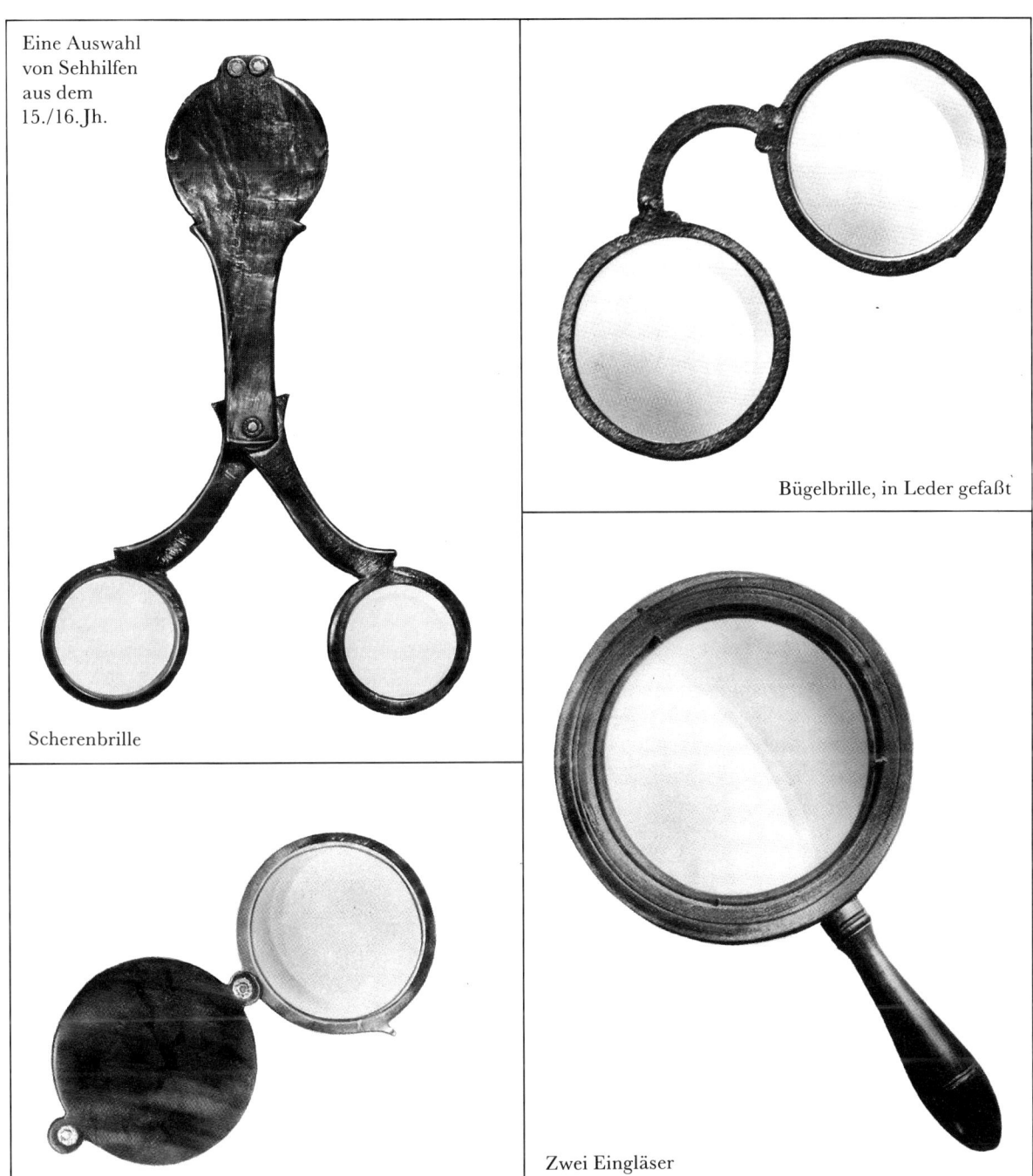

Eine Auswahl
von Sehhilfen
aus dem
15./16. Jh.

Scherenbrille

Bügelbrille, in Leder gefaßt

Zwei Eingläser

Mit dem Fortschritt der Erkenntnisse wiederum ergaben sich immer neue Fragen, deren Beantwortung allerdings wieder nur mit besseren und präziseren optischen Geräten möglich war. Die Leistungsfähigkeit der ersten optischen Geräte war durch die zahlreichen Schlieren und Blasen im verfügbaren Glas doch erheblich beeinträchtigt. Da es aber nicht besser erhältlich war, begannen die Gelehrten, sich selbst um ein Glas zu bemühen, das ihre Ansprüche zufriedenstellte.

Nachdem am Ausgang des 17. Jahrhunderts der Glastechnologe Johannes Kunckel in seinem berühmten Werk *Ars Vitraria Experimentalis oder Vollkommene Glasmacher-Kunst* das gesamte bisher zugängliche Glasmacherwissen und seine eigenen bahnbrechenden Erkenntnisse und Entdeckungen zusammengefaßt und veröffentlicht hatte, setzte eine systematische Suche nach neuen Möglichkeiten zur Herstellung optischer Linsen ein. Viele Bemühungen waren damals immer noch darauf gerichtet, möglichst große Glaslinsen als Brennlinsen zu schaffen.

Im einführenden Artikel des ersten Heftes der 1665 fast gleichzeitig mit dem französischen Gelehrtenmagazin *Compte rendu* erschienenen ersten wissenschaftlichen Zeitschrift der Welt überhaupt – den englischen *Philosophical Transactions* – hielten es die Herausgeber für wert, über gewisse Erfolge des Italieners Giuseppe Compani zu berichten, die dieser bei der Verbesserung des optischen Glases erzielte. Er schmolz selbst Glas, verarbeitete es zu Linsen, montierte ein astronomisches Fernrohr und betrieb damit wissenschaftliche Untersuchungen.

Ein Wegbereiter auf diesem Gebiet war auch der in Dresden ansässige Ehrenfried Walter Graf von Tschirnhaus, ein vielseitiger Gelehrter, Bahnbrecher der deutschen, mittel- und osteuropäischen Aufklärung, erstes deutsches Mitglied der berühmten *Académie française*. In seiner Tätigkeit am sächsischen Hof befaßte er sich in dem Bestreben, «die Wissenschaft einer nützlichen Anwendung zuzuführen», wie er sich selbst äußerte, unter anderem mit der Erforschung des Glases. Er richtete Glashütten ein und schliff für damalige Zeiten sensationell große Brennspiegel. Nur am Rande sei erwähnt, daß Tschirnhaus auch an der Erfindung des Porzellans in Europa erheblichen Anteil hatte.

In seinem 1700 erschienenen Buch *Gründliche Anleitung zu nützlichen Wissenschaften absonderlich zu den Mathesi und Physika* stellte Tschirnhaus die zu diesem Zeitpunkt bekannten Erkenntnisse über die Reflexion, Brechung, Fokussierung und Abbildung sowie die Ergebnisse damit verbundener Experimente der interessierten Fachöffentlichkeit vor, darunter auch die selbst erarbeiteten Erkenntnisse zur Technologie der Schmelze für große Linsen. Von 20 Exemplaren derartiger Linsen sind die Daten belegt. Sie maßen bis zu 96 cm im Durchmesser und waren damit die größten ihrer Zeit. Dafür ließ Tschirnhaus in einer seiner Glashütten bis zu 150 kg schwere Glasblöcke gießen.

In den Folgejahren publizierte Tschirnhaus außerdem über die von ihm entwickelten, mit Wasser angetriebenen Schleif- und Poliermaschinen. Sein Lehrbuch enthielt Konstruktionsvorschriften für Teleskope und Mikroskope sowie für Apparate zur Konzentration des Sonnenlichts mit großen Linsen oder Spiegeln.

Diese universelle Leistung eines einzelnen Gelehrten ist beeindruckend. Bezüglich des Glases finden sich in seinen Berichten zum erstenmal Hinweise auf ein Rührwerkzeug, mit dem er relativ große, homogenere Gläser herstellte, die u. a. zu geringeren Farbfehlern des Fernrohres führten.

Als diese Fehlerquelle überwunden war,

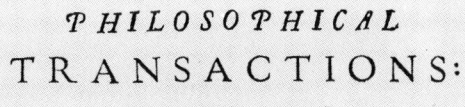

PHILOSOPHICAL
TRANSACTIONS:
GIVING SOME
ACCOMPT
OF THE PRESENT
Undertakings , Studies , and Labours
OF THE
INGENIOUS
IN MANY
CONSIDERABLE PARTS
OF THE
WORLD.

*Vol I.*
For *Anno* 1665, and 1666.

In the *SAVOY*,
Printed by *T. N.* for *John Martyn* at the Bell, a little with-
out *Temple-Bar* , and *James Alleftry* in *Duck-Lane*,
Printers to the *Royal Society*.

(2)

of the progrefs of the Studies , Labours , and ·attempts of the Curious and learned in things of this kind, as of their compleat Difcoveries and performances : To the end, that fuch Produ-ctions being clearly and truly communicated, defires after folid and ufefull knowledge may be further entertained , ingenious Endeavours and Undertakings cherifbed , and thofe, addicted to and converfant in fuch matters, may be invited and encoura-ged to fearch, try, and find out new things, impart their know-ledge to one another, and contribute what they can to the Grand defign of improving Natural knowledge,and perfecting all *Philofophical Arts*, and *fciences*. All for the Glory of God, the Honour and Advantage of thefe Kingdoms, and the Univerfal Good of Mankind.

*An Accompt of the improvement of* Optick Glaffes

There came lately from *Paris* a Relation, concerning the Im-provement of *Optick Glaffes*, not long fince attempted at *Rome* by Signor *Giufeppe Campani*,and by him difcourfed of,in a Book, Entituled, *Ragguaglio di nuove Offervationi*, lately printed in the faid City,but not yet tranfmitted into thefe parts; wherein thefe following particulars, according to the Intelligence,which was fent hither, are contained.

The *Firft* regardeth the excellency of the long *Telefcopes*,made by the faid *Campani*, who pretends to have found a way to work great *Optick Glaffes* with a Turne-tool, without any Mould : And whereas hitherto it hath been found by Experi-ence, that *fmall Glaffes* are in proportion better to fee with,up-on the Earth, than the *great* ones; that Author affirms, that his are equally good for the Earth,and for making Obfervations in the Heavens. Befides, he ufeth three Eye-Glaffes for his great *Telefcopes*, without finding any *Iris*, or fuch Rain-bow colours,as do ufually appear in ordinary Glaffes, and prove an impedi-ment to Obfervations.

The *Second*, concerns the *Circle of Saturn*, in which he hath ob-ferved nothing, but what confirms Monfieur *Chriftian Huygens de Zulichem* his Syfteme of that Planet, publifhed by that worthy Gentleman in the year, 1659.

The

Die «Philosophical Transactions» –
die erste wissenschaftliche Zeitschrift der Welt

Der Artikel über das optische Glas, eine der frühesten
wissenschaftlichen Publikationen zum Thema

stellte sich die schon erwähnte Dispersion als entscheidende Grenze für die Leistungsfähigkeit optischer Gläser heraus. Hier handelt es sich um folgenden Vorgang. Wenn Licht auf ein Prisma fällt, wird der Lichtstrahl in einem bestimmten Winkel abgelenkt, «gebrochen». Der Grad der Ablenkung wird durch die sogenannte *Brechzahl* n ausgedrückt. Je größer der Ablenkwinkel $\alpha$, um so höher die Brechzahl.

Den Vorgang der Lichtbrechung selbst bezeichnet man als *Refraktion*. Das weiße Licht wird dabei in seine Spektralfarben zerlegt. Die verschiedenen Farben des Spektrums erfahren aber eine verschieden starke Brechung. Das Glas hat folglich zum Beispiel für die Farben F (rote Farbe) und C (blaue Farbe) aus den verschiedenen Wellenlängen resultierende unterschiedliche Brechzahlen $n_F$ und $n_C$. Ihre Differenz $n_F - n_C$ heißt Dispersion (vgl. Abbildungen auf S. 188). Sie hat zur Folge, daß die roten Bildanteile in einer größeren Entfernung von der Linse auf eine Bildebene auftreffen und dort schärfer erscheinen als die blauen. Daraus ergeben sich sogenannte *Farbsäume*, die die Abbildungsqualität beeinträchtigen. Denn dieser Farbfehler, den man als *chromatische Aberration*

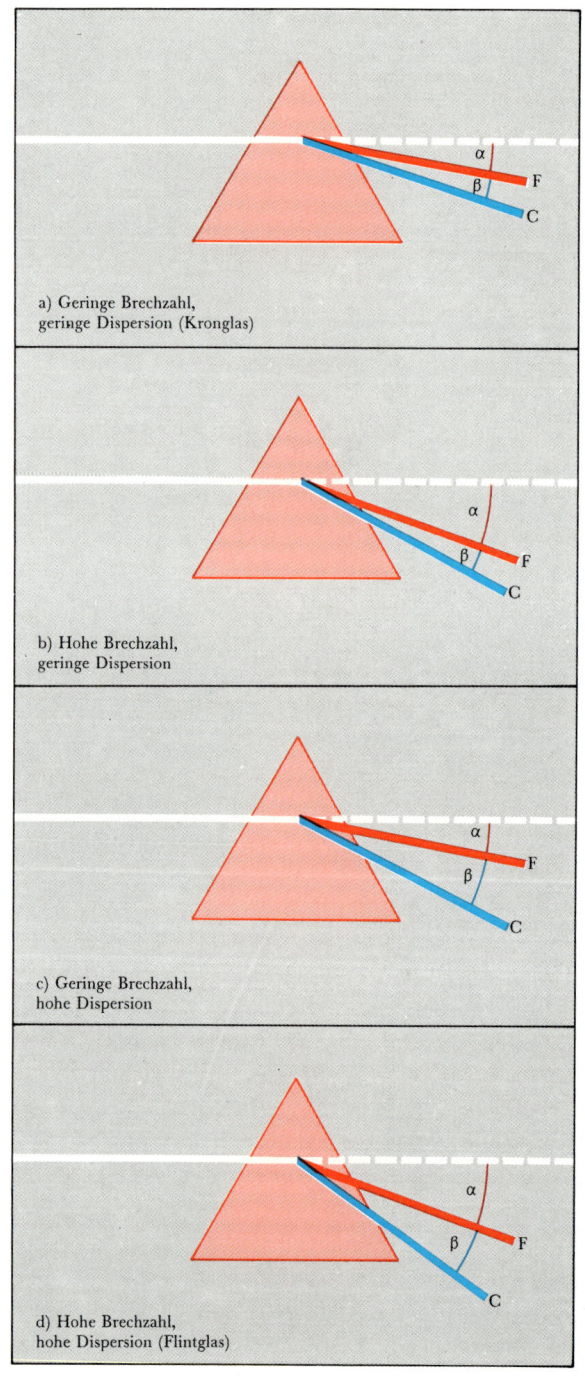

a) Geringe Brechzahl,
geringe Dispersion (Kronglas)

b) Hohe Brechzahl,
geringe Dispersion

c) Geringe Brechzahl,
hohe Dispersion

d) Hohe Brechzahl,
hohe Dispersion (Flintglas)

bezeichnet, senkt den Kontrast und die Auflösung (die Detailwiedergabe) der Bilder.

Nun gibt es allerdings Gläser mit unterschiedlicher Dispersion, aber etwa gleicher Brechzahl (Fälle a) und c) bzw. b) und d) in der Abb.). Es ist daher möglich, die Farbzerstreuung einer Sammellinse (Linse mit hoher Brechzahl) durch eine Zerstreuungslinse (Linse mit niedriger Brechzahl) zu kompensieren. Auf diese Weise gelingt es, die Brechkraft eines solchen optischen Systems für zwei verschiedene Farben gleich zu machen, und man erhält die beiden Bilder, z.B. für das rote und das blaue Spektrum, *an gleicher Stelle* scharf. Durch diese *achromatische Korrektur* werden die Farbsäume deutlich wahrnehmbar verringert.

Aber den Pionieren des Fernrohr- und Mikroskopbaus (Galilei, Huygens, Compani) stand nur eine enge Auswahl von Gläsern zur Verfügung. Bis in das 17.Jahrhundert hinein gab es keine Gläser mit hoher Dispersion, die eine solche Kompensation der Farbfehler zugelassen hätten.

Es ist eine seltsame Verquickung von Umständen, daß – wie wir heute sagen würden – die Energie- und Materialsituation im England des 17.Jahrhunderts den Glastechnologen Ravenscroft 1675 zu den niedrigschmelzenden bleioxidhaltigen *Flintgläsern* führte (vgl. S.120), und gerade sie weisen – welch erneuter Zufall! – eine hohe Brechung und Dispersion des Lichts auf. Ravenscroft stellte die englische Glasindustrie mit dem Bleikristallglas auf eine neue Existenzgrundlage. Zugleich schuf er damit Gläser, die interessante optische Eigenschaften besaßen und mit denen es möglich war, Farbfehler zu kompensieren. Erst ein halbes Jahrhundert

Prinzipskizze zu Brechzahl und Dispersion von Prismen aus verschiedenartigen Gläsern

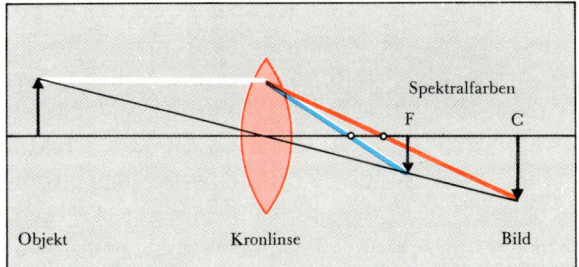

So entsteht der Farbfehler der Abbildung bei einer
einfachen Kronlinse, wie im Text auf S. 187/188
dargestellt

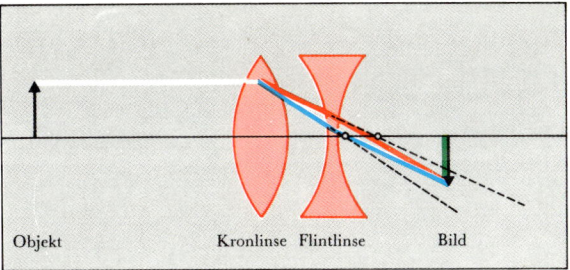

Prinzip eines Achromaten – Kompensation des
Farbfehlers der sammelnden Kronlinse durch eine
zerstreuende Flintlinse

nach der Entdeckung des Bleiglases, im Jahre
1729, hat C. M. Hull durch Kombination der
klassischen *Krongläser* (Crowngläser) mit den
neuen *Flintgläsern* das erste *achromatische Objektiv*
entwickelt. Diese bedeutende Erfindung blieb
lange Zeit unbekannt, bis sie schließlich J. Dol-
land 1758 zufällig wiederfand, aufgriff und die
industrielle Fertigung von achromatischen Objektiven vor allem für Fernrohre aufnahm. Bald
darauf wurde die Kronglas-Flintglas-Kombina-
tion auch für andere optische Systeme angewandt: 1807 von Deyl für das erste achromatische Mikroskop-Objektiv, und nach Anregung
durch Dagnewe 1835 von V. und D. Chevalier
für die «achromatische französische Land-
schaftslinse» mit relativer Blendenöffnung von
1:16 und 60° Bildwinkel.

Die Farbfehler wußte man nun zu beseitigen. Als um so sichtbarer und ärgerlicher erwies
sich aber sogleich die nächste Fehlergruppe. Sie
lag im Glas selbst, nämlich in den jetzt noch stö-
render zutage tretenden zahlreichen Schlieren
und Blasen. Der erste Gelehrte, der sich damit
auf wissenschaftlicher Grundlage auseinander-
setzte und nach entsprechenden Erkenntnissen
optische Geräte baute, war Joseph Fraunhofer.
Er wiederentdeckte in gemeinsamer Arbeit mit
dem Schweizer Uhrmacher Louis Guinand die

Rührtechnik und fertigte seit 1813 gut homogenisierte, also schlierenarme Gläser.

Jetzt war man in der Lage, erheblich verbesserte achromatische Fernrohre zu bauen. Aber
sofort zeigte sich ein weiterer Fehler des jetzt
produzierten optischen Glases: Selbst bei guter
achromatischer Korrektur waren nämlich immer noch restliche Farbsäume zu verzeichnen.
Hierbei handelt es sich um das sogenannte *sekundäre Spektrum*. Es macht sich vor allem bei Mi-
kroskopen, bei allen hochauflösenden Fotoobjektiven und bei Fernrohren sehr störend bemerkbar.

Worin liegt die Ursache für dieses sekundäre
Spektrum? Wir hatten oben gesehen, wie sich
die Farbsäume dadurch reduzierten, daß man
mit Hilfe einer starken Sammellinse aus Kronglas und einer schwachen Zerstreuungslinse aus
Flintglas ein scharfes Bild für zwei Wellenlängen gleichzeitig (in der gleichen Einstellebene)
erzwang. Aber da der Brechzahlverlauf $n(\lambda)$ in
Abhängigkeit von der Wellenlänge unterschiedlich sein kann und zunächst auch war, bleibt für
die anderen Wellenlängen doch noch ein – wenn
auch kleiner, eben sekundärer – Farbfehler bestehen. In der Abbildung ist nach oben hin die
relative Lage der scharfen Bildebene für verschiedene Wellenlängen aufgetragen. Man er-

189

kennt, daß bei Chromaten (einfache Chromatenlinse, rote Kurve) nur an einer Stelle das Bild scharf sein kann. Man wählt dazu vernünftigerweise den grünen Teil des Spektrums, weil das menschliche Auge diesen Teil am höchsten bewertet (für grünes Licht am empfindlichsten ist). Bei einem Achromaten entstehen gleichzeitig zwei scharfe Bilder, bei den Wellenlängen F (rot) und C (blau); natürlich kann man auch zwei andere Wellenlängen scharf abbilden, etwa grün und gelb. Aber für alle anderen Wellenlängen außer unseren beiden festgelegten liegen die Bilder vor oder hinter der Schärfeebene, und das führt zu dem sekundären Spektrum.

Wenn man ein Objektiv für drei Wellenlängen korrigieren will, müssen die Gläser noch eine weitere Bedingung erfüllen: Sie müssen, wie die Optik-Konstrukteure sagen, eine *anomale Teildispersion* besitzen, das heißt, für zwei Gläser unterschiedlicher Dispersion – z.B. ein Kron- und ein Flintglas – müssen die Teildispersionen, also der Brechzahlverlauf, wenigstens für eine dritte Wellenlänge gleich sein.

Schon Fraunhofer hatte erkannt, unter welchen Bedingungen sich das sekundäre Spektrum beseitigen läßt. Überhaupt setzte mit Fraunhofer die Zeit ein, in der die optische Theorie der Glasentwicklung vorauszueilen begann. Joseph Fraunhofer, Carl Friedrich Gauß und Joseph Petzval analysierten auf mathematischem Wege die Wirkungsweise optischer Systeme und leiteten daraus Forderungen an das optische Glas ab.

Die Arbeiten von Fraunhofer hat nach seinem Tode 1826 niemand weitergeführt. Und so wurden die «optischen» Gläser nach wie vor nicht nach ihren optischen Parametern gekennzeichnet und gehandelt, sondern nach ihrem spezifischen Gewicht, ihrer Dichte.

Immerhin wußte man, daß die optischen Eigenschaften des Glases von seiner chemischen Zusammensetzung abhängen. William Vernon Harcourt, ein englischer Pfarrer, der ein viel gründlicherer Naturforscher als Theologe war, begann 1834 als erster damit, ganz systematisch über die «alten Glasbildner» – die Oxide von Aluminium, Kalium, Natrium, Silizium, Kalzium und Blei – hinaus 20 neue Elemente in die Glasschmelze einzuführen. Er konstruierte einen eigentümlichen Apparat, mit dem er aus Zink und Schwefelsäure in einer mit Blei gefütterten eisernen Bombe unter 20 bis 30 Atmosphären (!) Druck Wasserstoff herstellte und das entstehende Wasserstoff/Sauerstoff-Gemisch (das bekannte Knallgas) aus vielen Platindüsen einer kupfernen Heizschlange brennend auf einen Platintiegel richtete. Er konnte damit den Tiegel bis auf 1780°C erhitzen, wobei er ihn innerhalb der Brennerschlange mit Hilfe eines Uhrwerkantriebs gleichmäßig rotieren ließ. Ihm fehlte eigentlich nur eine einzige technische Einrichtung: der Rührer. Erneut, schon zum zweitenmal, war eine bereits vorhandene Erkenntnis verlorengegangen. Erst die erwähnte von Compani, nun die von Fraunhofer, nach der es notwendig und auch technisch möglich ist, die Glasschmelze durch Rühren zu homogenisieren.

Harcourt entdeckte bei seinen Versuchen neben anderen die neuen Glasbildner Phosphorsäure und Borsäure, die noch eine große Rolle in der Glasentwicklung spielen sollten. Nach den ersten Probeschmelzen nahm er sich programmatisch vor, «to compare the chemical constitution with the optical properties of different glasses», also die chemische Zusammensetzung verschiedener Gläser mit ihren optischen Eigenschaften zu vergleichen. 1862 kam er mit dem bedeutenden Physiker George Gabriel Stokes zusammen, der für ihn die Messungen übernahm und ihm nochmals die Aufgabe formulierte, Gläser mit anomaler relativer Teildispersion zu entwickeln. Mit der Einführung von 19 neuen Elementen erschloß er völlig neue Möglichkeiten der Glasentwicklung und bewies die Existenz der neuen Glassynthesen.

Über diesen Existenzbeweis hinaus lieferten die Forschungen von Harcourt und ihre Anwendung in einigen Fernrohren mit 90 mm Durchmesser die Sicherheit, durch Variation der Glaszusammensetzung auch anomale relative Teildispersionen zu erzielen. Damit war erstmals der wissenschaftliche Nachweis erbracht, daß es möglich ist, die bis dahin als bindend geltende «eiserne Linie», die wir noch näher erläutern werden, zu verlassen.

Aber Harcourt war es nicht vergönnt, dies in der Praxis noch selbst zu erleben. Denn seine 166 Glasproben konnten wegen ihrer Schlierenhaltigkeit nicht genau genug vermessen werden, um die Abhängigkeit zwischen der Zusammensetzung des Glases und seinen optischen Eigenschaften reproduzierbar zu erkennen, und so ging auch dieses wertvolle Grundwissen wieder unter. Was über die wissenschaftliche Aufgabenstellung, den glaschemischen Forscherdrang und die schon vorhandene Meßtechnik hinaus noch fehlte, war das überhaupt entscheidende Element für den durchschlagenden Erfolg und die breite Anwendung jedweder wissenschaftlichen Erkenntnis: Das gesellschaftliche Bedürfnis.

Die Gelehrten waren auf kommerzielle Umsetzung ihrer Ergebnisse aus der Erforschung des optischen Glases nicht bedacht, und für die Glashersteller war das optische Glas bislang keine lukrative Sache. Zahlreiche Versuchsergebnisse von wissenschaftlicher Tragweite blieben daher immer noch ungenutzt. Auch der Jenaer Hofmechanikus Friedrich Körner, der

Lehrherr des später so berühmt gewordenen Carl Zeiss, versuchte sich am Glasschmelzen. Zeiss half ihm, die Schmelzgeräte vorzubereiten, durfte jedoch nie selbst bei der Schmelze dabei sein. Es ist anzunehmen, daß er an dem schließlich erfolglosen Ringen Körners um eine eigene optische Glasschmelze in Jena die enorme Bedeutung des Glases für den Gerätebau erkannt hat.

Auch der berühmte Chemiker Johann Wolfgang Döbereiner aus Jena entwickelte 1829 ein neues Glas, indem er Kalziumoxid durch Bariumoxid ersetzte. Er führte auch Strontiumoxid in die Schmelze ein und übermittelte das Ergebnis seinem zuständigen Minister, Johann Wolfgang Goethe, in Weimar. Goethe, der sich in Jena selbst mit Studien zur Optik- und Farbenlehre befaßt hatte, antwortete ihm am 28. 3. 1829 mit bewunderswürdiger wissenschaftlicher Weitsicht: «Ew. Hochwohlgeboren haben durch die übersendeten Pröbchen von Stromptianglas bei mir den Wunsch erregt, etwas zur weiteren Förderung dieser schönen Entdeckung beizutragen. Das Wichtigste hierbei wäre, das Verhältnis des Brechungs- und Zerstreuungsvermögens auch bei diesem Glas zu ermitteln. Sollten Sie nicht abgeneigt seyn, den Chefmechanikus Körner bei Versuchen dieser Art durch gefällige Anleitung zu unterstützen, so würde ich gern hiezu den erforderlichen mäßigen Aufwand zu tragen geneigt seyn, um mich des Resultats auch in meinen Ansichten zu erfreuen».

Noch mancherlei interessante einzelne Vorstöße sind bekannt, neue Gläser mit hohen optischen Eigenschaften zu erschmelzen. So der von Maes in Clichy mit einem «Borosilikat-Chromglas» und von Benrath mit verbesserten Barytgläsern. Aber das alles führte zu keiner neuen Lage in der Optik, wenngleich auch die Achro-

Auszugsfernrohr von Utzschneider und Fraunhofer
(Aus der Sammlung des optischen Museums
der Carl Zeiß-Stiftung Jena)

maten durch viele Versuche ständige Verbesserung erfuhren, vor allem in Hinblick auf die Bildfeldebnung. Beispiele dafür sind der «Dorparter-Refraktor» von Fraunhofer aus dem Jahre 1819, das Petzvalsche «Porträtobjektiv» von 1840, die «Fotografischen Aplanate» von Steinheil aus dem Jahr 1866 und nicht zuletzt die «Wasserimmersion-Mikroskop-Objektive» von Harnack, die dieser 1859 der Öffentlichkeit vorführte und die damals in der – freilich noch recht engen – Fachwelt viel Aufsehen erregten.

Das außerordentliche wissenschaftliche Interesse am optischen Glas hatte zu jener Zeit seine Ursache darin, daß während des 19. Jahrhunderts mit Hilfe von Mikroskop und Fernrohr geradezu revolutionierende naturwissenschaftlich-technische Erkenntnisse gewonnen worden waren. Man entdeckte die Blut- und Gewebezellen, und auf dieser Grundlage

machte die Bakteriologie rasche Fortschritte. Robert Koch fand den Tuberkel- und Cholera-Bazillus. Die Kenntnisse vom Mikrokosmos nahmen rasch zu und erbrachten zugleich wichtige Resultate für die Medizin. Die Fernrohre eröffneten einen weiten Blick in den Makrokosmos. Die Astronomie nahm gewaltigen Aufschwung, insbesondere durch die lichtstarken Fernrohre, mit denen es möglich geworden war, Sterngebilde zu fotografieren. Ausziehfernrohre erweiterten die Orientierungsmöglichkeiten, vor allem auf den Weltmeeren, aber auch für militärische Zwecke.

Diese Entwicklung fand ihren besonderen glaswissenschaftlichen Niederschlag während der zweiten Hälfte des 19. Jahrhunderts in der altehrwürdigen Universitätsstadt Jena. Carl Zeiss hatte seine gediegene Ausbildung bei dem Hofmechanikus Körner in Jena abgeschlossen und sieben Jahre der Wanderschaft genutzt, um sich «in den bekanntesten physikalischen, optischen, mathematischen und Maschinen-Werkstätten Stuttgarts, Darmstadts, Wiens und Berlins» weiterzubilden. Nun ließ er sich in der Stadt seiner Lehrjahre – Jena – nieder: Im Jahre 1846 gründete er, 30jährig, eine «Werkstatt für mechanische und optische Instrumente». Schon hierbei unterstützten ihn Wissenschaftler der Universität. Unter anderem Matthias Schleiden, dem bei seinen naturwissenschaftlichen Studien als Physiologe, Botaniker und Zellforscher die alten mechanischen Geräte nicht mehr genügten und der große Hoffnungen in den jungen Instrumentenbauer setzte.

Mikroskop von AMICI/Italien, Baujahr 1845.
AMICI war einer der bekanntesten Mikroskophersteller vor Carl Zeiss
(Aus der Sammlung des optischen Museums
der Carl-Zeiss-Stiftung Jena)

Die geordnete und wirksame Verbindung von Wissenschaft und technischer Kunst, die Zeiss in diesen Jahren betrieb, erwies sich als zukunftsträchtige Säule, auf die gestützt sich sein Unternehmen rasch ausdehnte. In dem jungen Hochschullehrer Ernst Abbe fand Zeiss einen Partner, der dem Präzisionsgerätebau, «Fraunhoferscher Arbeitsart folgend», eine neue wissenschaftliche Basis verlieh. Darunter verstand Carl Zeiss die höhere Genauigkeit der Arbeit, die Vertiefung der theoretischen Erkenntnis und die Verbesserung des optischen Werkstoffes – eine Gedankenkette, die wohl für alle wissenschaftlich begründete industrielle Arbeit direkt oder im übertragenen Sinne für immer gültig blieb.

So errangen in der Folge die nach Abbes Theorie gebauten Mikroskope mit ihrem Leistungsfortschritt sofort eine Spitzenposition im Mikroskop-Bau.

Abbe war das nicht genug. Jetzt konstruierte er Mikroskope und Fernrohre mit noch gar nicht verfügbaren, gewissermaßen hypothetischen Gläsern; mit Gläsern, die ganz bestimmte, von ihm angenommene optische Eigenschaften besitzen mußten.

Ernst Abbe erkannte wie niemand zuvor, welchen Fortschritt Gläser, die abseits der sogenannten *eisernen Linie* liegen und eine hohe anomale Teildispersion besitzen, für die Farbkorrektur, die Bildebnung (also die gleichmäßige Schärfe über das ganze Bild) und die Verzeichnung haben könnten. Er war ein Mann, der theoretische Erkenntnisse stets auch konsequent technisch und kommerziell umsetzte. Und da kein solches Glas verfügbar war, versuchte er, mit Hilfe von flüssigkeitsgefüllten Körpern, deren Refraktion und Dispersion seinen Forderungen entsprach, seine theoretischen Voraussagen experimentell nachzuweisen. Tatsächlich gelang es ihm auf diesem Wege im Jahre 1873, das sekundäre Spektrum zu beseitigen.

Aber diese wissenschaftlich interessante Lösung war noch keine technisch brauchbare. Sie eignete sich nicht für die Serienproduktion. Eine solche Lösung aber benötigten Abbe und Zeiss unbedingt, wenn sie ihre Spitzenposition im Mikroskop-Bau halten und ausweiten wollten.

Ein Brief aus Witten/Westfalen verhieß den Ausweg. Am 27.5.1879 schrieb ein gewisser Dr. Otto Schott, er habe ein neues Glas mit sehr hohem Lithium-Gehalt und dementsprechend geringem spezifischem Gewicht erschmolzen, von dem er neue optische Eigenschaften erwarte, und bitte Abbe, es zu prüfen.

Abbe willigte ein. Die Lithium-Glasproben kamen aus Witten, wurden zu Prismen verarbeitet und gemessen. Sie zeigten optisch eigentlich nichts Besonderes. Im Gegenteil: Der Einsatz des Lithiums hatte sogar noch größere Farbfehler zur Folge. Aber die Glasproben hatten eine ganz andere wesentliche Eigenschaft: eine hervorragende Homogenität! Abbe erkannte, daß dort in Witten sein Mann saß. Der mußte über eine Schmelztechnologie verfügen, die zu gut meßbaren Proben führte. Die weitreichenden Versuche Harcourts und Stokes waren ja gerade daran gescheitert, daß eine solche Technologie fehlte, und der Glaschemiker Schott war überdies entschlossen, eine «Chemie der feurigen Flüsse» zu begründen, wie er sich selbst ausdrückte.

So übermittelte Abbe dem Wittener Glasexperten erst einmal genau, nach welchen optischen Kriterien man neue Gläser entwickeln

Mit einem Mikroskop dieses Typs von Carl Zeiss Jena entdeckte Robert Koch den Tuberkelbazillus und den Choleraerreger
(Aus der Sammlung des optischen Museums der Carl-Zeiss-Stiftung Jena)

194

Die neue Mikroskopoptik führender Gerätehersteller
auf Basis modernster optischer Gläser bietet eine hohe
Farbreinheit der Bildwiedergabe bei großem Sehfeld.
(Bild rechts). Ein überzeugendes Beispiel ist der
abgebildete Gesteins-Dünnschliff, der unter dem
Mikroskop bis in die äußersten Randpartien gleichmäßig
scharf ist. (Bild oben)
(VEB Kombinat Carl Zeiss JENA)

müßte, um einen grundsätzlichen Fortschritt zu
erreichen. Er erläuterte Schott, wie bedeutsam
die Fraunhofersche Forderung nach anomalen
Teildispersionen ist, und legte ihm seine eigene
Forderung nach Verringerung des sogenannten
Gaußfehlers dar. Dieser Fehler entsteht bei Objektiven mit großer *Apertur*, das heißt bei besonders lichtstarken oder stark vergrößernden Objektiven, und zeigt sich in Farbsäumen sowie einer schlechteren Auflösung des Bildes. Man
spricht in Fachkreisen von einer chromatischen
Variation der Öffnungsfehler. Die Abbesche
Forderung nun bestand darin, Glaspaare zu finden, bei denen sich die Brechzahl im Gegensatz

zur «eisernen Linie» proportional zur Abbezahl
verhält; das heißt, diese seit Newton postulierte
*eiserne Linie* im Glasdiagramm zu verlassen und
quer zu ihr neue Gläser zu entwickeln.

Um das verständlich zu machen, nehmen
wir die Abbildung zu Hilfe, aus der die Verteilung der optischen Gläser nach Dispersion
$(n_F - n_C)$ und Brechzahl $(n)$ in den verschiedenen Entwicklungsetappen ersichtlich ist. Seit
Jahrhunderten standen bis zu der Zusammenarbeit von Otto Schott und Ernst Abbe nur die
im grauen Bereich längs einer Geraden angeordneten Gläser zur Verfügung. Alle Bemühungen der zahlreichen Forscher hatten kein reproduzierbares Glas abseits dieser Linie zustande
gebracht. Daher auch die Bezeichnung «eiserne
Linie». In einer etwas anderen Darstellung, die
Abbe eingeführt hat, wird als Abszisse statt der
Dispersion die sogenannte *Abbe-Zahl* verwendet, weil sie für die Optik-Konstrukteure aussagekräftiger ist. Die Abbe-Zahl $\nu$ hängt mit der
Dispersion über die Formel

$$\nu = \frac{n_e - 1}{n_F - n_C}$$

zusammen, und die eiserne Linie zeigt sich jetzt
als gekrümmte, enge (graue) Kurve. Übrigens
definierte man nach dieser Systematik die *Kron-
und Flintgläser* neu: Alles, was rechts von der
Abbezahl $\nu = 50$ liegt, wurde von nun an als
Flintglas bezeichnet, was links davon liegt, ist
ein Kronglas. Sämtliche Forderungen Abbes
liefen darauf hinaus, diese «eiserne Linie» zu
verlassen:

– durch hochbrechende Gläser (also Ausweitung des Glassortiments nach rechts oben)
sollte es möglich werden, lichtstärkere und höher auflösende Objektive zu entwickeln;

– durch Verlassen der «eisernen Linie» nach
links oben und rechts unten sollten die geome-

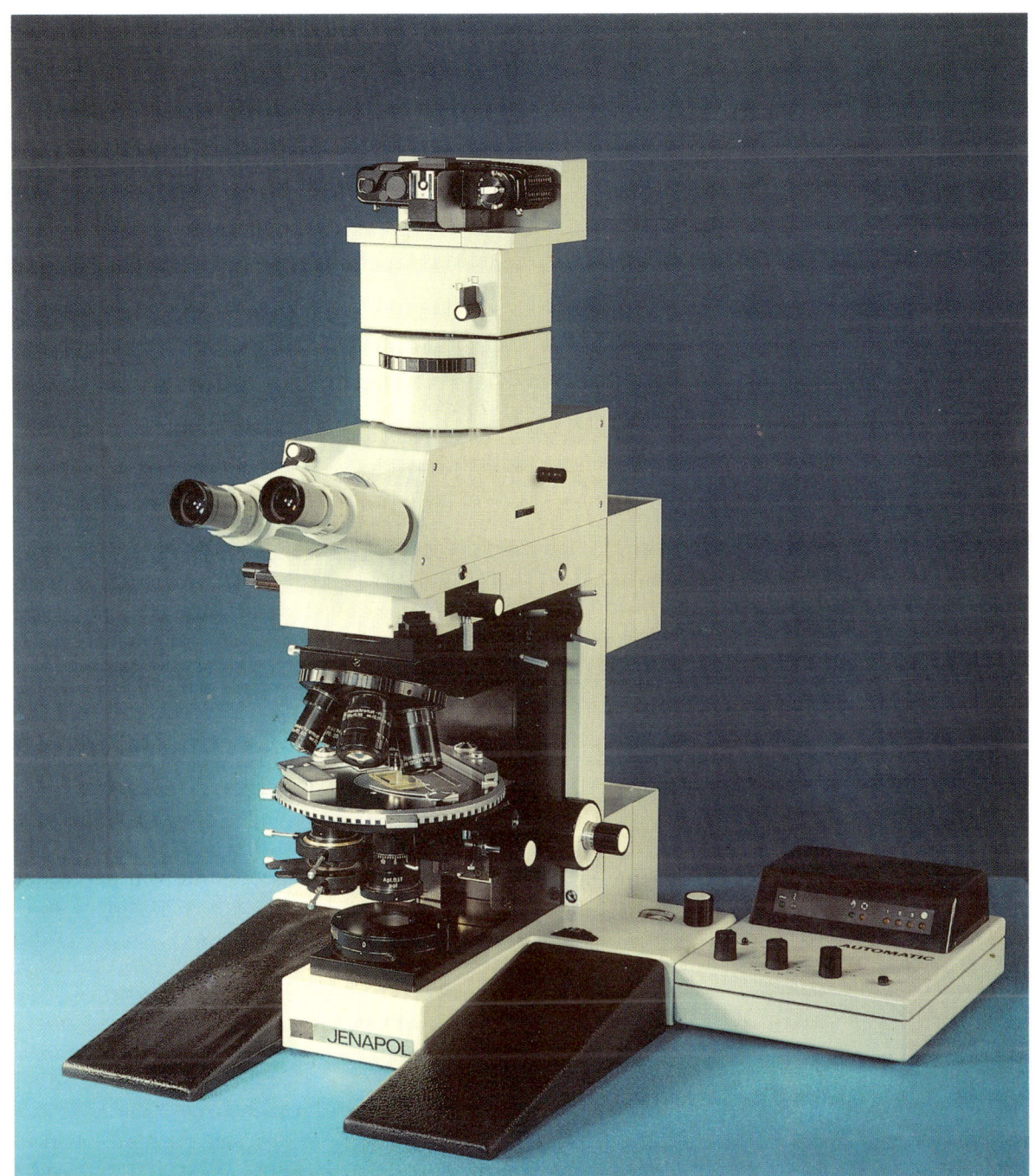

trischen Fehler des optischen Glases, wie Bildfeldkrümmung und Schalenfehler (Stigmatismus), weiter verringert werden;
– durch Anpassung der Dispersionsverläufe (anomale Teildispersion) sollte das sekundäre Spektrum korrigiert werden.

Mit anderen Worten: Abbe forderte in umfassender Weise, die auf Seite 188 dargestellten Fälle b und c zu verwirklichen, während bis zu diesem Zeitpunkt nur Gläser der Arten a und d erschmolzen waren.

Das war das optische Forderungsprogramm von Ernst Abbe als Antwort auf die erste Schmelze von Otto Schott, die zwar dessen methodisches Können bewies, jedoch keiner dieser Forderungen genügte.

Schott aber war enttäuscht vom Ergebnis aus der Prüfung seines Lithiumglases und wandte sich wieder seinen eigenen Forschungen zu. Ihn interessierte mehr, wie sich die verschiedenen in die Schmelze eingebrachten Salze umsetzen, wie ihre Homogenisierung und Entmischung erfolgt, unter welchen Bedingungen die flüssige Masse zu glasartigem Material erstarrt oder aber Kristallite bildet und damit trüb und optisch unbrauchbar wird.

Doch Abbe ließ nicht nach, Schott immer wieder zur Fortsetzung seiner Arbeiten am optischen Glas zu drängen, bis dieser ihm schließlich sogar selbst vorschlug, ein Unternehmen für die Herstellung optischen Glases im großen zu begründen. Seine Aufgabe wäre es, «neue, für die Wissenschaft wertvolle Glasflüsse» zu entwickeln und zu erzeugen.

In der Folgezeit bewies Abbe wie stets ein sicheres Gefühl für strategische Entscheidungen und kluges geschäftsmännisches Verhalten. Denn er brauchte starke Argumente, um das Kapital für eine solche Fabrik oder gar staatliche Beihilfe zu erhalten. Auf letztere hoffte er zu recht, denn

der preußischen Armeeführung war viel daran gelegen, daß man für die zunehmende Zahl der Beobachtungsgeräte, vom Offiziersfernrohr bis zum Artillerie-Entfernungsmesser, das erforderliche optische Glas nicht mehr von England oder Frankreich beziehen mußte.

Auch für die inzwischen bemerkenswert ausgedehnte Rathenower optische und Brillenindustrie, die Johann Heinrich August Duncker und der Feldprediger Christoph Samuel Wagener im Jahre 1801 mit einer «Fabrik für alle Arten geschliffener Augenwerkzeuge» begründet hatten, würde die Verfügbarkeit besserer optischer Gläser erhebliche Vorteile bringen. Duncker hatte bereits 1820 in seiner Schrift *Belehrungen über Brillen* vor minderwertigen Massenartikeln aus Nürnberg und Fürth gewarnt, weil sie «in gewöhnlichen Fabriken und nicht in den Werkstätten der Optiker auf Schleifmühlen bearbeitet und eingeführt werden; diese sind aber überall voller Grübchen, bald voller Risse und Schrammen, bald aber auch von sehr ungleicher Dicke.»

Vor allem aber war bis 1880 die Situation herangereift, die eine neue Qualität der gesamten Herstellung optischen Glases zwingend verlangte und auch ermöglichte: In Jena benötigten Zeiss und Abbe völlig neue Gläser, wenn sie einen auf wissenschaftlichen Erkenntnissen und präziser Technologie begründeten optischen Gerätebau betreiben wollten, mit dem der Geodäsie, der Augenheilkunde, der Chemie, der Fotografie und anderen Anwendungsgebieten prinzipiell neue Arbeitsmöglichkeiten eröffnet werden sollten. In der Optik war der notwendige Vorlauf geschaffen und eine nahezu vollständige Theorie der bei der Abbildung durch Linsen entstehenden Fehler formuliert, auf deren Grundlage Abbe weitere Forderungen an die Genauigkeit des optischen Glases ableiten

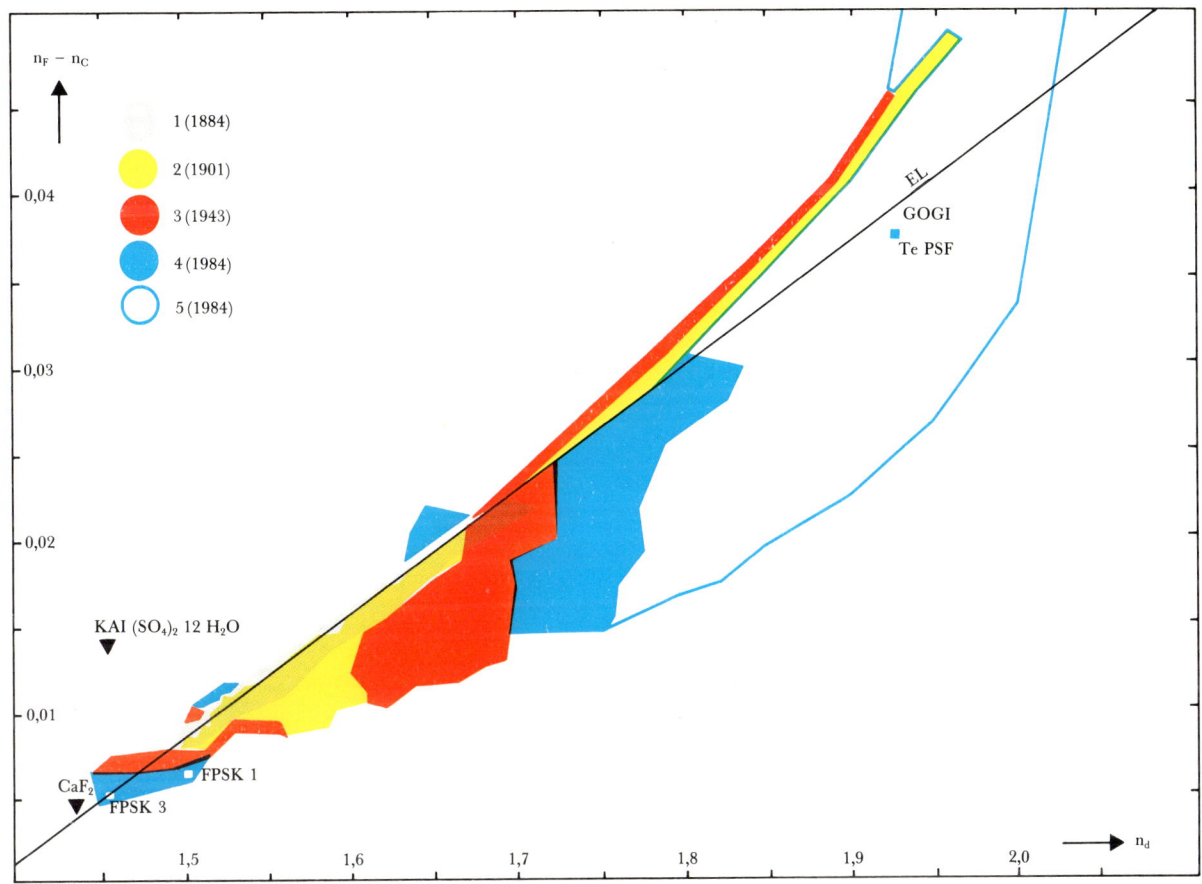

Verteilung der optischen Gläser nach Dispersion und
Brechzahl in den verschiedenen Entwicklungsetappen

konnte. Und schließlich hatte die Chemie inzwischen an vielen Beispielen, insbesondere bei flüssigen Medien, Beziehungen zwischen Stoffzusammensetzungen und optischen Eigenschaften erarbeitet und die Gewißheit bestärkt, daß hier gesetzmäßige Zusammenhänge bestehen. Eine systematische Chemie des Glases aber gab es noch nicht.

Es entsprach der tiefen Überzeugung Abbes von der Bedeutung der Grundlagenforschung für den industriellen Fortschritt, wenn er an

Schott in bezug auf die Schaffung der benötigten neuen optischen Gläser folgende Zeilen richtete: «Meiner Überzeugung nach führt der Weg zur Bereicherung der Optik in dieser Richtung nicht in die Glashütte, sondern zuerst in das chemische Laboratorium. Denn es wird sich darum handeln, in kleinem Maßstabe die optischen Eigenschaften methodisch zu studieren, die durch verschiedene Basen und Säuren in verglasbaren Verbindungen erlangt werden; wobei es dann freilich darauf ankäme, eine Methode ausfindig zu machen, um solche kleine Probeschmelzungen wenigstens so weit homogen zu machen, daß ein untersuchungsfähiges

Prisma erhalten werden könnte. ... Das zu bearbeitende Versuchsfeld ist meiner Ansicht nach völlig tabula rasa. Denn was von Versuchen zur Feststellung der optischen Eigenschaften neuer Glasflüsse gemacht worden – wenigstens bekannt geworden – ist, scheint mir, völlig unverwertbar, weil es ohne System und Methode und ohne genaue Feststellung der Tatsachen vorgenommen worden ist. ... Es müßten für diesen Zweck, wenn irgend möglich, mit allen Basen und Säuren (auch den bis jetzt gebrauchten) Schmelzflüsse hergestellt werden, die wenigstens nicht mehr als zwei Salzen entsprechen: z.B. Zinksilikat + Natriumsilikat, Zinkborat + Natriumsilikat, Kaliumsilikat + Natriumsilikat usw. ... Dann würden sich die spezifischen Wirkungen der sämtlichen Einzelverbindungen ohne alle Schwierigkeiten definieren lassen und man könnte daraufhin die optischen Merkmale irgendeines komplizierten Gemisches mit großer Annäherung vorausbestimmen.»

Und es ist ebenso kennzeichnend für den Chemiker Otto Schott, daß er das Spezifikum der Chemie in dieses Projekt einbrachte, indem er von bereits bekannten oder vermuteten Stoffeigenschaften ausging und daraus Schlußfolgerungen für die Einschränkung des von Abbe vorgeschlagenen Programms zog: «Was nun die methodische Disposition der Versuche anbetrifft, so möchte ich es nicht für ganz zweckmäßig halten, alle möglichen Kombinationen durchzuprobieren, denn dann dürfte es doch der Arbeit etwas sehr viel werden; aber daß man diejenigen Kombinationen heraussucht, welche anscheinend die besten Resultate versprechen, das will mir unter den vorliegenden Verhältnissen das zweckmäßigste scheinen. ... Bisher habe ich die mineralogischen Beschreibungen vorhandener Angaben über den Glanz gewisser Verbindungen als Maßstab für die Intensität

der Lichtbrechung benutzt, um mir eine Zusammenstellung von Elementen und Verbindungen zu machen, welche sich für unsere Versuche am besten eignen.»

Er hat sich tatsächlich die seinerzeit verfügbaren Daten über alle lichtdurchlässigen Kristalle beschafft und sie ausgewertet. Dabei wurde offenbar, daß der Brechzahlbereich der Kristalle weit über den der bekannten Gläser hinausreicht, die englischen Bleigläser eingeschlossen. So kam es eigentlich nur darauf an, solche Materialien ausfindig zu machen, die in Kombination mit anderen aus der Schmelze sowohl einen kristallinen als auch einen amorphen, glasartigen Zustand erlangen.

Aber aus der Aufstellung der Kristalle wurde noch ein zweiter Gesichtspunkt deutlich, der Otto Schott ermutigte. Viele sehr verschiedene Kristalle hatten eine annähernd gleiche Brechzahl. Daraus konnte man zumindest vermuten, daß sich Kristalle gleicher Brechzahl hinsichtlich ihrer Dispersion unterscheiden und damit abseits der «eisernen Linie» liegen.

Tatsächlich hatte Abbe schon im Jahre 1883 bei Flußspat ($CaF_2$) eine außerordentlich niedrige Dispersion, aber eine Brechzahl in der Nähe der bekannten Krongläser festgestellt und im Mikroskop-Bau mit größtem Erfolg zur Korrektur des sekundären Spektrums eingesetzt. Dieser natürliche Flußspat war allerdings teuer, und überdies war es sehr schwierig, ausreichend große fehlerfreie Stücke zu finden. Dennoch hielt dieses Material im Mikroskop- und Objektivbau fast 100 Jahre seine Position. Aber nicht in Form von natürlichem Flußspat, sondern man zog die künstlichen Kristalle mit großem Aufwand im Vakuum aus der Schmelze. Das ist heute technisch und wirtschaftlich kein Problem mehr. Aber wegen seiner Weichheit ist Flußspat doch in den letzten Jahren, in denen

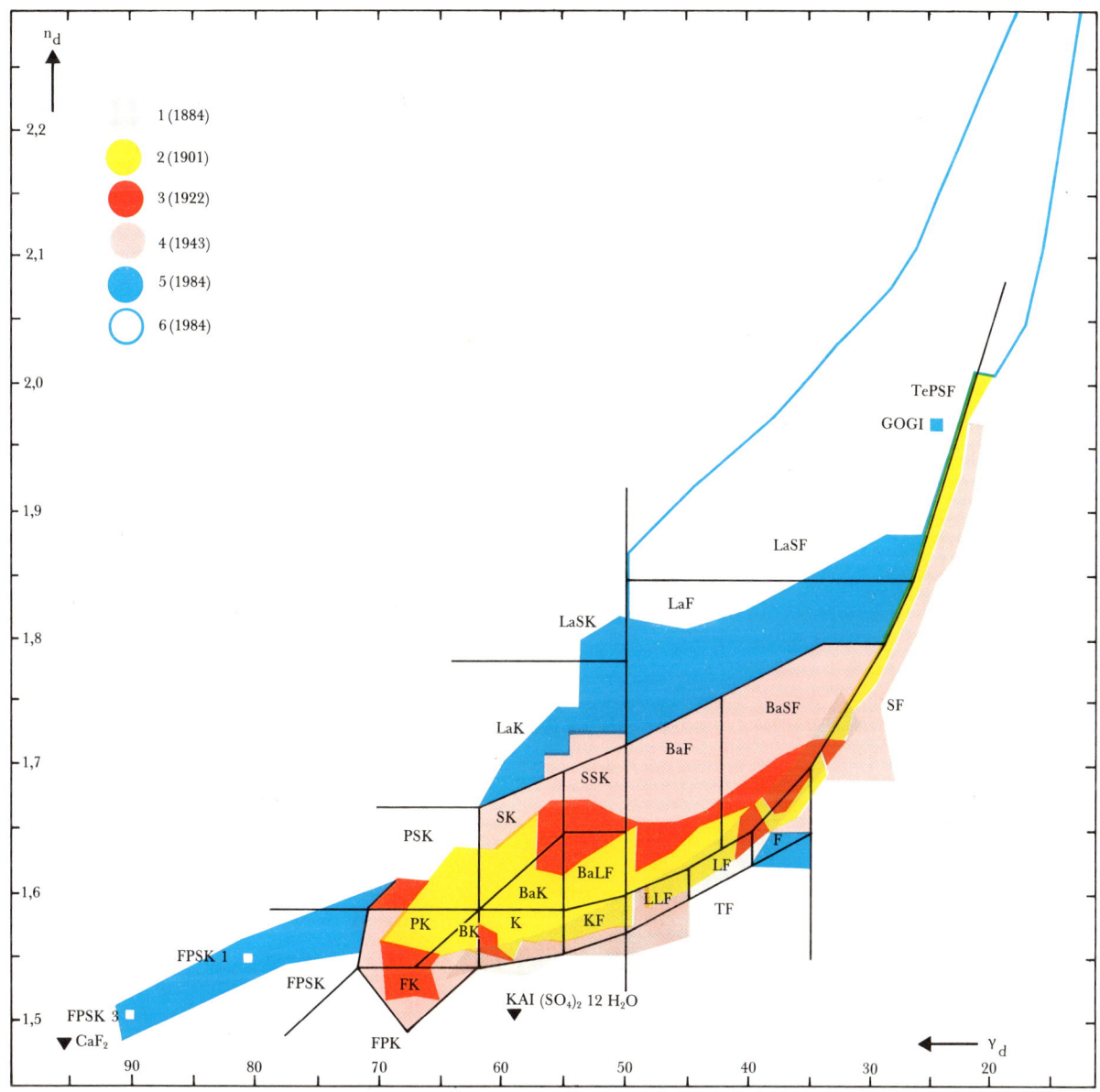

Das Glasdiagramm nach Abbe –
Anordnung der optischen Gläser nach Brechzahl und Abbezahl

_13. Nov. 84._

_[handschriftliche Notizen und Tabelle aus dem Schmelzbuch, weitgehend unleserlich]_

Erste gelungene Schmelze aus dem Schmelzbuch Nr. III von Otto Schott, Thermometerglasschmelze Nr. 16 III.

die Anforderungen an die Genauigkeit der Linsen unablässig stiegen und die Toleranzen für die sphärischen Flächen und die Mittendicke der Linsen immer mehr abnehmen mußten, zusehends durch flußspatähnliche oder flußspatidentische Gläser ersetzt worden.

Kommen wir zurück zum Ausgangspunkt für die weiteren Arbeiten von Abbe und Schott: Neben den ständigen Versuchen Otto Schotts, aus der Mineralogie Anleitungen für die Richtung der glaschemischen Forschungen zu schöpfen, führte ihn seine sprichwörtliche «chemische Spürnase» noch zu einer anderen Überlegung. Es war ja bekannt, daß sich Phosphorsäure mit geringen Zusätzen von Gasen zu ei-

nem glasartigen Rückstand eindampfen läßt. Auch war man bereits in der Lage, Borsäureanhydrid zu einem Glas zu schmelzen. Mit Hilfe dieser beiden neuen Glasbildner gelang es ihm, die uralten Fesseln aller bisherigen Gläser auf Siliziumdioxidbasis zu sprengen. Er begann mit ihnen zu experimentieren und sie mit anderen Oxiden zu mischen. Und tatsächlich zeigten die daraus hervorgegangenen neuen Gläser eine völlig andere optische Lage im _n-v-Diagramm_.

Nun begann eine fieberhafte gemeinsame Arbeit in Witten und Jena, ein Hin und Her von Glasproben, tags darauf die Meßergebnisse mit Telegramm zurück, erneute Proben und Pröbchen, Programmvorschläge, immer auf das Ziel gerichtet, die «eiserne Linie» von Brechzahl und Dispersion zu verlassen und anomale Teildispersionen zu schaffen, um das sekundäre Spektrum zu beseitigen. Bald kann Abbe an Schott berichten: «Ihre Probeschmelzen eröffnen eine Mannigfaltigkeit in der Abstufung des optischen Charakters, die sich bei der Einförmigkeit des bisher Bekannten kaum hoffen ließ. Die Versalität der Phosphorsäure ist ja ganz fabelhaft!»[1] Die Ergebnisse dieser ersten gemeinsamen Arbeit von Abbe und Schott sind im abgebildeten n-v-Diagramm gelb gekennzeichnet.

Nun war noch der alten Fraunhoferschen Forderung zu entsprechen: Mit einer Kron- und einer Flintlinse nicht nur die Achromasie-Bedingung zu erfüllen, also für zwei Wellenlängen des Lichts die Bildpunkte an gleicher Stelle scharf abzubilden, sondern auch die Apochromasie-Bedingung, die gleichzeitige Bildpunktschärfe für drei Wellenlängen.

Mit den Glückwünschen zur 100. Glasschmelze konnte Abbe am 7.10.1881 an Schott

1 Versalität: Die Fähigkeit, mit vielen Basen Glasflüsse zu liefern

Sie begründeten den Weltruf der Jenaer optischen Geräte:
Carl Zeiss, Prof. Dr. Ernst Abbe, Dr. Otto Schott

berichten: «Das Problem der vollkommenen Achromatisierung des Fernrohr-Objektivs betrachte ich durch die beiden Schmelzen 78 und 93 als gelöst.»

Beide meinten, jetzt wäre endlich die wissenschaftliche Basis geschaffen, um eine Fabrik zu gründen und mit der Herstellung dieser Spezialgläser in großen Mengen zu beginnen. Aber bald zeigte sich, daß es gar nicht so leicht fiel, die Versuchsschmelzen in einen größeren Maßstab umzusetzen. Jetzt mußte man Anlagen erfinden, in denen sich nicht nur 100 Gramm-Stückchen, sondern brauchbare Glasstücke von mehreren Kilogramm erschmelzen ließen – wiederum eine zeitraubende Aufgabe. Was aber viel schwerer wog: Es stellte sich heraus, daß die neuen Gläser nicht luftbeständig waren. Sie beschlugen, bildeten an der Oberfläche mit der Luftfeuchtigkeit Hydroxide oder gar Gele und trübten ein. Immerhin gelang es, sie zwischen

«stabile» Gläser zu kitten und so doch noch mit einigem Nutzen zu verwenden.

Man war also gezwungen, parallel zur Errichtung geeigneter Schmelzanlagen auch die Gläser erneut zu durchforschen. Dies waren die ersten Entwicklungsarbeiten am optischen Glas, die sich auf seine nichtoptischen Eigenschaften bezogen. Später rückte neben der Stabilität gegen Atmosphärilien[2] auch die Beständigkeit des Glases gegen Basen, Säuren und Pilze sowie gegen radioaktive Strahlen in den Mittelpunkt des Interesses, und immer mehr wandten sich die Forscher auch den thermischen Ausdehnungskoeffizienten, der Dichte, der mechanischen Bearbeitbarkeit des Glases und nicht zuletzt auch seiner Verschmelzbarkeit mit anderen optischen Gläsern zu.

Jetzt aber mußten unsere beiden vom Glas besessenen Forscher erst einmal dessen Widerstandskraft gegen Luftfeuchtigkeit verbessern.

2 Atmosphärilien: die chemisch und physikalisch wirksamen Bestandteile der atmosphärischen Luft

Schnitt durch ein modernes Weitwinkel-Objektiv
(VEB Kombinat Carl Zeiss JENA)

Zugleich hatten sie mit diesem Laboratorium auch eine Basis für die produktionsmäßige Verwertung ihrer Forschungsergebnisse geschaffen. Die Voraussetzungen für einen neuen Aufschwung des optischen Präzisionsgerätebaus waren damit gegeben.

Welch enorme Entwicklung das optische Glas seit dieser Zeit genommen hat, zeigt sich im n-ν-Diagramm von heute. Dort ist eingetragen, wie sich in den verschiedenen Entwicklungsetappen die Verfügbarkeit der Gläser erweitert hat. Derzeit sind 300 bis 500 Glasarten bekannt, die man benötigt, um den vielfältigen Anforderungen nachzukommen. Das nebenstehende Bild zeigt den Schnitt durch ein handelsübliches Weitwinkel-Fotoobjektiv, das bei guter Lichtstärke und Farbkorrektur über eine ausgezeichnete Auflösung verfügt. Die 10 Linsen dieses Objektivs sind aus 7 verschiedenen Spezialgläsern zusammengesetzt. Ein Vario-Objektiv für die Fotografie – wegen seiner flexiblen Vergrößerungseigenschaften oft als «Gummilinse» bezeichnet, obwohl an ihm nichts aus Gummi ist – besteht aus 13 bis 15 Linsen, eines für Fernsehaufnahmen aus bis zu 20 Linsen. Und ein hochauflösendes Mikroskop-Objektiv enthält in seinem winzigen Objektiv-Tubus bis zu 20 hochgenau gefertigte und präzise zueinander justierte Linsen aus einem Dutzend verschiedener Gläser, die eine besonders hohe Transmission haben, blasen- und schlierenfrei sein und eine extrem geringe Doppelbrechung aufweisen müssen.

Die höchsten gegenwärtig bekannten Forderungen an Objektive erhebt die Mikroelektronik. Um das Glas für diese Objektive, die einen Durchmesser von 0,2 m haben, bis zu 1 m lang und mit 13 bis 20 Linsen bestückt sind, mit der erforderlichen Genauigkeit messen zu können, mußte man völlig neuartige Laser-Interferenz-

Sie erreichten dies, indem sie vom stabilen Siliziumoxid-Glas ausgingen und in dieses soviel von den neuen Glasbestandteilen einzubringen versuchten wie nur möglich. Das gelang mit Boroxid, weil man herausfand, daß sich Boroxid und Siliziumoxid in der Schmelze in vernünftigem Maße mischen und beim Abkühlen nicht wieder entmischen. Den neuen Glastyp, das «Boro-Silikat-Glas» (siehe Schema auf S. 23), modifizierte Otto Schott in jeder Beziehung und setzte es für verschiedenste Zwecke ein, nicht nur für das optische Glas. Mit diesen Arbeiten war die Grundlage für einen neuen Wissenschafts- und Produktionszweig der Chemie entstanden, die *Glaschemie*.

In einem gemeinsam mit Carl und Roderich Zeiss 1882 gegründeten glastechnischen Laboratorium trieben Abbe und Schott diese zukunftsträchtige Richtung mit großem Erfolg und bedeutenden Ergebnissen voran.

Meßanlagen mit Computer-Auswertung bereitstellen, mit deren Hilfe sich die Homogenität und Konstanz der Brechzahlen *auf ein Millionstel* genau ermitteln lassen!

Die fotolithografische Mikrostrukturierung hochintegrierter elektronischer Schaltkreise macht Hochleistungsobjektive erforderlich, die bei vertretbarem Aufwand allen qualitativ neuen Forderungen an das optische System gerecht werden. Höchste Homogenität und Transmission der Gläser sind auch hier Voraussetzung für die Qualität der mikroelektronischen Bauelemente.

So hat die Linse ihren Siegeszug durch zahllose Gebiete von Wissenschaft und Technik in der Welt angetreten, und ganz sicher ist auch bei der Entwicklung, Herstellung und Anwendung des optischen Glases noch lange nicht das letzte Wort gesprochen.

## Gramm Glas statt Tonnen Kupfer und Blei

Man spricht von einer Revolution in der Technik der Nachrichtenübertragung. Dem über 100 Jahre alten Verfahren, Signale in Form verschlüsselter elektrischer Impulse über Kupferkabel zu transportieren, ist ein ernsthafter Konkurrent entgegengetreten: die Lichtleiter-Nachrichtenübertragung, deren alles entscheidende Basis das Glas ist. Glas als hauchdünne Faser, feiner als ein Menschenhaar. Dr. Narida S. Kapany, ein US-amerikanischer Wissenschaftler, verwendete Lichtleitfasern bereits im Jahre 1955 zur Übertragung von Bildern. Seinem Landsmann Dr. Charles Kao gelang es erstmals im Jahre 1966, mit Glasfasern Telephongespräche zu übermitteln.

Unabsehbare neue Möglichkeiten hat das eröffnet: Tonnen von Kupfer und Blei werden durch wenige Gramm Glas vertreten – je nach

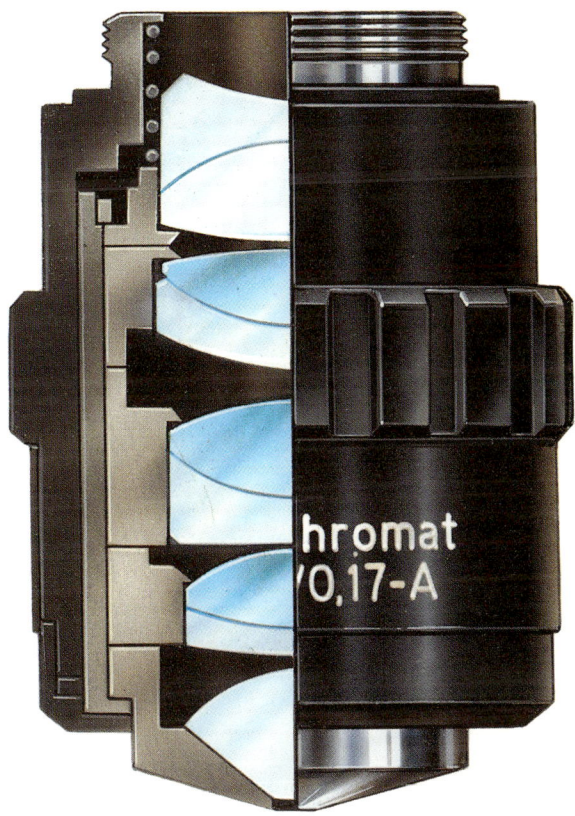

Ein sogenannter GF-Planapochromat als Beispiel der neuen Generation von Mikroskopobjektiven mit Großfeld-Abbildung und farbfehlerfreier Wiedergabe. Die blauen Linsen sind aus Flußspat (VEB Kombinat Carl Zeiss JENA)

Kabeltyp und -durchmesser spart ein Gramm Lichtleitkabel 0,4 bis 7,5 kg Kupfer; in einem Kilometer Fernsprechleitung auf Basis von Glasfasern vertreten 35 bis 100 g Glas ca. 350 kg Kupferseele und rund 1000 kg Bleimantel!

Im Kraftfahrzeugbau ersetzt man bereits die bisher üblichen Kabelbäume durch multiplexe Steuerungssysteme, bei denen Lichtleitkabel zur Signalübertragung dienen und die

205

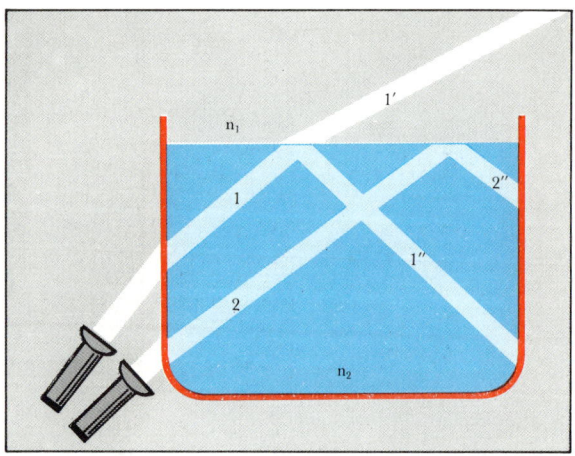

Skizze zur Beispieldarstellung der Lichtbrechung
an einem Aquarium

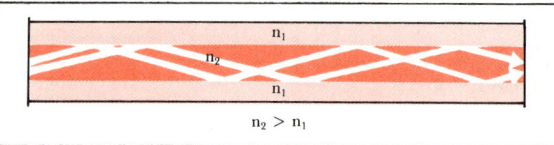

Prinzipskizze der Lichtbewegung in einer Glasfaser
des Lichtleitkabels

fon, Telex, Datenverkehr, Hörfunk, Fernsehen
und Videotelefon.

Worauf beruht das Prinzip des Lichtleiters?
Wissenschaftlich ausgedrückt, nutzt man beim
Lichtleitkabel im übertragenen Sinne die Total-
reflexion des Lichtes in der Glasfaser zum
Transport von Lichtsignalen.

Damit kann aber der Laie nicht allzuviel an-
fangen. Deshalb wollen wir es anders versuchen: Ummantelt man einen Glasstab 1, der die
Brechzahl $n_1$ hat, mit einem Glas 2, das die
Brechzahl $n_2$ aufweist, und ist $n_2 > n_1$, so wird
Licht an dieser Grenzschicht reflektiert, wenn
der Auftreffwinkel kleiner ist als der Grenzwert
der Totalreflexion.

Man kann diesen Versuch bei einigem Geschick mit einer guten Taschenlampe an einem
Aquarium selbst durchführen: Wenn man von
der Seite Licht in steilem Winkel (Strahl 1) nach
oben richtet, so tritt es teilweise aus der Oberfläche aus (Strahl 1′), zu einem Teil wird es reflektiert (Strahl 1″). Von einem bestimmten (flache-
ren) Winkel an (Strahl 2) wird sämtliches Licht
reflektiert (Strahl 2″). Es tritt dann kein Licht
mehr durch die Wasseroberfläche in die Luft
aus, da Wasser mit $n = 1,35$ eine höhere Brechzahl hat als Luft ($n = 1$).

Diese Erscheinung der Totalreflexion ist
beim Lichtleitkabel zum Arbeitsprinzip erhoben worden. Man hat mit Erfolg versucht, Zieh-
technologien für Glasfasern zu entwickeln, deren optische Brechzahl im Innern anders ist als
an ihrer Peripherie. Licht, in eine derartige Fa-

über die Kupferersparnis hinaus noch durch
ihre geringere Masse den Kraftstoffverbrauch
senken helfen. Auch für die Steuerung von Stra-
ßenbahnzügen setzt man Lichtleitkabel ein.
Diese Beispiele lassen sich beliebig erweitern.

Die neuen Lichtleitkabel leben länger, denn
Glas ist korrosionsbeständig. Die durch die
Glasseele jagenden Lichtimpulse bleiben von
elektrischen oder magnetischen Störungen, wie
sie beispielsweise bei Gewittern auftreten, unbe-
rührt. Über Glasfasern lassen sich sehr viel
mehr Informationen gleichzeitig übertragen als
über die jetzt noch allgemein üblichen finger-
dicken Koaxialkabel in herkömmlicher Hoch-
frequenztechnik. Ein Lichtleitkabel übermittelt
im Bruchteil einer Sekunde die Informationen
eines ganzen Nachschlagewerkes zwischen einer Sende- und Empfangseinheit. Da die Licht-
wellenleiter eine hohe Bandbreite und Über-
mittlungsqualität besitzen, wird es möglich, auf
Glasfaserbasis wirtschaftlich ein integriertes
Breitbandnetz zu betreiben, das alle elektronischen Kommunikationsformen überträgt: Tele-

206

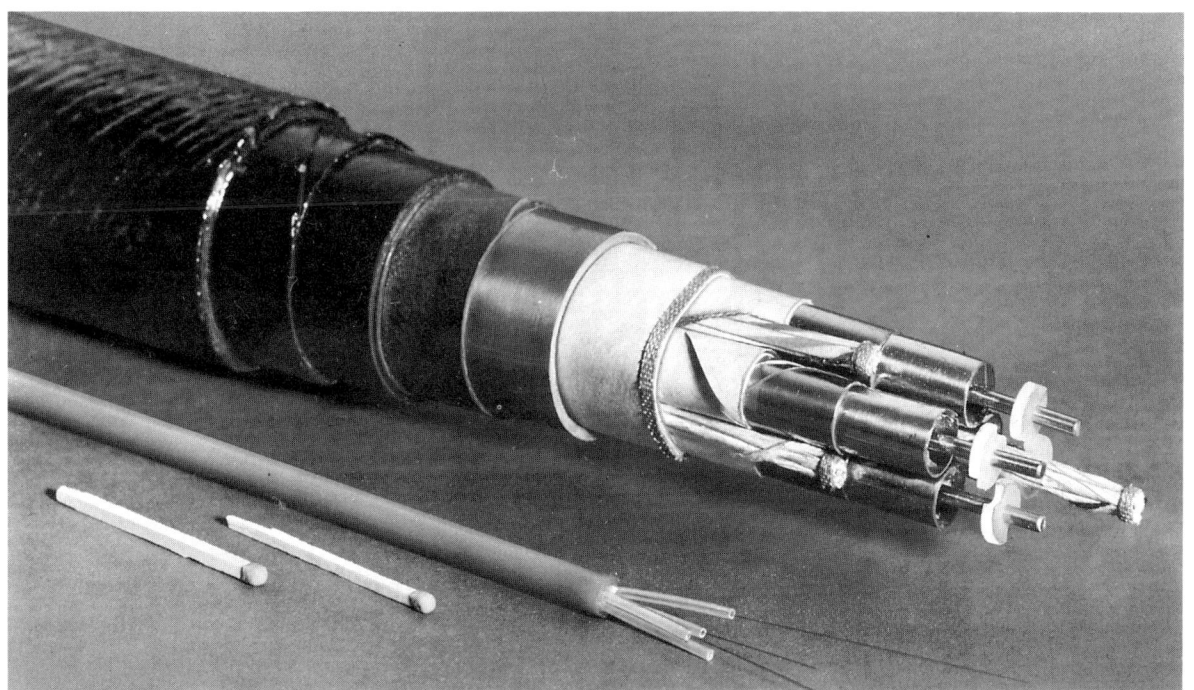

Stark vergrößerter Vergleich zwischen einem
Glasfaserkabel und einem herkömmlichen Kabel für die
Nachrichtenübertragung.

ser an einem Stirnende eingeleitet, tritt nicht
mehr aus der Glashülle aus. Wegen der unterschiedlichen Brechzehl von Kern und Mantel
der Faser wird es im Glasstrang an dessen äuße-
rer Schicht ständig aufs neue reflektiert, in das
Faserinnere zurückgespiegelt. Von Reflexion zu
Reflexion legt der Lichtstrahl dabei ein Stück
Weg zurück, und dies annähernd mit Lichtge-
schwindigkeit, die bekanntlich runde 300 000
Kilometer pro Sekunde beträgt.

Natürlich ist das alles nicht mit beliebigem
Glas möglich. Das Problem lag und liegt darin,
kilometerlange haardünne Glasfasern mit einem Kern herzustellen, der optisch dichter ist
als ihre Außenschicht, wobei dieses Glas so be-

schaffen sein muß, daß es über 50 Kilometer Entfernung immer noch 10 Prozent Licht durch-
läßt. Das ist eine enorme Reinheitsforderung.
Fensterglas beispielsweise besitzt bereits bei einer Dicke von 50 Zentimetern nur noch 10 Prozent Lichtdurchlässigkeit, und selbst gute optische Gläser haben bei 5 bis 50 Meter Lichtweg
die gleiche Lichtabsorption. Wir wollen darauf
verzichten, die Herstellung derart reinen Glases
hier im einzelnen zu erläutern. Uns soll es genügen, daß in einem komplizierten Verfahren ein
Glasstab als spezielles Halbzeug entsteht, der in
sich alle Eigenschaften vereint, die in der folgenden Verarbeitung des Stabes zur Lichtleitfaser
wirksam werden. Mit diesem Stab steht ein
neuer, speziell strukturierter Glaswerkstoff zur
Verfügung, der die Voraussetzung für die erwähnten völlig neuen Gebrauchswerte der
Lichtleiter-Nachrichtenübertragung schafft.

Die Lichtleiter selbst werden aus diesem Halbzeug gefertigt, indem man den strukturierten Stab in einem Spezialofen erneut bis zur Erweichung erhitzt und anschließend zu einer dünnen Faser auszieht, die nun in ihrem Innern, in einer 30 bis 50 Mikrometer – 50 Millionstel eines Meters – dicken Ader, die optische Schicht für die Lichtfortleitung enthält. Die gesamte Faser ist etwa 100 Mikrometer, also zweimal so dick wie ein Menschenhaar. Bei ihrer Herstellung erhält sie auch gleich einen dünnen Plastüberzug (durch Polymerisation), der die empfindliche Glasoberfläche schützt. Im weiteren werden dann mehrere solcher Glasfasern zu Kabeln verflochten, ummantelt und mit speziellen Kabelenden versehen, die sehr genaue Verbindungen verlangen, damit das Licht ungehindert von einer Kabelseele in die folgende überwechseln kann. Man beherrscht diese Verbindungselemente heute so meisterhaft, daß die Kabelenden auf ein tausendstel Millimeter genau aneinander gesteckt werden können.

Das Prinzip des Lichtleitkabels ist übrigens nicht so neu, wie man vermuten könnte. Bereits in den dreißiger Jahren gab es Radios, deren Senderskalen man mit Hilfe von Glasfasern ausleuchtete. Bekannt sind Fasern aus durchsichtigem Glas, die ebenfalls – scheinbar – Licht um jede Ecke leiten können. In der Medizin haben sich Glasfasern bewährt, um Organe und Hohlräume des menschlichen Körpers auszuleuchten und sichtbar zu machen.

Für die Nachrichtentechnik aber genügten derartige Fasern nicht, weil sich in ihnen das Licht nach wenigen Metern derartig abschwächt und verzerrt, daß seine Intensität nicht mehr ausreicht, um die hochempfindlichen Empfangsdioden in Gang zu setzen. Das war erst mit dem erwähnten hochreinen Ausgangswerkstoff möglich.

Aber nicht das neue Glas allein ermöglichte die beginnende Revolution in der Nachrichtenübertragung. Auch ein spezielles Licht war dafür erforderlich. Man fand es im sogenannten Laserlicht. Es wird von Dioden ausgestrahlt, deren Emission sich gezielt und millionenfach in der Sekunde beeinflussen läßt. Der variierte Lichtstrahl übermittelt dann nach einem bestimmten Code die Informationen.

Laserlicht und entsprechende Lasergeräte können zwar nicht Wunder wirken. Aber ihre Leistungsfähigkeit grenzt oft an das Reich dessen, was wir schlechthin als Wunder bezeichnen, obwohl es anfangs gar nicht recht gelingen wollte, das hochenergetische Laserlicht über Lichtleiter zu transportieren. Denn es ist äußerst schwierig, die hohe Laserenergie in Leiter mit kleinem Durchmesser einzuspeisen, ohne die Umhüllung zu deformieren, die ihre Oberfläche gegen Verunreinigung schützt. Inzwischen ist dieses Problem mit einem «Eingangskoppler» gelöst worden: Eine Linse bündelt die Laserenergie auf einen winzigen Punkt des Faserquerschnitts und führt das Licht in den Leiter ein.

Wie kompliziert und kostspielig diese neue Glasanwendung auch erscheinen mag, der Siegeszug des Glasfaser-Lichtleitkabels ist unaufhaltsam. Noch in den 70er Jahren kostete ein Meter Glasfaser für Nachrichtenzwecke auf dem Weltmarkt je nach Qualität 50 bis 80 US-$, obwohl die Glasqualität noch so «unzureichend» war, daß man in Anbetracht der starken Absorption des Lichtstrahls alle 2 bis 4 Kilometer Signalverstärker einsetzen mußte, um der Lichtwelle den weiteren Weg zu ermöglichen. Heute beträgt der Meterpreis dieser Glasfasern nur noch Bruchteile des damaligen Weltmarktpreises, zugleich stiegen aber die Übertragungsentfernungen in Anbetracht neuer Entwicklungen in Richtung auf wesentlich verbesserte optische Eigenschaften der Fasern rapide an. Heute haben Versuchsstrecken in mehreren Ländern bereits Hunderte Kilometer erreicht. Und die Zeit ist nicht mehr fern, in der die länderverbindende und erdumspannende Verkabelung mit Lichtleitern zum Alltag gehören wird wie heute das herkömmliche Nachrichtenkabel. In vielen Ländern laufen bereits Versuchsprogramme, so in der Sowjetunion, in Japan, in den USA, in Frankreich, in der BRD, in der DDR und anderen.

Einer Notiz zufolge will Schweden im Verlauf der nächsten 20 Jahre ein Glasfaserkabelnetz für Tele- und andere Verbindungen anlegen und damit das bisherige Kabelsystem völlig ersetzen. In Leningrad hat der Telefon-Dauerbetrieb über Lichtleitkabel bereits 1980 begonnen. Und schon testet man im schottischen Loch Fyne ein 9 Kilometer langes Unterwasserkabel auf Glasfaserbasis – gewissermaßen die kleine Generalprobe für die geplante Kontinentverbindung. Inzwischen hat man Anfang 1985 in Japan eine optische Faser entwickelt, deren Übertragungsleistung bereits fünfmal so groß ist wie die herkömmlicher Lichtleiter. Als Leistungsverstärker dient ein Germaniumzusatz hoher Dichte, wodurch der neue Lichtleiter optische Signale ohne dazwischengeschaltete Verstärkertechnik bereits 100 km weit übertragen kann. Wie verlautet, hat man sich sogar das Ziel gesetzt, 300 km Übertragungsleistung zu erreichen.

Noch größere Perspektiven hinsichtlich der Übertragungsleistung eröffnen neueste Forschungen, die in Großbritannien laufen. Ein Labor hat dort erstmalig Glasfasern hergestellt, die Infrarotlicht leiten. Meldungen zufolge sollen die Signalstärkeverluste bei der Weiterleitung von Infrarotlicht nur ein Zehntel dessen betragen, was bei gegenwärtig genutzten Lichtimpulsen in Rechnung zu stellen ist. So könnte es durch das neue Prinzip möglich werden, die Übertragungsleistung ohne Zwischenverstärker der Lichtsignale auf 1000 km zu erhöhen. Allerdings sind auf diesem Weg noch zahlreiche Hindernisse beiseite zu räumen. Die neuen, infrarotleitenden Fasern werden nämlich aus Zirkoniumtetrafluoridglas hergestellt, das eine Anzahl ins Gewicht fallender Nachteile aufweist. Es hat schlechte mechanische Eigenschaften, schmilzt bereits bei 300 °C, kristallisiert sehr leicht aus, hat eine geringe Bruchfestigkeit; und was am schlimmsten ist: nur wenige *Milliardstel* Wasseranteil im Glas blockieren bereits das Lichtsignal. Es wird folglich voraussichtlich noch einige Zeit in Anspruch nehmen, bis es gelingt, auch Fluoridglas so robust und rein herzustellen, daß es in der Praxis einsetzbar ist.

Sicherlich ist die weltweit erklärte Absicht, zum Glasfaserkabel in der Nachrichtenübertragung überzugehen, durchaus technisch real. Immerhin werden bereits jetzt alljährlich mehrere Millionen Glasfaserkilometer produziert. Es ist inzwischen auch klar, daß sich der Übergang vom Kupfer- zum Glasfaserkabel wirtschaftlich realisieren läßt, obwohl aus der BRD beispielsweise Schätzungen bekannt sind, denen zufolge in annähernd zwei Jahrzehnten 50 bis 100 Milliarden Mark aufgebracht werden müßten, um ein glasfasergestütztes Ortsnetz zu installieren, in das auch die Haushalte mit Fernseh- und Rundfunkprogrammen sowie anderen, künftig denkbaren Informationsnetzen einbezogen wären. Die Vorteile der neuen Nachrichtenübertragung sind so überzeugend, daß sie selbst stärkste ökonomische Belastungen aufwiegen. Es ist auch dies nur eine Frage der Zeit.

Weitere Einsatzgebiete für Glasfasern als Lichtleiter finden sich reichlich in der *Meßtech-*

*nik*, so für die Messung von Druck, Temperatur und Schall, der Konzentration von Lösungen und von anderen technischen Größen. Beispielsweise hat man sogenannte Multimode-Fasern mit einem Kern von etwa 50 Mikrometer Durchmesser, in dem sich viele Lichtwellen gleichzeitig fortbewegen können, für Messungen bei Schwingungsversuchen an Airbuskonstruktionen verwendet. Durch eine entsprechende Vorbehandlung brechen die Fasern bei bestimmten «Sicherheitswerten», signalisieren damit Gefahr und bewahren so die Konstruktionen vor Beschädigungen. Analoger Einsatz für den «Ernstfall» ist denkbar. Auch als Drucksensoren für feine Abstandsmessungen lassen sich Glasfasern verwenden, desgleichen für die Messung des Füllstandes in Flüssigkeitstanks. Diese beruht auf dem Prinzip der Lichtreflexion über zwei durch ein Umlenkprisma miteinander verbundene Glasfasern. Taucht das Prisma in die Flüssigkeit ein, so kann ein Teil des gesendeten Lichtes aus dem Prisma austreten, und im Detektor, dem Signalempfänger, kommt viel weniger Licht an. Von besonderem praktischen Interesse dürfte ein sogenannter Faserkreisel sein. Das ist eine Faserspule, in der zwei Lichtstrahlen in entgegengesetztem Sinn umlaufen und sich dann überlagern. Damit lassen sich Drehbewegungen sehr genau nachweisen. Daher eignet sich ein solcher Faserkreisel beispielsweise für die Flugzeugnavigation, wo er herkömmliche Kreiselsysteme, vielleicht selbst die modernen Laserkreisel, ablösen könnte. Der mögliche Zeitpunkt allerdings bleibt vorerst im Geheimhaltungsdunkel der Forschungslabore.

Auch in der *Elektronik* ist die Glasfaser, wie das Glas überhaupt, in vieler Hinsicht weiter im Vormarsch. In neuesten Großrechnern beispielsweise ermöglichen Glasfaserkabel, die Rechnerkanäle auf bis zu 2000 Meter zu verlängern, um Datenendgeräte oder andere Rechner anzuschließen.

Metallische Durchführungen sind bei fast allen empfindlichen elektronischen Bauteilen, die hermetisch abgeschlossen sein müssen, ein kritischer Punkt. Deshalb hat man – wie schon erwähnt – Gläser mit verschiedenem Temperatur-Dehnungsverhalten entwickelt. Sie können sich in gleichem Maß ausdehnen und zusammenziehen wie Metalle. Weil man solches Glas vielen unterschiedlichen Bedingungen anpassen kann, findet es zum Beispiel in der Kraftfahrzeugelektronik breite Anwendung. Hier hält es Temperaturen im Bereich von minus 30°C bis plus 150°C stand.

Überhaupt sind Glas-Metall-Verbunde äußerst temperaturbeständig. Sie sind selbst bei minus 270°C und bis plus 250°C einsetzbar. Das Spezialglas dichtet auch unter solchen Bedingungen den eingeschlossenen Stoff zuverlässig ab. Das kommt vielen Anwendungen zugute, vom Fernsehmonitor bis zu hermetisch verkapselten Instrumenten in Raumschiffen.

Vom Einsatz speziell gezüchteten Glases, um auf optischem Wege Mikrostrukturen für die Mikroelektronik herzustellen, war bereits die Rede. Diese Strukturen werden zunächst auf Glasschablonen aufgebracht und dann in präziser Justierung mit ultraviolettem Licht auf die Siliziumscheiben übertragen. Das Glas für diese Schablonen muß absolut blasenfrei, völlig homogen und im ultravioletten Licht hundertprozentig transparent sein.

Schließlich müssen diese Schablonen genauer geschliffen und poliert sein als Kristallspiegel. Solche Gläser für die Mikroelektronik entstehen mit hohem Aufwand in speziellen Schmelzanlagen aus Platin und dürften zu dem Hochwertigsten gehören, das die moderne Glasindustrie derzeit herzustellen in der Lage ist.

Oder nehmen wir die Bildröhre von Farbfernsehempfängern. Wem ist schon bekannt, daß es außer dieser Röhre selbst noch eines vergleichsweise winzigen, aber ungemein wichtigen Elements aus Glas bedarf: der Verzögerungsleitung. Sie sorgt im Farbfernsehgerät dafür, daß bestimmte Signale um einen ganz bestimmten Betrag, der genau einer Zeilenlänge entspricht, zeitlich verzögert werden. Erst dadurch entsteht ein abgestimmtes, gestochen scharfes Farbbild.

Die Aufgabe der Glasforscher bestand darin, die Synthese des Glases so zu entwickeln, daß sich die Temperaturabhängigkeit des Ultraschalls umgekehrt proportional zur Längenänderung des Materials verhält und damit im Farbfernsehgerät die Verzögerung der Signale über einen weiten Temperaturbereich hinweg konstant bleibt. Mit einem speziell entwickelten Glas vom Flint-Typ ist es gelungen, dieses Problem zu lösen.

Mit einem weiteren Beispiel aus der immer größer werdenden Zahl von Glasanwendungen in der Mikroelektronik wollen wir es hier bewenden lassen: Elektronische Schaltkreise sind größtenteils in international standardisierten Gehäusen konfektioniert. Sie sollen – wie beim Herzschrittmacher – den eigentlichen integrierten Schaltkreis, das Chip mit seinen zahllosen integrierten elektronischen Schaltelementen, vor den Einflüssen der umgebenden Atmosphäre sicher schützen. Diese Gehäuse fertigte man bislang meist aus hochwertigen Plasten oder Metallen.

Doch gibt es zunehmend Anwendungen von integrierten Schaltkreisen, bei denen Licht eine Rolle spielt. So möchte man zum Beispiel bei PROM-Schaltkreisen (programmierbare Nur-Lese-Speicher) den Inhalt des Speichers mit kurzwelligem ultraviolettem Licht löschen, um ihn dann neu programmieren zu können. Daher

begann man in solchen Fällen damit, den Metallmantel des Chips mit einem Glasfensterchen zu versehen. Das Problem allerdings bestand darin, daß dieses Glas einerseits im ultravioletten Bereich des Spektrums extrem lichtdurchlässig sein mußte, andererseits mußte sein thermischer Ausdehnungskoeffizient mit dem des Metallgehäuses übereinstimmen, und schließlich sollte das Glas selbst möglichst mit diesem Gehäuse verschmelzbar sein. Auch dieses Problem ist inzwischen dank der tiefgreifenden Kenntnisse über die Beeinflußbarkeit der verschiedensten optischen und nichtoptischen Parameter des Glases gelöst.

## Knochen aus Glas

Nicht nur für Fachleute gelangen in jüngerer Zeit immer mehr Informationen über völlig neue Entwicklungsrichtungen des Glases an die Öffentlichkeit. Einige davon sind in Professor Kreidels Interview bereits erwähnt. Er sprach unter anderem von einem Glas, das durch Wärmebehandlung in «eine sowohl dem Stahl als auch der Knochensubstanz ähnliche Masse» verwandelt werden kann. Ist so etwas überhaupt vorstellbar?

Wir sehen hier auf das zukunftsträchtige Feld der sogenannten *Glaskeramik*, die Fachleute häufig – vom lateinischen *vitrum* ausgehend – auch als Vitrokeramik bezeichnen. Was ist das? Ein Glas, also ein isotroper, nichtkristalliner Körper, dessen Struktur keine Fernordnung der Bausteine aufweist, ein amorpher, gestaltloser Stoff, oder eine Keramik, die aus unendlich vielen kleinen, ineinander verzahnten oder zusammengebackenen (zusammengesinterten) Kristalliten besteht?

Wir erinnern uns in diesem Zusammenhang daran, daß der amorphe, ungeordnete Zustand des Glases durch die relativ schnelle Abkühlung einer Schmelze entsteht. Die in dieser Schmelze völlig ungeordneten Bestandteile dürfen keine Zeit haben, sich zu regelmäßigen, wenn auch nur kleinsten Kristalliten anzuordnen.

Eine Glaskeramik nun ist eine Mischform, ein mikrokristalliner Werkstoff, der durch gesteuerte Kristallisation folgendermaßen entsteht: Aus dem kalten Zustand wird ein Glas erneut so weit aufgeheizt, daß sich die Beweglichkeit seiner Bausteine erhöht und diese nach ausreichender Zeit – je nach Art des Materials Stunden oder Tage – zu möglichst langen unregelmäßigen Kristalliten wachsen, sich ineinander verhaken, durch Restglas miteinander verkitten und so einen außerordentlich festen keramikähnlichen Stoff bilden.

Wir haben es hier weder mit Glas noch mit Keramik zu tun, sondern mit einem Werkstoff, der aus Glas *und* Keramik besteht. Ihren Namen hat diese Glaskeramik daher, daß sie aus einem glasartigen Zustand hervorgegangen ist und selbst wieder durch Erhitzen über den Schmelzpunkt sowie nachfolgende schnelle Abkühlung in Glas zurückgeführt werden kann.

Das Ausgangsglas für diesen Prozeß entsteht aus einem Gemenge, das vorwiegend aus Silizium-, Aluminium-, Magnesium-, Lithium- und Titanoxid besteht. Daß man das Kristallwachstum mit verschiedenen Maßnahmen – so durch Beifügen von Kristallkeimen – fördert, sei hier nur der Vollständigkeit halber erwähnt. *JENIT* und *Ilmavit* (DDR), *Sitall* (UdSSR) und *Pyrokeram* (USA) sind nur vier von inzwischen zahlreichen Markennamen für diesen äußerst variablen und immer noch recht neuartigen Stoff, dem sich immer mehr Anwendungsgebiete öffnen.

Dabei hat es erstaunlich lange gedauert, bis eine technisch verwertbare Glaskeramik verfügbar war, obwohl schon Wissenschaftler früherer Jahrhunderte den Wert eines solchen Stoffes erkannt hatten. René-Antoine Ferchault de Réaumur war einer von ihnen. Zwar ist er eher als «Vater» einer 80teiligen Temperaturskala und als Erforscher der «Bienensoziologie» bekannt. Man weiß aber auch, daß Réaumur 1739 erste Untersuchungen zur Kristallisation von Gläsern unternahm und ihre Ergebnisse veröffentlichte. Sie führten zu dem nach ihm benannten, allerdings praktisch nicht verwendbaren Réaumurschen Porzellan. Inzwischen gibt es eine Vielzahl glaskeramischer Systeme, die sich in der Zusammensetzung der Glas- und Kristallphase, in der Kristallgröße und im Kristallisationsgrad unterscheiden. Und das Interessante an den glaskeramischen Werkstoffen besteht eben darin, daß sich ihre Eigenschaften durch entsprechende Zusammensetzung und gesteuerte Kristallisation sehr vielfältig variieren lassen.

Ausgehend von den schon erwähnten vorteilhaften Eigenschaften des Glases, wie Beständigkeit gegen Chemikalien, geringe Wärmeleitfähigkeit, elektrische Isolationsfähigkeit u. a., die man je nach Notwendigkeit beibehält oder noch weiter ausprägt, werden so weitere erwünschte Eigenschaften hinzugezüchtet, wie zum Beispiel die mechanische Bearbeitbarkeit und etliche andere. So ist auch der thermische Ausdehnungskoeffizient der Glaskeramik variierbar. Er läßt sich so bestimmen, daß die Längenausdehnung des Materials von der Temperatur völlig unabhängig ist. Man kann ihn aber auch einem bestimmten Zweck oder Stoff anpassen, etwa einer Metall-Legierung, die Glaskeramik also gewissermaßen auf das Metall einstellen. Das ist nicht nur für die schon erwähnten Durchführungen bei fast allen empfindlichen elektronischen Bauteilen, die hermetisch abgeschlossen sein müssen, von enormer Bedeutung, sondern überhaupt für die im Vormarsch befindlichen Glas-Metall-Verbindungen. Im Bereich von minus 270°C und plus 250°C ist Glaskeramik temperaturbeständig und kann unter solchen Bedingungen zuverlässig abdichten – ein außerordentlicher Vorteil für verschiedenste Anwendungsgebiete, in denen das Glas allein nicht mehr einsetzbar ist.

Temperaturangepaßtes glaskeramisches Material wird auch in riesigen Scheiben bis zu 6 m Durchmesser und 1 m Dicke als Spiegelmaterial für astronomische Fernrohre verwendet. Das derzeit größte Spiegelteleskop der Welt, der 6-Meter-Spiegel in Selentschuk (Kaukasus), ist aus einem gewaltigen, 60 t schweren Glaskeramik-Rohling gefertigt.

Superharte Glaskeramiken dienen als Raketenspitzen ebenso wie als Schneidwerkzeuge für Metalle und andere Werkstoffe. Glaskeramik ist überdies ein idealer Zahnersatz. Sie läßt sich den natürlichen Zähnen in Festigkeit und Farbe anpassen und wird diesen Anwendungsbereich bestimmt bald beherrschen.

Eines der neuesten und faszinierendsten Ergebnisse der Glaskeramik-Forschung ist vor kurzem aus dem *Otto-Schott-Institut* der *Friedrich-Schiller-Universität Jena* bekannt geworden. Man hat dort eine Knochenprothese aus einer speziellen Glaskeramik mit einem hohen Anteil an Phosphor- und Kalzium-Verbindungen entwickelt. Nach Einsatz in den menschlichen Körper wächst sie mit dem Knochen zusammen.

Diese bioaktive Glaskeramik bedeutet eine grundsätzlich neue Lösung des Protheseproblems: Bei allen bisherigen Protheseimplantaten galt die Hauptsorge der Forscher und Ärzte dem *bioneutralen Verhalten* des Materials. Das Implantat sollte sich gegenüber den biologischen Vorgängen neutral verhalten, also nicht korro-

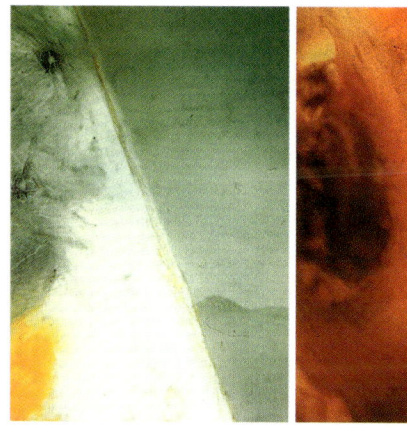

Kontaktfläche eines Glaskeramik-Implantats
mit dem Knochen einer Ratte
links bei einer bioneutralen Glaskeramik
rechts bei einer bioaktiven Glaskeramik

dieren oder abgestoßen werden und auch nicht durch Unverträglichkeitsreaktionen herauseitern. Verschiedene Edelstähle, Plaste und Keramiken entsprachen diesen Forderungen. Die *bioaktive* Glaskeramik scheint sie gegenstandslos zu machen. Sie wächst mit dem Knochen zusammen, verknorpelt und bildet mit ihm einen festen Verbund.

Auch für das kleine, unscheinbare Kästchen, das vielen Tausenden Menschen zum Lebensretter geworden ist – den Herzschrittmacher – sind die Lebensaussichten in jüngster Zeit wesentlich angestiegen. Durch den Einsatz spezieller Glaskeramiken kann er seinen Dienst im Körper des Menschen länger als bisher wartungsfrei leisten. Das Material schützt die langlebigen Batterien zuverlässig vor dem Auslaufen der Elektrolyte, so daß sie problemlos im Schrittmacher verbleiben können. Fachleute rechnen damit, daß sich die Lebensdauer der Schrittmacher künftig verdoppeln bis verdreifachen wird, wenn es gelingt, das Problem der «Glaseinstellung», das heißt die Anpassung der

Temperaturausdehnung der Glaskeramik an das Dehnungsverhalten des mit ihr zu verbindenden Materials, zufriedenstellend zu lösen.

Auch die Präzisionsmagnetköpfe für Phono- und Videogeräte und für die elektronische Datenverarbeitung keramisiert man neuerdings – um noch ein letztes Beispiel zu nennen – über den glasigen Zustand, weil auf diese Weise spezifisch definierte Materialeigenschaften entstehen, die eine hervorragende Aufzeichnungsqualität erlauben. Und so werden sich die Anwendungsgebiete der Glaskeramik beziehungsweise ihrer verschiedenen Formen und Arten über die schon bekannten und die hier genannten Beispiele hinaus rasch erweitern und uns noch manche angenehme Überraschung bereiten.

Wie schon gesagt, läßt sich der keramische Zustand durch Erhitzen wieder in den glasartigen zurückführen. Dieses Prinzip haben die Glasforscher inzwischen so weiterentwickelt, daß sie in der Lage sind, mittels Laserimpulsen unterschiedlicher Dauer und Intensität nach Wunsch entweder glasartiges oder keramisches Material zu erzeugen. Und weil beide Materialien unterschiedliche Lichtdurchlässigkeit haben, ist sehr einfach erkennbar (lesbar), welche Information an der betreffenden Stelle eingeschrieben ist. Das ist eine ganz neue Materialvariante für die Informationsspeicherung, die den magnetischen Materialien ähnelt. Derzeit versucht man den Ordnungszustand des Materials noch durch weitere Effekte zu steuern.

Eine andere Art der Glaskeramik sind die sogenannten *fotosensibilisierten Gläser*. Durch eine bestimmte Zusammensetzung des Werkstoffs scheidet in solchen Gläsern bei Bestrahlung mit ultraviolettem Licht und Wärmebehandlung metallisches Silber in kolloidaler Verteilung aus und liefert die Keime für die nachfolgende Kristallisation. So entsteht eine Trübung, mit der

sich im Glas hochgenaue, scharf begrenzte und absolut wischfeste Skalen und andere Markierungen erzeugen lassen. Aber das ist gewissermaßen bereits ein Nebeneffekt der Erfindung. Viel interessanter und auch schon in der Anwendung wesentlich bedeutsamer ist, daß sich infolge der unterschiedlichen Löslichkeit der Glas- und der Kristallphase durch diese genaue Belichtung winzige Ausätzungen – Vertiefungen und Durchbrüche – mit überraschender Formgenauigkeit herstellen lassen. Es ist bereits gelungen, nach diesem sogenannten *Fotoformverfahren* in dünne Glasfolien bis zu 50 000 Löcher auf einem einzigen Quadratzentimeter anzubringen oder die Folie mit Schlitzen zu versehen, die nur ein Hundertstel Millimeter breit sind. Obwohl bis heute technisch realisierte Anwendungen noch nicht allgemein bekannt sind, kann kaum jemand daran zweifeln, daß dieses Verfahren bei der weiteren Miniaturisierung optischer und elektronischer Bauteile mit Hilfe von Glasbestandteilen noch eine große Rolle spielen wird.

Mit der Glaskeramik haben wir uns ein wenig im Übergangsbereich zwischen dem kristallinen und dem amorphen Zustand der Materie umgesehen. Alle erwähnten Beispiele liegen im Bereich der elektrisch nichtleitenden Festkörper. Seit altersher kommen in der Natur immer nur derartige «Isolatoren» in amorpher oder kristalliner Form vor: Obsidian, das amorphe Gesteinsglas, und das kristalline Bergkristall bestehen im wesentlichen aus demselben Stoff, Siliziumdioxid. In der Schule haben wir erfahren, daß man kristallinen Schwefel schmelzen und glasartig erstarren lassen kann. Inzwischen sind uns viele halbleitende Materialien bekannt, die sowohl in amorpher wie auch in kristalliner Form vorkommen. Wenn elektrisch nichtleitende und halbleitende Festkörper in beiden Formen vorkommen, wie steht es dann mit der dritten Art der Festkörper, den Metallen? Sie sind uns bisher ausschließlich in kristalliner Form begegnet. Es ging immer nur darum, diese kristalline Struktur zu modifizieren, um die Eigenschaften der Metalle zu variieren: vom spröden, harten Schneidstahl bis zum weichen Blech für Transformatoren, um zwei Extreme zu nennen.

In den letzten Jahren haben Forscher mit Erfolg versucht, Metalle in den amorphen Zustand zu bringen und haben damit sogenanntes *Glasmetall* erzeugt. Es ist dies ein völlig neues Gebiet der Glasforschung. Die Wissenschaftler ließen sich von der These leiten: Entsteht ein Glas dann, wenn man eine Schmelze so schnell abkühlt, daß ihre Bestandteile keine Zeit haben, sich zu Kristalliten zu ordnen, dann müßte dieser Grundsatz auch für Metalle gelten. Es ist ihnen tatsächlich gelungen, das nachzuweisen. Werden Metalle aus der Schmelze heraus so schnell abgekühlt, daß ihre Bestandteile keine Zeit haben, sich regelmäßig anzuordnen, dann erstarren sie zu einer amorphen, von der Struktur her glasartigen Masse. Die Metallschmelze wird dafür zwischen zwei schnell rotierende Walzen mit hoher Leitfähigkeit gegossen und als dünne Folie in unvorstellbar kurzer Zeit zum Erstarren gebracht. Während bei Glas normalerweise Abkühlgeschwindigkeiten von 100 °C pro Sekunde üblich sind, arbeitet man bei dieser neuartigen Abschrecktechnik mit 1000mal höheren Abkühlgeschwindigkeiten, also 100 °C pro Millisekunde.

Allerdings sind solche Materialien nicht lichtdurchlässig wie übliches Glas. Sie behalten vielmehr ihre normalen optischen Werte bei, sind undurchlässig für sichtbares Licht und haben eine hohe Reflexion. Aber sie zeigen neue magnetische Eigenschaften, die sich bei diesen folienförmigen glasartigen Materialien besonders gut nutzen lassen.

Übrigens sind Versuche zur Herstellung von «Glasmetallen» auch Bestandteil von Arbeitsprogrammen bei Weltraumflügen. In einem Bericht über das sowjetisch-indische Kosmosprogramm hieß es beispielsweise, drei Silber-Germanium-Legierungen sollten bei einem gemeinsamen Weltraumflug geschmolzen und soweit unterkühlt werden, «daß sogenanntes ‹metallisches Glas› entsteht». Und daß Glasmetalle durchaus auch für den Bereich des täglichen Lebens von Interesse sind, geht aus folgendem Versuch hervor. Wissenschaftlern eines tschechoslowakischen Instituts gelang die Herstellung eines nur 0,05 mm dicken Glasmetallbandes. Neben anderen Anwendungen dieses hochfesten und äußerst korrosionsbeständigen Materials soll es die Fertigung von Rasierklingen zulassen, die für mindestens 50 Rasuren geeignet sind. Und auch das war ganz sicher noch lange nicht das letzte Wort der Wissenschaftler zu diesem zukunftsträchtigen und äußerst dynamischen Gebiet der Glastheorie und -praxis.

# Kleines Kaleidoskop

Denn wenn Gott die Natur ihrer gleser
edelstein und flüsse färbten
hat die Gunst wie auch die Natur nachahmen willen
und den glesern cörpern allerley farben eingebrennet
daher vil betrugs in steinlein und beinlein
und allerley duppleten gefunden wird.

JOHANN MATHESIUS

Das Glas hat in seiner Geschichte auch in einigen Territorien und Ländern abseits der eigentlichen Wachstumsräume seiner Gesamtentwicklung sowie auf verschiedenen gesellschaftlichen Gebieten eine ganz bestimmte Rolle gespielt, über die oft nur wenige Eingeweihte – Glasfachleute und Kunsthistoriker – informiert sind. Kaum einer weiß, daß man auch schon im alten China Glas zu schmelzen verstand. Nur wenige haben bislang von den Bemühungen des russischen Zarenhofes erfahren, mit Glashütten und -manufakturen den Gewerbefleiß im Lande zu fördern. Ebenso ist wenig bekannt, wo und wann die Glasherstellung in Nordamerika ihren Ursprung nahm.

Aus Glas sind ferner Erzeugnisse entstanden und mit ihm sind Ereignisse verknüpft, die eher am Rande seiner eigentlichen künstlerischen und technischen Gestaltung liegen. Für die breite Öffentlichkeit erlangten sie immer erst dann Interesse, wenn sie mit bedeutenden Leistungen, Entdeckungen und Erfindungen, Kuriositäten oder gar mit kriminellen Delikten verbunden waren. Das ist im großen und ganzen bis heute so geblieben, obgleich natürlich Kenntnisse über das Glas und seine Rolle in unserem Leben inzwischen landauf, landab weit verbreitet sind.

## Glas im Mutterland des Porzellans

Lange bevor sich das Glas über das Römische Reich nach Europa und von dort nach Amerika ausbreitete, war es auf Handelswegen bereits nach *China* gelangt. Aus der Zeit der Dschou-Dynastie (1122 bis 231 v. u. Z.) fand man augenförmige Perlen, ähnlich den ägyptischen, die als Glücksbringer galten. Angehörige der ärmeren Bevölkerungsschichten gaben ihren Toten seit der Zeit der streitenden Lehnsreiche bis zum Ende der Han-Dynastie billigere rituelle Beigaben aus Glas mit ins Grab anstelle kostspieliger Jadeobjekte. In der Han-Zeit wurde viel Glas aus dem Römischen Reich, dem Vorderen Orient sowie aus Indien nach China gebracht.

Aus eigener chinesischer Fertigung stammen offenbar kleine jadeähnliche gravierte Glasfiguren und kultische Scheiben, die den Himmel symbolisieren. Aber tiefergehende Kenntnisse über die Geschichte des chinesischen Glases aus dieser Zeit fehlen. Ein Dichter der Djin-Dynastie (265 bis 420) vergleicht importiertes römisches Glas mit einem Frühlingstag und seine Klarheit mit dem Eis des Winters. Ein anderer beschreibt die Schwierigkeiten seines Transports durch Wüsten und über Berge. Chinesische Adlige jener Jahrhunderte sollen so stolz auf ihr Glas gewesen sein, daß sie literarisch und poetisch begabte Gäste dazu einluden, ihre Sammlungen in Versen zu preisen.

Der chinesische Kaiser Djen Ho sandte im 5. Jahrhundert Leute nach Persien, die von dort Glasschalen mitbrachten. Vermutlich sind auch Glasmacher aus Persien nach China mitgekommen. Das Dunkel um die chinesische Glasgeschichte wird erst gegen Ende der Ming-Dynastie (1386–1644) aufgehellt, als der Jesuitenpater Matteo Ricci, von einer Reise aus China glücklich nach Italien zurückgekehrt, darüber berichtete, wie er den chinesischen Hof mit seinen glitzernden venezianischen Glasstückchen in Erstaunen versetzt habe. Vielleicht übertrieb er ein wenig, wenn er behauptete, «gegenwärtig machen sie zwar Glas, aber gegenüber unserem ziemlich minderwertiges»; immerhin bestätigte er mit seinen Worten das Vorhandensein einer chinesischen Glasherstellung.

Aber offenbar hatten die chinesischen Glasmacher einen schweren Stand in Anbetracht der uralten Traditionen des Porzellans. So blieb das

Interesse für Glas im großen und ganzen auf die Imitation von Korallen und Jade – Yü – beschränkt, jenem weißen bis blaßgrünlichen Mineral, aus dem man in China, Burma, Indien und anderen ostasiatischen Ländern seit Menschengedenken meisterhaft Waffen, Schmuck und andere Gegenstände fertigt. Erst im 18. Jahrhundert fanden chinesische Glasmacher zu hoher Meisterschaft bei der Gestaltung verschiedenster Glasgefäße. Das damals und auch noch im 19. Jahrhundert in China sehr verbreitete Tabakschnupfen fand seine Widerspiegelung in zahllosen Schnupftabakflaschen unterschiedlichster Gestalt, farblich reich dekoriert und mit geschnittenen Mustern.

Vor allem aber versuchten chinesische Glasmacher immer wieder, Porzellan möglichst unerkennbar mit Glas nachzuahmen. In kaiserlichen Manufakturen wurde es hergestellt, brillant gefärbt und gestaltet wie das prächtige Stück, das nebenstehend zu sehen ist. Der rubinrote Überfang dieser Vase wurde mit einer Scheibe bis zur darunter befindlichen Schicht so abgeschliffen, daß eine dreidimensionale Darstellung entstand, die galoppierende und Waffen schwingende Reiter erkennen läßt. Der Vasenhals zeigt einen Tempel mit vier Männern auf der Veranda. Die Figuren befinden sich in einer zerklüfteten, wolkenverhüllten Landschaft.

Auch beim Bemalen der chinesischen Gläser herrschten die Farben Gold, Rot und Kobaltblau vor, also die «Porzellanfarben». Diese Traditionen haben sich im Übergang zu unserem Jahrhundert fortgesetzt und sind teilweise – im Schatten des Porzellans – bis heute lebendig geblieben.

Übrigens besitzt auch *Indien* eine bescheidene Glasgeschichte. Sie stand allerdings völlig im Zeichen der Jade, denn das Glas diente lange

Chinesische Vase aus der Zeit der Ching-Dynastie, wahrscheinlich aus der Regierungszeit Djien Lungs (1736–1796)
(The Corning Museum of Glass, Corning/New York)

Zeit fast ausnahmslos dazu, dieses Mineral oder auch keramische Materialien nachzuahmen. Selbst importiertes Glas schnitt man so, daß es Steingutgefäßen ähnelte. Heute ist Glas in Indien, wie fast in der ganzen Welt, alltäglicher Gebrauchsgegenstand.

Ein Kapitel aus Rußlands Glasgeschichte

Der russische Ökonom Iwan Possoschkow schreibt 1724 in seinem *Buch von Armut und Reichtum:* «Da bringt man Glasgeschirr zu uns, damit wir das gekaufte zerschlagen und wegwerfen. Dabei brauchten wir nur fünf, sechs Fabriken zu bauen, und könnten alle Länder mit Glasgeschirr überhäufen». Hundertfünfzig Jahre später arbeiten in Rußland, über das ganze Land verstreut, 200 Glashütten und -veredlungsbetriebe. Darunter auch die von Zar Alexander I. begründeten kaiserlichen Hütten in Alexandrow und Wiborg, die neben Spiegeln und besserem Tafelglas hervorragend gestaltete, meist in vergoldeter Empirebronze montierte geschliffene Riesenvasen, Kandelaber und Schalen, farbloses Kalkkristall nach böhmischer Art, blaues Kobaltglas und helles Goldrubin herstellten. Aber Possoschkows Voraussage hat sich – aus welchen Gründen auch immer – nicht erfüllt.

Bislang kaum bekannt ist allerdings, daß bei der Begründung der russischen Glasfabrikation wie in kaum einem anderen Land ein einzelner, von der Suche nach immer neuen Erkenntnissen besessener Wissenschaftler eine herausragende Rolle gespielt hat.

Gelehrte früherer Jahrhunderte kannten sich meist auf vielen Gebieten der Wissenschaft und Kunst aus. Wir nannten schon etliche, die Philosoph, Arzt, Naturwissenschaftler und Dichter in einem waren. Namen wie Al Biruni, Agricola, Tschirnhaus, Goethe stehen für viele ihrer Zeit.

Ein solcher Mann war auch der russische Dichter und Gelehrte Michail Lomonossow.

Nach Studien in Marburg und Freiberg (1736 bis 1740) in die Heimat zurückgekehrt, beschäftigte er sich auch mit Untersuchungen über die Eigenschaften des Glases. Seit 1749 experimentierte Lomonossow in einem eigens dafür eingerichteten Laboratorium an der Petersburger Universität: «Im September-Trimester arbeitete ich mit Glasarten verschiedener Fär-

bung zur Erforschung der Farbentheorie sowie für ihre verschiedene Verwendung bei der Schmelzarbeit, worin ich beträchtliche Erfolge erzielt habe. … Im Januar-Trimester dieses Jahres 1750 werde ich mich in der Herstellung verschiedener Glasarten üben für die Farbentheorie und ihre Anwendung.»[1] Dabei war Lomonossow eigentlich nur auf einem eher zufälligen Umweg zur wirklich intensiven Beschäftigung mit der Glaschemie gelangt.

Graf Michail Woronzow, der unter Zarin Elisabeth Petrowna Reichskanzler war und bei dem Lomonossow des öfteren zu Gast weilte, hatte im Jahre 1746 von einer Italienreise Glasmosaiken aus Rom mitgebracht. Lomonossow, der wußte, daß man die Mosaikkunst bereits in der Kiewer Rus kannte, interessierte sich lebhaft für die Schöpfungen der italienischen Meister. Namentlich die Mosaikarbeiten aus den Kathedralen San Vitale und Sant'Appolinare Nuovo in Ravenna oder die aus der römischen Kathedrale Santa Maria Maggiore waren ja inzwischen weltweit bekannt. Lomonossow begeisterte sich geradezu an dem Gedanken, dieser Kunst in Rußland zur Wiedergeburt zu verhelfen. Die italienischen Mosaiker aber wußten ihr Geheimnis der Schmelzherstellung zu hüten. So entschloß sich Lomonossow, dafür selbst Rezepturen zu entwickeln.

In beharrlicher Arbeit kommt er innerhalb von zwei Jahren Schritt für Schritt dem Ziel näher. Eine Glasprobe folgt der anderen. Lomonossow führt ein detailliertes Journal, in dem er gewissenhaft in lateinischer Sprache die Bezeichnung und das genaue Gewicht der verwendeten Stoffe, die Art und Weise der Schmelze und die Resultate aufzeichnet. Inmitten von Öfen unterschiedlicher Bauart, umgeben von Rauch und Gestank, verbringt er Tage und Nächte, Wochen und Monate in dem engen Labor, gefangen von der wissenschaftlichen Aufgabe, die er unter allen Umständen erfolgreich abschließen will.

Dabei mischt sich die Senatskanzlei in jeden seiner Schritte auf dem steinigen Pfad ein. «Wegen jeder Kleinigkeit muß ich zur Kanzlei laufen und dort auf den Knien betteln …», klagt Lomonossow in einem Brief vom 15. August 1751 an Iwan Schuwalow, seinen erklärten Gönner. Nach rund 4000 Versuchen hat er endlich herausgefunden, wie man Glas von verschiedenster Farbe, von dunklen und hellen Tönen und in den verschiedensten Schattierungen herstellen kann, «grasgrün, dem Smaragd ähnlich, oder blau wie der Aquamarin, in der rotbraunen Farbe des Karneols oder blaugrün wie der Türkis, aber durchscheinend».

Danach blieb es wiederum Lomonossow selbst vorbehalten, die Methoden zu finden, nach denen die Mosaiksteinchen gegossen und geschliffen werden sollten, und schließlich gar zum Mosaikkünstler zu werden, da es in Rußland keine Mosaiker mehr gab. Ohne in den geschichtlichen Traditionen der Mosaikkunst befangen zu sein, gelangte Lomonossow zu großartigen Ergebnissen.

Im Sommer 1752 vollendet er seine erste künstlerische Arbeit, ein Mosaikbild der Muttergottes nach der Vorlage eines italienischen Malers. Am 4. September überreicht er es Zarin Elisabeth, die es mit Wohlwollen entgegennimmt. In einem Bericht an die Akademische Kanzlei gibt Lomonossow an, er habe in dieses kleine Mosaikbild von 2 Fuß mal 19 Zoll[2] «insgesamt mehr als 4000 Steinchen eingesetzt, sämtlich von eigener Hand, und für die richtige

1 Dieses und folgende Zitate aus: Morosow, W. I.: M. W. Lomonossow, a.a.O.
2 Ein russ. Fuß (fut) = 30,48 cm; ein Zoll – 25,4 mm; somit Bildgröße ca. 61 × 48 cm

Komposition 2184 Versuche im Glasschmelzofen unternommen.»

Nun wird ihm die Arbeit zu viel. Man bewilligt ihm zwei begabte Lehrlinge, die er in die Mosaikkunst einführt und an den nun entstehenden Bildnissen Peters I. mitarbeiten läßt. Von 1753 bis 1757 sollten in seiner Mosaikwerkstatt insgesamt 4 Porträts dieses von Lomonossow hochgeschätzten Zaren in vollendeter künstlerischer Meisterschaft entstehen.

Jetzt aber möchte Lomonossow seiner Mosaikarbeit ganz andere Dimensionen verleihen. Er reicht ein Gesuch ein, ihm zur Herstellung von Mosaikmaterial, das «in seinen Eigenschaften dem italienischen in nichts nachsteht», sechs Lehrlinge zur Unterweisung sowie ein Gebäude zu überlassen und jährlich 3710 Rubel als Unterstützung für die neue Einrichtung bereitzustellen. Seinen Berechnungen zufolge betragen die Materialkosten nicht mehr als 10 Kopeken je Pfund, und für ein Quadratfuß Mosaik sind bis zu 12 Pfund nötig. Sechs Meister wären in der Lage, nach der von Lomonossow entwickelten Methode der Mosaikgewinnung in kurzer Zeit Tausende Quadratfuß Mosaik anzufertigen …

Sein Gesuch bleibt vorerst unbeantwortet. Aber Lomonossow arbeitet weiter. Seine Untersuchungen beschränken sich nicht allein auf das Mosaik, sie erstrecken sich auch auf die verschiedensten allgemeinen Fragen der Chemie und Technologie des Glases. Besonders interessiert zeigte sich Lomonossow an der Herstellung farbigen Glases.

Bisher hatten in Rußland gelegene Glashütten bereits einfaches weißes, grünes und blaues Glas hergestellt. Lomonossow erarbeitete nun Rezepturen für Kristallglas und verschiedene farbige Gläser. Als die Baukanzlei am Zarenhof davon erfuhr, sandte sie Lomonossow im Oktober 1751 ein Promemoria mit der Bitte, dem vereidigten Meister der Petersburger Glashütten, Iwan Konerow, zu offenbaren, «wie man Gegenstände aus Kristallglas und anderem farbigem Glas herstellt.» Im selben Jahr schickte man den Meister Pjotr Drushinin zu Lomonossow, der ihn darin unterwies, «verschiedenfarbige Gläser ... für die hiesigen Glasfabriken zu komponieren».

Lomonossow machte sich das Ansuchen der Baukanzlei zunutze und schrieb sogleich in einem Sonderbericht, daß die Kanzlei zwar die Kenntnis des Farbglases lediglich zur Verschönerung der hergestellten Kristallvasen benötigt, es aber leicht möglich sei, in einheimischen Fabriken «großvolumiges Geschirr sowie Galanteriewaren aus farbigem Glas herzustellen, in einzigartigen Farbtönen, durchsichtig und undurchsichtig, auch farbiges Fensterglas, das man noch in großer Menge aus Italien über den hiesigen Hafen nach Persien bringt.» Und er greift diesen Gedanken vehement auf. Im Oktober 1752 wendet er sich an den Senat mit der Bitte um Erlaubnis, «zum Nutzen und Ruhm des russischen Reiches eine Fabrik zu gründen zur Herstellung der von ihm erfundenen Gläser verschiedener Färbung, um daraus runde und längliche Glas- und Stickperlen, Schmelz sowie verschiedene andere Galanterie- und Schmuckwaren zu fertigen, die in Rußland für viele tausend Rubel übers Meer eingeführt werden.» Dabei vergißt er durchaus nicht sein derzeitiges Lieblingsanliegen und verspricht selbstsicher, das für Mosaike erforderliche Material um 30 Prozent billiger bereitzustellen als man es in Rom verkauft.

Am 14. Dezember 1752 erhält Lomonossow die Einwilligung des Senats, eine Glasfabrik zu errichten. Man stellt ihm zinslos 4000 Rubel zur Verfügung, mit der Maßgabe, diesen Betrag innerhalb von fünf Jahren zurückzuzahlen. Auf ein erneutes Gesuch hin bewilligt ihm der Senat im Jahre 1753 im Gouvernement Petersburg ein Stück Land von 9000 Desjatinen[3] mit 211 Bauern, und Lomonossow beginnt, ein Fabrikgebäude zu errichten.

Als die Glashütte fertig ist, reist er noch einmal zum Ort seiner Studien, nach Freiberg in Sachsen. Mit Hilfe dort tätiger Professoren gelingt es ihm, aus dem thüringischen Gehlberg 12 Glasmacherfamilien zu gewinnen, die mit ihm gehen und längere Zeit bei ihm gearbeitet haben.

Doch Lomonossows Hütte brachte nicht den erhofften Nutzen. Vielleicht wechselten seine erfahrenen Glasmacher zu dem Unternehmen über, das der russische Fabrikant I. A. Malzew nur wenig später in Djatkowo, inmitten der Brjansker Wälder Zentralrußlands, gründete und damit ein überaus erfolgreiches Kapitel russischen Kunst- und Gebrauchsglases aufschlug.

Von den Mosaikbildern Lomonossows sind etliche bis heute erhalten, so Porträts Peters I. und der Zarin Elisabeth Petrowna sowie ein in bezug auf künstlerische und technische Vollendung einzigartiges, 30 m² großes Mosaik, das die Schlacht bei Poltawa darstellt. Sie sind im Staatlichen Russischen Museum in Leningrad zu besichtigen.

Sein Wissen um die Glasherstellung aber verarbeitete Lomonossow in einer Dichtung, dem *Brief über den Nutzen des Glases*, den er nur wenige Tage, nachdem er die Erlaubnis für die Errichtung der Glasfabrik erhalten hatte, an die Kanzlei der Akademie der Wissenschaften zum Druck einreichte. Um dieses bislang wenig verbreitete Gedicht Lomonossows rankt sich ein Netz von Vermutungen, was ihn wohl bewogen haben mag, dem Glas eine so umfangreiche Ar-

3 Desjatine: altes russisches Flächenmaß.
1 D. = 1,0925 ha = 0,010925 km²

beit zu widmen. Einer Anekdote zufolge sollen die Verse eine Antwort auf die Spöttelei irgendeines Gecken über die altmodischen Glasknöpfe gewesen sein, die Lomonossow an seinem Kaftan trug. Indes ist bekannt, daß der Dichter und Gelehrte wissenschaftlichen Themen, die ihn stark interessierten und die er in gelehrten Schriften abhandelte, auch künstlerische Gestalt verlieh. Das war wohl der wahre Anlaß, ein Gedicht über das Glas zu verfassen und in ihm die Vorzüge dieses Stoffes zu rühmen. Den unmittelbaren Anstoß hierzu mag der Umstand gegeben haben, daß Lomonossow mit jemandem einen Streit über die Bedeutung des Glases hatte und diese Auseinandersetzung in Gegenwart des schon erwähnten Iwan Schuwalow stattfand. An diesen ist schließlich auch der «Brief» gerichtet. Das Gedicht ist in Originalfassung und deutscher Übersetzung in dem Beitrag «Der Brief über den Nutzen des Glases ...» (vgl. Literaturverzeichnis) nachzulesen.

Von den Anfängen einer großen Industrie

Nordamerikas erster Industriezweig war die Glasindustrie. Zu den Siedlern, die im Jahre 1607 die Kolonie Jamestown gründeten, zählten auch Glasmacher. Sie unternahmen den Versuch, in dieser Stadt sowie in der Nähe von Philadelphia und Boston Glashütten zu errichten. Ihre Bemühungen blieben aber erfolglos.

Erst 130 Jahre später, 1739, gelang es dem Nachkommen einer eingewanderten deutschen Glasmacherfamilie, Caspar Wistar, eine Glashütte im südlichen New Jersey in Gang zu setzen. Damals galt noch ein britisches Produktionsverbot für die amerikanischen Kolonien. Wistar setzte sich, unterstützt von einflußreichen Interessenten, darüber hinweg und stellte – wiederum mit Hilfe deutscher Glasmacher,

die er eigens dafür anwerben ließ – Fensterglas, Flaschen und Tafelgeschirr her. Obwohl er gegen die alles beherrschende englische Konkurrenz antreten mußte, denn Glas kam damals fast ausschließlich aus dem «Mutterland», hatte sein Unternehmen großen Erfolg und begründete die bis in das 19. Jahrhundert andauernde deutschstämmige Vorherrschaft in der amerikanischen Glasindustrie.

Vom Aufschwung des Wistarschen Unternehmens angeregt, baute Henry W. Stiegel, ebenfalls ein Deutscher, zwischen 1763 und 1774 gleich drei Glashütten in Manheim (Pennsylvania). Er war von Anfang an entschlossen, sich des Konkurrenten zu entledigen und warb von Wistars Unternehmen erfahrene Glasmacher ab. Außerdem ließ er zusätzlich Glasmacher aus Deutschland und England holen und begann in für damalige Verhältnisse großem Maßstab Glas zu produzieren.

Doch der Bedarf der Kolonien an Gegenständen aus Glas schien unersättlich, so daß sich zunächst für beide Unternehmen hinreichend Platz auf dem Markt fand. Von Stiegel heißt es, er habe in seinem «Glasrausch», der ihn zum Goldrausch trieb, keine Grenzen persönlicher Anmaßung gekannt. So soll er sich selbst zum Baron erhoben und in einem Herrensitz niedergelassen haben, wie er nur dem britischen Hochadel zustand. Sogar Musiker ließ er anstellen und aufspielen, wann immer er sich mit seiner Kutsche zu Hause sehen ließ. Der amerikanische «Blumenzins», ein Brauch, demzufolge die Eltern den Familiennachkommen alljährlich in der zweiten Juniwoche eine rote Rose überreichen, soll ebenfalls auf diesen eigensinnigen und doch in mancher Hinsicht typischen Vertreter frühen amerikanischen Unternehmertums zurückgehen: Stiegel war eifriger Lutheraner und überschrieb der Kirche

Deckelbecher «Tobias und der Engel».
New Bremen, Maryland/USA. Aus der Glasmanufaktur
von John F. Amelung, 1788
(The Corning Museum of Glass, Corning/New York)

noch zu seinen Lebzeiten ein Stück Land bei Manheim. Als Gegenleistung, gewissermaßen als symbolischen Zins, verlangte er, daß man ihm alljährlich, jetzt und immerdar, am Schenkungstag eine rote Rose überreiche.

Die Unternehmen von Wistar und Stiegel gingen schließlich in den Wirren der Zeit unter. Die Idee der Glasherstellung in großem Maßstab blieb jedoch erhalten. Und genau in dem Jahr, als der Unabhängigkeitskrieg sein für die ehemaligen Kolonien erfolgreiches Ende fand, also 1784, eröffnete der ebenfalls deutschstämmige John Frederick Amelung eine Glasfabrik. Dies war der dritte Versuch im Amerika des 18. Jahrhunderts, Glaswaren in großen Mengen und dadurch billig herzustellen. Doch obwohl diese Fabrik durchaus ansehnliches Tafelgeschirr in formvollendeten Dekoren anbot, mußte auch sie ihre Pforten nach einigen Jahren wieder schließen. Immerhin hinterließ Amelung das bisher feinste amerikanische Glas. Gegenstände aus dieser Zeit sind oftmals sogar mit seinem Namen signiert und datiert. Erhalten geblieben ist der abgebildete Deckelbecher, ein Geschenk für die Frau des Glasfabrikanten. Auf ihm ist die biblische Legende vom Engel Raphael zu sehen, der den jungen Tobias[4] nach Medien geleitet und diesem auf dem Rückweg verrät, wie er des Vaters Blindheit heilen könne. Der Becher trägt die Inschrift: «Glücklich der, der gesegnet ist mit tugendsamen Kindern. Carolina Lucia Amelung, 1788.»

Einer kritischen Schilderung zufolge lag der Grund für die schließlichen Mißerfolge der damaligen Glasfabrikanten darin, daß sie versuch-

4 Tobias ist der tugendsame Sohn des ebenso tugendsamen Tobias aus Thisbe, eines von Gott auf die Probe gestellten, d. h. mit Blindheit geschlagenen Mannes. Der junge T. reist nach Medien, um für den Vater 10 Pfund Silber von einem Schuldner einzutreiben, und Gott gibt ihm auf den Weg den als Jüngling verkleideten Engel mit. Der Engel gebietet ihm, aus einem riesigen Fisch die Galle zu entnehmen, mit der des Vaters Blindheit geheilt wird.

Zuckerdose mit Deckel, South-Jersey-Typ.
Grünes oder Flaschenglas, geblasen, wahrscheinlich gegen Ende des 18. Jh. Südliches New Jersey, möglicherweise Wistarberg oder Glassboro
(The Corning Museum of Glass, Corning/New York)

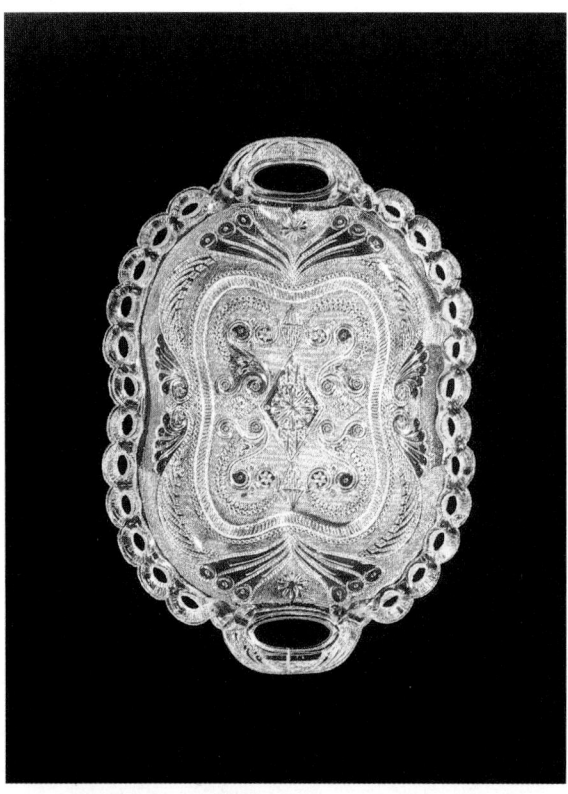

Platte aus Bleiglas, gepreßt.
New England, etwa 1830 bis 1845
(The Corning Museum of Glass, Corning/New York)

ten, am Beispiel europäischer Vorbilder, hauptsächlich aus England, die Glaserzeugung im
großen aufzuziehen, ohne daß die organische
Marktentwicklung und -erschließung, die gesellschaftlichen Bedürfnisse insgesamt, einen
entsprechenden Stand erreicht hatten. «Die
meisten neuen Fabrikationen sind in diesem
Lande zu groß begonnen worden ... Wenn eine
Glashütte gebaut wurde, so investierte man
Tausende und verrechnete sich so, daß man den
Teil des Landes, auf dem keine Gebäude standen, hätte mit Glas bedecken können.»

Aber der Weg war beschritten, der Bedarf

nahm zu, und die amerikanische Glasproduktion des Ostens dehnte sich zu Beginn des
19. Jahrhunderts immer mehr aus. Hauptsächlich fertigte man das am meisten verlangte Fla-
schen- und Fensterglas. Für Familienangehö-
rige und Freunde stellten geschickte Glasmacher auch Trinkgläser, Schalen, Pokale und
ähnliches in Arbeitspausen oder in ihrer Freizeit
her, ganz so, wie ihre unbekannten thüringischen «Fachkollegen» die erwähnten «Papier-
gewichte» heimlich fertigten. Man überzog die
Gläser mit allerlei Verzierungen und Aufschmelzungen aus Glas in deutscher Tradition
und nach eigenem Geschmack. Einige solcher
Stücke sind bis heute erhalten und stehen zumeist im Glasmuseum von Corning, USA. (The
Corning Museum of Glass).

Mit den nach Westen ziehenden Siedlern
wanderte um die Jahrhundertwende auch die
Glasherstellung westwärts. Dort eröffnete sich
ein neuer Markt, den die Fabriken des Ostens
wegen der weiten und schwierigen Transport-
wege nicht ausreichend beliefern konnten. Glas
aber war weiter westlich sehr begehrt geworden; denn «das Tischgeschirr ist dürftig ... Da
es keine Gläser gibt, aus denen man trinken
könnte, wenn Whisky angeboten wird, reicht
man die Flasche, einen Becher oder eine Teekanne ...». Das berichtete damals ein Reisen-
der, offenbar aus eigenem Erleben.

So war es kein Zufall, daß sich in der an
Heiz- und Glasrohstoffen reichen und trans-
portgünstigen Gegend um Pittsburgh ein neues
Zentrum der Glasherstellung herausbildete.
Sand, Kalk und Pottasche standen ausreichend
zur Verfügung, die Kohlevorkommen in der
Nähe boten das Heizmaterial, und der Fluß-
transport von Pittsburgh zur Westgrenze Penn-
sylvanias sicherte den Absatz in den neuen, auf-
nahmefähigen Markt. Es begann 1790 mit einer

Vorführung des Glaspressens auf der Ausstellung
anläßlich des 100. Jahrestages der Gründung
von Philadelphia 1876 (Nach einer vom Corning Museum
of Glass, Corning/New York, freundlicherweise
bereitgestellten zeitgenössischen Lithografie)

Flaschenfabrik, die James O'Hara und Isaac
Craig gründeten, und bald stellten mehrere
Glashütten in und um Pittsburgh die verschiedensten Gebrauchsartikel aus Glas bis hin zu
geschmackvollem Tafelglas her. Von hier aus
breitete sich die amerikanische Glasindustrie
am Ohio River entlang nach West-Virginia,
Ohio und Kentucky aus.

Es ist interessant zu sehen, wie sich auch in
Nordamerikas Glasindustrie Prozesse vollzogen, die für die industrielle Glasherstellung in
Europa typisch waren. Allenthalben trieb die
Entwicklung neuer Märkte im Amerika des beginnenden 19. Jahrhunderts die industrielle
Entwicklung voran. Man suchte mit neuen, produktiveren und billigeren Methoden die Erzeugung zu steigern und das Angebot an Glaswaren
zu erhöhen.

Da kam eine Neuerung aus England gerade
recht. Dort hatte man eine Methode wiederent-
deckt, deren sich einst bereits die Römer bedien-

ten: Glas in Formen zu blasen. So konnte man Formgebung und Dekoration bestimmter Massenartikel in einem Arbeitsgang vereinen und verschiedene aufwendigere Verfahren vor allem der manuellen Glasgestaltung, so das Glasschneiden, für den anspruchsloseren Massenkunden imitieren.

In New York erschien 1815 ein Hauswirtschaftsbuch, dessen Autor dem Leser sinngemäß empfiehlt: «Wer gläserne Kompotteller, Butterdosen usw. wünscht, die billiger sind als jene aus geschnittenem Glas, kaufe Formglas. Die Auswahl ist reichlich, und es sieht auch sehr gut aus, wenn man es nicht gerade neben schöneres stellt.»

Mit der billigeren Formgebung wurde auch die Verzierung der verschiedenen Glasartikel wohlfeiler, so daß sie jetzt weite Verbreitung fanden. Allein George Washingtons Abbild war in dutzendfacher Ausführung zu haben. Daneben gab es Motive aus dem Unabhängigkeitskrieg, Freimaurersymbole oder den amerikanischen Adler.

Den Sprung zur Massenproduktion amerikanischen Tafelgeschirrs aus Glas aber ermöglichte die Einführung der *Preßmaschine* in die Glasproduktion um 1820. Dieser herausragende Beitrag Amerikas war nicht nur die wichtigste Neuerung auf dem Gebiet des Glasmachens seit der Erfindung der Glasmacherpfeife, sondern bedeutete zugleich auch eine tiefgreifende Wende in der Geschichte der Glasherstellung überhaupt, einen Sprung in der Entwicklung der Produktivkräfte, wie er bisher in keiner anderen Manufaktur zu beobachten war.

Zwei ungelernte Arbeiter können jetzt in derselben Zeit viermal soviel Glasartikel produzieren wie bisher drei bis vier erfahrene Glasbläser. In alle Gebiete des Alltagslebens zieht das Preßglas ein. Billige Leuchter, Vasen, Schalen und andere Artikel stellt man auf den mechanischen Pressen her, wie sie auf Seite 227 abgebildet sind. Das Pressen erleichtert es, zusammenpassende Stücke zu fertigen, verbilligt die Öllampen durch gepreßte Glaszylinder, ermöglicht die weite Verbreitung der Gaslampen, bis Edison auch ihnen mit der Entwicklung der elektrischen Glühlampe zu einem allgemein verwendbaren Beleuchtungsmittel im Jahre 1879 buchstäblich das Licht ausbläst. Ein Jahr darauf bereits produzieren die Corning-Glaswerke für ihn die ersten verwendungsfähigen Glühlampenkolben aus Glas.

Und so findet die amerikanische Glasindustrie immer mehr zu großen, schon nicht mehr überblickbaren Dimensionen.

Das Behälterglas rückt unaufhaltsam vor. 1880 sind bereits 25 Prozent aller Glasartikel Behältnisse zur Aufbewahrung und Konservierung verschiedenster Stoffe – von Likören, Arzneien, Lebensmitteln. Und als 1903 der Engländer Michael Owens die Flaschenblasmaschine erfindet, bedeutet auch das wieder einen Sprung nach vorn in den Produktivkräften der Glasfertigung, wie bereits ausführlich beschrieben.

Es soll nicht unerwähnt bleiben, daß sich neben der industriellen Entwicklung der Glasherstellung in Nordamerika natürlich auch eine künstlerische vollzog. Vor allem um die Mitte des 19. Jahrhunderts setzten mit dem wirtschaftlichen Aufschwung verstärkt Bemühungen um eigene künstlerische Aussagen auch beim Glas ein. Vorerst kamen sie in der Mehrzahl über die Nachahmung ausländischer Modetrends nicht hinaus. Da trat Louis Comfort Tiffany auf den Plan. Der Glaskünstler und Maler, Sohn eines New Yorker Silberwarenfabrikanten, gründete um die Jahrhundertwende in seiner Vaterstadt die *Tiffany Glass and Decorating Company*. Ihre im Jugendstil gestalteten Erzeugnisse, insbesondere das *Tiffany Favrile glass*, ein metallisch irisierendes, gekämmtes und faden-übersponnenes Zierglas, übten eine außerordentliche Wirkung auf den europäischen Geschmack aus. Gläser Tiffanys, die unter dem Fuß mit feiner Gravur signiert sind, fanden besonders im Deutschland und Österreich des beginnenden 20. Jahrhunderts viele Nachahmer. Aber trotz der herausragenden künstlerischen Leistung Tiffanys und mancher anderen bemerkenswerten Arbeit verschiedener Glasgestalter blieb in den USA die Vorliebe für übertriebene Formen und überladenen Stil ziemlich lange erhalten, bevor sie einem modernen, von Zweckmäßigkeit geprägten Stil des Gebrauchsglases weichen mußte. Einer seiner Hauptvertreter ist Dominick Labino. Heute konkurrieren zahlreiche Glaskünstler aus den USA nicht nur erfolgreich mit ihren Kollegen aus anderen Ländern, sondern haben auf einigen Gebieten selbst Maßstäbe setzende Spitzenpositionen erreicht.

## Laßt hell das Glas erklingen

Glas hat auch in der Musikgeschichte seinen festen Platz gefunden. Mit den klanglichen Eigenschaften von Gläsern unterschiedlichster Form beschäftigten sich nicht nur Physiker und Ingenieure, Instrumentenbauer und Musiker.

Glasbläser am Schmelzofen formten Musikinstrumente aus Glas, Komponisten faszinierte der gläserne Klang, und selbst berühmte Schriftsteller dachten über gläserne Klangkörper nach und setzten ihnen unvergängliche schriftliche Monumente. Erstaunlich, in welchen Quellen sich darüber Aufzeichnungen finden.

Nicht belegt ist, wer wann die ersten Musikinstrumente aus Glas erfand. In Deutschland dürfte das spätestens an der Wende vom 17. zum 18. Jahrhundert geschehen sein. Denn

während des 18. Jahrhunderts kamen bereits mehrere gläserne Konstruktionen auf: Hörner und Flöten als vereinzelte Versuche, häufiger schon Glasglocken- und Glasspiele sowie Glasharmonikas.

Kein Geringerer als Christoph Willibald Gluck führte das *Glasglockenspiel* 1746 in London in die Konzertwelt ein. Als er – nur einen Monat nach einem glanzvollen gemeinsamen Auftritt mit Händel – sein Abschiedskonzert in der Themsestadt gab, stellte er sich dem anspruchsvollen englischen Publikum mit «einem neuen Instrument eigener Erfindung» vor. Es bestand aus 26 mit Quellwasser gestimmten Trinkgläsern. Dank der aus der Kinder- und Jugendzeit herrührenden Schulung an der volkstümlichen und melodischen Musikkultur seiner böhmischen Heimat brillierte Gluck auf seinem Glasinstrument als Virtuose mit eigenen Kompositionen.

Das von ihm erfundene Glasglockenspiel ist dem Glasspiel nahe verwandt. Es vereint verschieden hoch gefüllte, dünnwandige Hohlgläser, die entsprechend der chromatischen Abstimmung der einzelnen Gefäße auf einer Tuchunterlage angeordnet sind. Durch zwei kleine Schlegel werden sie vom Musizierenden wie bei einem Xylophon zum Klingen gebracht.

*Glasspiele* hingegen sind Idiophone, selbsttönende Musikinstrumente aus Glas. Ihr Klang entsteht, indem man einigermaßen geschickt mit den angefeuchteten Fingerspitzen über die Ränder der unterschiedlich mit Wasser gefüllten Hohlgläser hinweggleitet. Diese durch Reibung, Friktion, erklingenden Glasspiele waren noch vor den Glasharmonikas in Europa weit verbreitet. Ihre Vorläufer könnten die mittelalterlichen indisch-persischen Instrumente aus Porzellan- oder Keramikschalen gewesen sein, die man, bei ebenfalls unterschiedlicher Wasserfüllung, mit einem Stöckchen zum Klingen brachte.

Die *Glasharmonika* war längere Zeit der ungeliebte Konkurrent der Glasglocken- und Glasspiele. Ihre Blütezeit hatte sie im 18. Jahrhundert. Die Klänge entstehen wie beim Glasspiel durch Friktion. Das heißt, die chromatisch abgestimmten Gläser werden durch mechanische Reibung in Schwingung versetzt und damit zum Tönen gebracht. Die schwingenden Teile der Harmonika sind meist als Glocken, Becher oder Röhren ausgebildete Hohlgläser, manchmal auch Glasstäbe.

Benjamin Franklin, dem bedeutenden nordamerikanischen Staatsmann und anerkannten Gelehrten seiner Zeit, dem wir übrigens auch den Blitzableiter verdanken, gelang es als erstem, eine ausgereifte Glasharmonika zu konstruieren, die er 1762 in London vorstellte. Er ordnete die Glasglocken kegelförmig auf einer Achse an, die über Treibriemen und Schwungrad durch Pedaltritte in Drehung versetzt wird. Der Musiker steht vor dem horizontalen Klangkörper und bringt die mit Wasser benetzten rotierenden Glasglocken mit den Fingerkuppen zum Klingen. Im Instrumentenmuseum des Eisenacher Bachhauses ist ein solches Grundmodell der Glasharmonika zu sehen. Später ist diese Glasharmonika weiterentwickelt und mit einer Klaviatur versehen worden. Von Johann Ludwig Dussek, einem damals berühmten böhmischen Klaviervirtuosen und Komponisten, heißt es, er habe dieses Instrument vollendet beherrscht.

Das Klangbild der Glasharmonika traf den Zeitgeschmack des 18. Jahrhunderts. Die zarten Töne, die ohne Anlaut gleichsam ätherisch den Raum füllen, entsprechen der Empfindsamkeit eines Kunstsinns, dem Goethe in seinem *Werther* bleibenden Ausdruck verliehen hat. Berühmte Virtuosen wie der erwähnte Dussek und Marianne Kirchgäßner musizierten mit Glasharmonikas, ja selbst Mozart und Beethoven verfaßten spezielle Kompositionen dafür. Bald aber kamen Glasspiele und Glasharmonikas wieder aus der Mode. Nach etwa hundertjähriger Stille um diese Instrumente hat Richard Strauss im Jahre 1919 die Glasharmonika noch einmal in der *Frau ohne Schatten* zum Klingen gebracht.

Die Idee der Musikinstrumente aus Glas lebte jedoch weiter. Im Jahre 1929 entwickelte und spielte Bruno Hofmann eine Glasharfe, die er als Reibspiel mit senkrecht stehenden Gläsern ausführte.

Ein zeitgenössisches Beispiel für die Verwendung von Musikinstrumenten aus Glas liefern die Jenaer *Glaswerker-Blasmusikanten*. Sie verwenden Glasfanfaren und ein Glasxylophon, die sie selbst herstellten.

Die Glasfanfaren sind in B gestimmt und geben einen helleren Ton als die herkömmlichen Instrumente. Sie bestehen aus insgesamt etwa 2 Meter Glasrohr mit verschiedenem Außendurchmesser, nach Notwendigkeit aufgeweitet und gebogen. Maßgeblich für die Tonlage und den Klang der Instrumente sind die Wanddicke und Gesamtlänge der Röhren. Die Glaswerker fertigen diese Fanfaren in freier Handarbeit, wobei es besondere Meisterschaft des Glasbläsers verlangt, dem langen Kegelteil mit der sogenannten Stürze Form zu verleihen.

Das Glasxylophon ruht auf einem Holzkasten mit doppeltem Boden, der den Resonanzraum bildet. Auf der oberen Platte des Resonanzraumes sind die Glasröhren auf zwei Stegen liegend angebracht. Auch über ihren Klang entscheiden Durchmesser und Gesamtlänge. Die längsten Röhren mit dem größten Durchmesser geben die tiefsten Töne. Für die genaue Tonabstimmung ist es notwendig, die Stirnseiten der Röhren bis auf Zehntelmillimeter genau abzuschleifen.

Zum *Prager Frühling* 1984 stellte der Glasschleifer Jaroslav Šlechta aus Skrdlovice in der ČSSR eine gläserne Geige aus. In emsiger Feierabendarbeit fertigte er dieses Instrument aus einem einzigen Glasblock. Ein Jahr lang schliff und schnitt er das Rohmaterial, bevor er das 14 Kilogramm schwere Glasinstrument der Öffentlichkeit vorstellen konnte.

Maxim Gorki hat den Gedanken, Musikinstrumente aus Glas zu bauen, künstlerisch in seinem Buch *Klim Samgin, Vierzig Jahre* zum Ausdruck gebracht. Der Diakon, der Makarow das Gitarrespiel beigebracht hat, wendet sich mit der Frage an Klim: «‹Und Sie, haben Sie keine Berührung mit der Musik?› Und ohne die Antwort abzuwarten, verfiel er, mit den Fingern auf das Knie trommelnd, in Träumereien: ‹Wenn man mich meines geistlichen Amtes enthebt – gehe ich in eine Glashütte arbeiten und befasse mich mit der Erfindung eines gläsernen Instruments. Sieben Jahre lang wundere ich mich schon: Weshalb wird Glas nicht in der Musik angewandt? Haben Sie einmal im Winter, in stürmischen Nächten, wenn man nicht schlafen kann, gelauscht, wie die Fensterscheiben singen? Ich habe vielleicht tausend Nächte dieses Singen gehört und bin auf den Gedanken gekommen, daß gerade Glas und nicht Messing oder Holz uns eine vollkommene Musik bieten müßte. Man müßte alle Musikinstrumente aus Glas machen, dann würden wir ein Paradies von Tönen erhalten. Ich werde mich unbedingt damit befassen!»

Selbst für Glaskenner und -sammler ist es immer wieder erstaunlich, in welch tausendfältiger Beziehung zum persönlichen und gesellschaftlichen Leben Glas stehen kann. Bei der Suche nach derartigen Bezügen treten die interessantesten Dinge zutage. Denkwürdiges und Seltsames, Kurioses und Erstaunliches, ja sogar Unglaubliches.

## Seltsames auf und aus Glas

Weit verbreitet sind, seit überhaupt die betreffenden Techniken beherrscht wurden, verschiedenste Inschriften auf Glasgefäßen und -gegenständen. Solchen geschliffenen und gravierten, gemalten und eingebrannten, eingeätzten und in anderer Weise aufgebrachten Informationen verdanken wir mancherlei Kenntnisse über die Vergangenheit. Daneben ist natürlich auch allerhand anderes den Beschriftungen zu entnehmen ...

Eine verbreitete Form von Texten auf Gläsern waren neben den beliebten und nicht selten anzüglichen Trinksprüchen politische Losungen. Als der evangelische Niederländer Wilhelm III., Prinz von Oranien mit seiner von den Whigs und Torys erfolgreich betriebenen Thronbesteigung im Jahre 1689 die Versuche seines Schwiegervaters Jakob II. durchkreuzte, eine absolute katholische Monarchie in Großbritannien herzustellen, ließen seine politischen Gegner, die Jakobiten, Gläser mit der Forderung nach Rückkehr des Katholiken Jakob II. oder seines Sohnes Jakob III., genannt Ritter von St. Georg, auf den englischen Thron mit dem folgenden Schriftband versehen: «Gott segne alle Unternehmen und behüte groß und klein jeden Ranges, auf daß der König zurückkehre, der den größten Anspruch hat zu regieren. Es ist der einzige Weg, die Nation zu retten.» Die Herstellung und der Besitz eines solchen Glases im damaligen Großbritannien und Irland war ein politisches Verbrechen, das dem Hochverrat gleichkam und unweigerlich die Todesstrafe nach sich zog.

Deutsche Glasschneider propagierten mit künstlerischer Raffinesse weithin anerkannte Losungen der bürgerlich-demokratischen Revolution von 1848. Sie schnitten die politischen Inschriften auf Hohlgläser in gelungener Kombination mit erotischen Motiven. Die Dekoration auf den Gläsern war in bestechender Meisterschaft ausgeführt, um über die Attraktivität der Erzeugnisse auch den politischen Forderungen weite Verbreitung zu sichern. Die bildnerischen Motive erlaubten aber in Verbindung mit den eigentlich politischen Texten eine zweideutige Interpretation. Zum Beispiel trugen Becher die Gravur anmutiger Frauenakte, die von oben nach unten die folgenden, einigermaßen anzüglichen Inschriften an den jeweiligen Körperstellen enthielten: «Öffentlichkeit beider Kammern», «Preßfreiheit», «Auflösung der stehenden Heere», «Vox populi». Das gesamte Schnittensemble trägt die bezeichnende Überschrift: «Allgemeiner Wunsch aller Völker». Politisch handelt es sich durchweg um angestrebte Ziele des demokratischen Bürgertums im Revolutionsjahr.

Auch ganz «normale» erotische Gläserformen und -dekorationen waren seit eh und je beliebte Schöpfungen von Glasmachern und -veredlern. Und sie ließen ihrer Phantasie auch hier freien Lauf, von leisesten Andeutungen bis zu ganz deftigen oder gar ins Obszöne reichenden Darstellungen, die bereits vor Jahrhunderten als Phallusgläser auf den halbdunklen Markt kamen.

Anerkannte gesellschaftliche Funktionen besitzen die sogenannten Traditionsgläser sowie Zunft- oder Gewerbegläser mit Bildnissen verehrter Persönlichkeiten oder mit Darstellungen von Gewerben und Gewerken. Aus diesen Gläsern wurde bei ständischen oder politischen Zusammenkünften und Versammlungen ge-

trunken. Solcherart geschmückte Hohlgläser waren aber auch als Gedenk- und Auszeichnungsgegenstände sehr beliebt. Sie vermitteln aufschlußreiche Aussagen über frühere Bräuche und Sitten.

Von Glasausstellungen sind Tabakpfeifen mit Rohr, Kopf und Wassersack aus geschliffenem Glas, gläserne Schraubstöckchen für Nähtische, Speise- und Kaffeelöffel, Blumenstraußhalter, sehr attraktive Dominosteine aus doppelten Schliffplättchen – die obere, z.B. rote Platte mit ausgeschliffenen Augen, die untere verspiegelt – und gläserne Buchstaben bekannt.

Besonders apart und attraktiv wirken Spieldosen aus Glas, die in den verschiedensten Formen, als Pokal, Karaffe oder gar als türkische Wasserpfeife, gestaltet sein können. Perücken mit Glasfäden als Haarersatz, das königliche Kleid für Englands Herrscherin Victoria aus gesponnenem Glas, der Fingerhut oder die bunt dekorierten Ostereier und der Bienenstock aus Glas haben durchaus Gebrauchscharakter, ebenso wie der gläserne Handkühler in Eiform, den englische Hofdamen zur Zeit Königin Victorias beim Tanz benutzten. Und Venedigs Glastraditionen sollen ein äußerst nützliches Denkmal mit einer gläsernen Brücke erhalten, die in einer Länge von 70 Metern den Canale Grande überspannen wird.

Dagegen sind Neujahrskarten und Schreibfedern aus Glas, sieht man von den gläsernen Füllhalterspitzen ab, die sich in Nachkriegsjahren durchaus bewährten, nur noch von rein symbolischem Wert. Kurios wirken gläserne Vogelbauer und Froschleitern, die zwar selten und unpraktisch sind, aber von einigen Glasmachern in der Wohnung zum Gaudi ihrer Gäste aufgestellt wurden.

Farbige oder innen mit Silber verspiegelte, vom Glasmacher als «geschlickert» bezeichnete

Glaskugeln dienten im England des 18. Jahrhunderts nicht schlechthin als Zierde für die Wohnung, sondern die «Zauberkugeln» sollten böse Geister bannen, die das Haus bedrohen. Zur kommerziellen Verwertung solchen Aberglaubens gelangten gläserne Kristallkugeln. Spiegelnde Lichtreflexe oder ein gedämpftes «Wattelicht» haben eine fast hypnotische Wirkung auf das Medium, das mit gläubigem Vertrauen zum Magier gekommen ist, um sich die Zukunft deuten zu lassen. Wahrsagen aus Kristallkugeln, Kristallomantie, heißt diese Filiale des schwarzen Gewerbes, dessen einträgliches Geschäft auf dem Aberglauben der Menschen beruht. Raymond Chandler schildert in seinem wohl erfolgreichsten Kriminalroman *Leb wohl, mein Liebling* sehr einprägsam dieses Milieu der Kristallomantie: «Er ist so etwas wie ein Glaskugelprophet», erklärt der Polizeichef von Bay City, John Wax, im Beisein von Philip Marlowe seinen beiden Leuten, die offenbar von diesem Magier Amthor bestochen waren. Tage zuvor hatte Amthor den Privatdetektiv empfangen, der von dessen Arbeitszimmer einen mystischen Eindruck hatte: «In der Mitte eines kohlschwarzen stumpfen Teppichs stand ein achteckiger weißer Tisch, gerade groß genug für zwei Ellenbogenpaare, und in der Mitte des Tisches stand auf einem schwarzen Gestell eine milchweiße Kugel. Aus dieser kam das Licht. Wie, konnte ich nicht sehen. An dem Tisch standen sich zwei weiße achteckige Hocker gegenüber – verkleinerte Ausgaben des Tisches. An der Wand stand noch ein solcher Hocker.

Sonst war nichts in dem Raum – nichts.

Deckelpokal «Unergründlich». Erotische Szene
in Matt- und Klarschnitt auf farblosem Glas.
Lauenstein, Mitte 18. Jh.
(Staatliche Kunstsammlungen Dresden,
Museum für Kunsthandwerk)

Pokal mit sogenannter Bergdevise.
Farbloses Glas mit Schliff, Matt- und Klarschnitt.
Dresden 1719.
Zwei Ansichten mit danebenstehenden Details:
Wünschelrutengänger
Münzpräger
(Staatliche Kunstsammlungen Dresden,
Museum für Kunsthandwerk)

Nicht einmal ein Lichtschalter war an den Wänden.» Und dann läßt uns Marlowe die hypnotische Wirkung miterleben, die ihn befängt, nachdem er auf Geheiß von Mr. Amthor niederge-
schlagen worden war und nun langsam wieder
zu Bewußtsein gelangte: «Ich tastete nach dem
weißen Hocker und setzte mich und legte den
Kopf auf den weißen Tisch neben die milchige
Kugel, die nun wieder ihr mildes Licht verbreitete. Den Kopf auf dem Tisch, starrte ich sie von
der Seite an. Ich war fasziniert von dem Licht.
Es war ein so angenehmes, so angenehm mildes
Licht.»

234

Spiritistischen Ursprungs war auch die in Fischerdörfern am Nordatlantik verbreitete Sitte, daß die Fischerfrauen gläserne Netzschwimmer an den Fenstern anbrachten, als Zeichen der Verbindung mit ihren auf See befindlichen Männern.

Von den Glasdolchen, die lediglich als Wandschmuck gedacht waren, diente einer, alten Berichten zufolge, sogar als Mordwaffe. Ein gedungener Mörder stieß im Jahre 1735 dem in Venedig zu Besuch weilenden Fürsten Dominik Sebastian Christian von Löwenstein-Wertheim-Rochefort einen Glasdolch in die Brust und durchbohrte ihm damit das Herz. Bei der Sektion der Leiche fand man die abgebrochene Dolchspitze. Mindestens 500 Jahre früher benutzte ein Wegelagerer eine mit Bocksblut gefüllte Glasflasche als Mordinstrument. Bocksblut nahm dem Aberglauben nach allen Bewehrungen die Festigkeit. Wolfram von Eschenbach

hinterließ uns in seinem *Parzival* die Moritat von dem Überfall auf einen ausruhenden Ritter:
«Ein Heidenschuft benutzte das,
Der insgeheim ein langes Glas,
Das er voll Bocksblut bei sich trug,
Auf seinem Demanthelm zerschlug:
Da ward er weicher als ein Schwamm.»

Singzirpen aus jadefarbenem Glas legten die Chinesen auf die Zungen der Verstorbenen, Ausdruck des Glaubens an die überirdische Macht der Zikade über das Fortleben nach dem Tode. In Frankreich ließ man ein Tuch aus Glasfäden weben, um den Leichnam Napoleons damit zu bedecken.

Das Historische Museum Schwerin bewahrt Kugel-Handgranaten mit Glasmantel auf. Sie gehörten zur Ausrüstung von Grenadieren und wurden 1864 in der ehemaligen Festung zu Dömitz gefunden. In den letzten Jahren des zweiten Weltkrieges setzte die faschistische deutsche Wehrmacht, weil es an Stahl mangelte, Tretminen aus Glas ein, die eine ähnliche mörderische Wirkung hatten wie die bislang verwendeten.

In drastischem Gegensatz hierzu steht folgende amüsante Meldung: In das *Guinness-Buch der Rekorde* einzugehen, reizte die Mundglasmacher der Glashütte in Morigswil im schweizerischen Kanton Nidwalden. Sie fertigten ein riesiges Bierglas, etwa 150 cm hoch und 86 cm im Durchmesser, in das reichlich 660 Liter Bier hineingehen. Da es mit hoher Wahrscheinlichkeit das größte Bierglas der Welt ist, könnte es tatsächlich als weitere Weltkuriosität Anerkennung finden.

Zahlreiche nicht alltägliche Verwendungen von Glas sind auch aus der Geschichte der Wissenschaften bekannt.

So war der schon erwähnte Michael Faraday von der englischen Regierung in eine Kommission berufen worden, die zur Förderung der britischen Glaserzeugung neue und bessere Glassorten herausfinden sollte. Gewissermaßen als «Nebenprodukt» gelang es ihm im Jahre 1845, mit Hilfe von speziellen, unter seiner Leitung geschmolzenen Sorten von Flintglas die Magnetorotation des Lichts in Materie, heute als «Faraday-Effekt» bezeichnet, und die dia- und paramagnetische Zustandsänderung aller Materie nachzuweisen. Auch in den wissenschaftlichen Experimenten des Physikers und Nobelpreisträgers Wilhelm Conrad Röntgen spielte Glas eine Rolle. Wie sein langjähriger russischer Assistent Joffe berichtete, bewegte Röntgen eines Tages das Problem, ob die sehr kurzen elektromagnetischen Wellen an Oberflächen reflektiert werden. Röntgen löste es einfach und elegant, indem er die Streuung der Strahlen an einer Menge zerstückelten Glases beobachtete. Hierbei gibt es so viele aufeinanderfolgende Reflexionen, daß sich deren Wirkung tausendfach an der Streuung nach den Seiten hätte äußern müssen. Aber es zeigte sich auch unter diesen Bedingungen keine Streuung.

Seit Jahrzehnten sucht die pharmazeutische Industrie nach einem wirksamen und zugleich auch preiswerten Mittel gegen Bilharziose, unter der in den heißen Ländern nach Schätzung der Weltgesundheitsorganisation (WHO) mindestens 200 Millionen Menschen leiden.

Übertragen wird sie durch Schwanzlarven (Cercarien), die in bestimmten Arten von Süßwasserschnecken heranwachsen, dann frei herumschwimmen und die Haut des Menschen durchbohren, wenn er mit solchem verseuchten Wasser in Berührung kommt. Sie entwickeln sich zu Würmern, die in Nieren, Blase, Leber und Darm dringen.

Alle bisherigen Bemühungen, die Krankheit selbst und den Zwischenwirt – die Schnecken – zu bekämpfen, waren fehlgeschlagen. Aber eine

Entdeckung hat man bei den Versuchen gemacht: Geringe Mengen Kupfer im Wasser töten die Schnecken, ohne die Umwelt zu beeinträchtigen. Sobald sich jedoch das Wasser vom Kupfer gereinigt hat, wachsen sie erneut heran. Nun soll eine spezielle neue Glasart dafür sorgen, daß in den verseuchten Gewässern ständig eine angemessene Kupferkonzentration erhalten bleibt: das «Controlled Release Glass» (CRG). Dieses «Glas mit geregeltem Abgas» löst sich langsam auf und gibt dabei nach und nach die zur Ausrottung der Schnecken erforderliche Kupfermenge ab. Wie erste Versuchsergebnisse aus Sambia zeigen, ist dies eine sehr billige Art der Bilharziosebekämpfung.

Schließlich sei erwähnt, daß der Glasmacherort Lauscha im Thüringer Wald nicht zuletzt durch eine bahnbrechende glastechnische Erfindung weltberühmt geworden ist. Im Verein mit führenden Ärzten seiner Zeit gelang es dem Glasmeister Ludwig Müller-Uri im Jahre 1835, in einer speziell dafür gegründeten Werkstatt erstmalig *künstliche Menschenaugen* herzustellen. Seitdem sind Augenprothesen aus Lauscha ein gefragter Artikel im In- und Ausland. Immerhin trägt heute etwa jeder 600. Mensch in der Welt ein Glasauge. Augenprothetiker geben den vorgefertigten künstlichen Augen genau entsprechend dem natürlichen Auge des Patienten das endgültige Aussehen. Die Iris der ersten künstlichen Menschenaugen war auf der Innenseite mit feinen Pinselstrichen aufgemalt. Später entstanden die noch heute gebräuchlichen doppelwandigen Augen, deren Iris aus hauchdünnen farbigen Glasstäben entsteht.

## Glaskunst im Zwielicht

Die schon frühzeitig von Glasmachern entwickelte Kunst, aus Glas Schmuckimitationen, also billigen Ersatz für kostbare Edelsteine anzufertigen, verführte nicht selten labile Charaktere dazu, sie als echt auszugeben, sich daran zu bereichern oder wenigstens damit zu prunken und Reichtum vorzutäuschen. Namentlich der härteste und wertvollste Edelstein, der Diamant, hatte Juweliere und Edelsteinschleifer schon immer zur Nachahmung gereizt.

*Adamas*, das unterhaltsame Diamantenbuch von G. Wermusch, enthält eine Anekdote zu einer Erfindung, auf deren Grundlage die Nachahmung von Diamanten seit mehr als 200 Jahren zu hoher Blüte gelangte. Im Jahre 1752 soll ein Wiener Goldschmiedemeister namens Josef Strasser auf einem Maskenball am Hofe Maria Theresias als wohlhabender Türke verkleidet und edelsteinbeladen in Begleitung zweier Haremsdamen erschienen sein. Damit wollte er seine Kaiserin auf sich und seine prunkvollen Steine aufmerksam machen, die er allerdings aus Glas angefertigt hatte.

Wie es heißt, soll sich die Kaiserin zwar gnädig gezeigt und den hoffnungsvollen Goldschmiedemeister beauftragt haben, seine neue Kunst dadurch zu beweisen, daß er ein Duplikat ihres Brautschmucks anfertigte. Ansonsten aber hielt es Maria Theresia mit der Tradition, wenn es um Zucht und Ordnung ihrer Untertanen ging. Sie verwies auf einen Erlaß Kaiser Karls VI. aus dem Jahre 1732, der dem «gemeinen Volk» das Tragen von Juwelen verbot, und untersagte Strasser kurzerhand die weitere Herstellung seiner «Wiener Brillanten». Ihr Standesdünkel war stärker als das Interesse, mit Hilfe saftiger Steuern auf den Verkauf der billigen Steine den Staatssäckel aufzufüllen.

Ein Franzose soll Strasser später seine Erfindung abgekauft haben, die zum Grundstein einer ganzen Modeartikelindustrie wurde und es auch vielen Besitzern teuren Brillantschmucks

Seit je hat auch das Tier
die Glaskünstler zur Nachbildung angeregt.
Zwei ausdrucksstarke Beispiele
aus neuerer Zeit sind diese kämpfenden
Hähne und das Storchenpaar ,rechts
(Museum für Glaskunst Lauscha)

erlaubte, sich mit handwerklich meisterhaft ausgeführten blitzenden Imitationen zu behängen, während die echten Stücke in diebstahlsicheren Tresoren ruhen. Strassers Name soll es sein, der für immer in den von ihm erfundenen «Straß» einging.

Indes ist der Wahrheitsgehalt dieser Anekdote durchaus anzuzweifeln. Anderen Quellen zufolge geht die Bezeichnung *Straß* nicht auf den Wiener Goldschmiedemeister zurück, sondern auf einen französischen Erfinder namens Georges Frédéric Stras. Er soll, zumindest in Frankreich, der erste gewesen sein, der bereits um das Jahr 1730 Glasimitationen von Diamanten und

Edelsteinen in großem Umfang auf den Markt brachte und sich dadurch einen «Markennamen» schuf, ohne es zu beabsichtigen. Ein *Dictionair der Erfinder* von 1789–1820 wiederum weiß von der Herkunft des Straß aus Deutschland zu berichten. Sogar England wird in einer anderen Quelle als Ursprungsland genannt. Wie dem auch sei, am Siegeszug der Imitation von Diamanten durch geschliffenes Glas änderte das nichts, wo auch immer er seinen Anfang genommen haben mag.

Ein ganz anderes Kapitel der Nachahmung echter Edelsteine mit Hilfe von Glas ist die bewußte Fälschung. So wie das gefärbte Glas schon zu Zeiten Augustus' dazu herhalten mußte, um den damals noch teuren Obsidian vorzutäuschen, nutzten sachkundige Fälscher auch später, bis in unsere Zeit hinein, die Unkenntnis der mehr oder weniger begüterten Käufer weidlich aus und stellten mit betrügerischer Absicht Glasimitationen wertvollen Schmucks her.

Schon im Altertum gab es ein regelrechtes Gewerbe der Edelsteinfälschung, das sich in der Farb- und Wärmebehandlung zur «Veredlung» billiger Glasstückchen meisterhaft auskannte. Auch Mathesius wetterte in seiner Bergpredigt (1562) gegen den Betrug mit falschen «Steinen» aus Glas (siehe Kapitelvorsatz). Und so haben sich nach Jahrhunderten manche Erbstücke, als vermeintlich kostbarer Familienschmuck von Generation zu Generation weitergegeben, bei fachmännischer Prüfung als zwar meisterliche, aber doch vergleichsweise billige Glasarbeit erwiesen.

Selbst Experten lassen sich mitunter von Meisterfälschern hinters Licht führen. Als man im Jahre 1925 die Brillanten-Halskette im Dresdner *Grünen Gewölbe* untersuchte, entpuppte sich einer der 38 fast haselnußgroßen Steine als geschickt gefertigte Glasimitation. Fehlte gerade für dieses Glied der passende Edelstein, so daß der Juwelier

selbst eine Imitation dafür schliff und einsetzte? Oder hat jemand bei der Anfertigung den echten Stein unauffällig in seine Tasche verschwinden lassen und durch eine Nachahmung ersetzt? Diese Fragen wird heute selbst ein Meisterdetektiv Maigretschen Formats nicht mehr klären können.

Aber kommen wir zurück zum Ursprung der Imitation kostbarer Juwelen.

Die Nachahmung natürlicher Edelsteine mittels Glasfluß und Glasposten ist wohl kaum viel jünger als die Erfindung des Glases selbst. Überhaupt scheint die Geschichte der Herstellung von Gegenständen aus Glas mit bunten Perlen begonnen zu haben. Denn der älteste aller uns bekannten Gegenstände aus Glas war eine grünliche Perle aus einer prähistorischen Begräbnisstätte, wahrscheinlich schon vom Ausgang des 4. Jahrtausends vor unserer Zeitrechnung. Bis Anfang 1945 war dieses seltene Zeugnis vorgeschichtlicher Menschheitskultur im Berliner Ägyptischen Museum der Öffentlichkeit zugänglich, dann ging es wie viele andere Schätze im Inferno der letzten Kriegswochen verloren.

Möglicherweise waren aber solche etwa fünfeinhalbtausend Jahre alten Glasperlen auch mehr durch Zufall entstanden: als Nebenprodukt bei der Ziegelglasur. Die bewußte Herstellung von gefärbten Glaserzeugnissen im alten Ägypten mag deshalb weit jüngeren Datums sein. In der ägyptischen Abteilung des Berliner Bodemuseums ist ein Glasstäbchen zu sehen, das so mit blauen und weißlichen Streifen durchsetzt ist, daß der Name Amenemhet III. erkennbar ist. Er lebte von 1842 bis 1798 v. u. Z.

Als Howard Carter 1922 im *Tal der Könige* bei Theben das Grab des Pharaos Tutenchamun entdeckte, schlug nicht nur für die Ägyptologie eine Sternstunde. Die reichen Beigaben, die den 19jährig verstorbenen Herrscher auf der Reise ins Jenseits begleiten sollten, lieferten wertvolle Rückschlüsse auf die Kultur und Lebensweise der alten Ägypter. Unter den Grabbeigaben fanden sich zahlreiche Schmuckgegenstände, die mit farbigem Glas verziert waren. So war das goldene Zepter des Tutenchamun mit lapislazuliblauer Glaspaste abgesetzt, und ein aus Gold, bunter Glaspaste und Fayence zusammengesetztes Mieder hatte es den Archäologen besonders angetan. Carter bezeichnete es als das «großartigste Stück seiner Art».

Noch viele weitere Gegenstände in der Grabkammer ließen erkennen, daß Glas als Schmuckelement bei den alten Ägyptern eine hervorragende Rolle spielte. Der vergoldete Leopardenkopf eines Priestergewandes war mit buntem Glas eingelegt. Auch in dem kostbar ausgestatteten Priestersessel und dem dazugehörigen Schemel fanden sich neben Fayencen und echten Edelsteinen bunte Glaseinlagen.

Dennoch konnte hier von einer Edelsteinimitation zum Zweck der Irreführung nicht die Rede sein. Wer von den Herrschern oder gar Handwerkern hätte es wohl gewagt, den Sonnengott Re oder den Schutzgott der Pharaonen, den falkenköpfigen Horus, mit falschem Schmuck zu beleidigen?

Der Glasschmuck in der Grabkammer des Pharao stammte wahrscheinlich aus der Glashütte in Tell el-Amarna, der Residenzstadt seines Schwiegervaters, des «Ketzerkönigs» Echnaton. Erzeugnisse dieser altägyptischen Produktionsstätte – verschieden gefärbte Stäbe, Stücke und Perlen – sind in den Museen der Welt erhalten.

Die Imitation echter Edelsteine mittels Glas zu betrügerischen Zwecken ist wohl erst mit der sich ausbreitenden Geldwirtschaft «in Mode gekommen». Dem griechischen Philosophen und

Naturforscher Theophrastos verdanken wir eines der ersten Steinbücher, eine Literaturgattung, die noch im ausgehenden Mittelalter in hoher Blüte stand. Im Anschluß an seine Ausführungen über die edlen Steine befaßt sich Theophrastos mit den «bunt gearbeiteten und anderen synthetischen Steinen», wobei unter den «bunt gearbeiteten» gefärbte echte Edelsteine zu verstehen waren, die für höherwertige ausgegeben wurden, während die «synthetischen» Glasimitationen darstellten.

Theophrastos berichtet beispielsweise von einem Stein namens «Kyanos»: «So wie es einen natürlichen und einen künstlichen roten Ocker gibt, so gibt es einen natürlichen und einen künstlichen Kyanos, wie der in Ägypten … Die ägyptische Art ist künstlich hergestellt, und jene, die die Geschichte der ägyptischen Könige schreiben, vermerken auch, wer der erste König war, der geschmolzenen Kyanos als Imitation des natürlichen herstellte, und sie fügen hinzu, daß Kyanos als Tribut von Phönizien und als Geschenk von anderen Gegenden gesandt wurde, und mancher ist natürlich, mancher mit Feuer gewonnen».

Bei diesem «mit Feuer gewonnenen» Kyanos handelt es sich um Kupferglasur, mit die Ägypter u. a. das Zepter Tutenchamuns geschmückt hatten. Die Römer bezogen den ägyptischen Kyanos, um daraus den blauen Farbstoff zu gewinnen. Der natürliche Kyanos war offenbar der Türkis.

Im antiken Rom war die Edelsteinfälschung ein blühendes, einträgliches Gewerbe. Die Sucht der Patrizier, «primus inter pares» zu sein, äußerte sich nicht allein im Besitz an Sklaven, in der kostbaren Ausstattung der Häuser und in der Üppigkeit der orgienhaften Gastmahle, sondern auch in dem an allen Gelenken prangenden Edelsteinschmuck. Besonders be-

Straß in Vollendung: Bijouterie aus Jablonec/ČSSR

liebt waren Diamanten, Bernstein und gravierte Edelsteine, in denen man die Götter, den Herrscher oder sein eigenes Porträt verewigen ließ. Diese in Ringe gefaßten Gemmen dienten zugleich als Siegel. Kenner gab es ja nicht allzu viele. Was lag also näher, als die echten Gemmen durch solche aus Glas zu ersetzen? Es war inzwischen nicht nur billiger als echte Edelsteine, sondern wegen seiner geringeren Härte auch leichter zu bearbeiten. Etwa jede zehnte der uns erhalten gebliebenen antiken farbigen Gemmen ist aus Glas.

Die wissenschaftlichen Methoden, um echte von imitierten Edelsteinen zu unterscheiden, steckten erst in den Anfängen, und auch die waren nur wenigen bekannt.

Plinius hat in der erwähnten *Naturgeschichte* den 37. Band den «unbezweifelten Arten der Edelsteine» gewidmet. Aus 2000 Bänden habe er sein Wissen geschöpft, schreibt der große Gelehrte der Zeitenwende, von dessen Werk die Wissenschaft noch im ausgehenden Mittelalter zehrt. Und er ist sich seines Könnens bewußt: «Ich bin bereit, die Methoden zu beschreiben, mittels derer falsche Edelsteine entlarvt werden können, weil es sich ziemt, daß auch der Luxus gegen Betrügereien geschützt wird.» Anschließend verbreitet er sich ausführlich über Einzelheiten: «Künstliche Edelsteine werden mit der Waage entdeckt, weil Steine aus Glas leichter sind.»

«Der Diamant ritzt alle Edelsteine, echte und falsche», und: «... bei den nachgemachten bemerkt man in der Tiefe Bläschen sowie auf der Oberfläche Unreinheiten und Fasern, sie haben unbeständigen Glanz und nur geringe Leuchtkraft, die das Auge nicht besticht.»

«Die wirksamste Probe mit einem abgeschlagenen Stückchen, das man auf einem Stück Eisen reibt, verbitten sich die Edelsteinhändler ebenso wie die Probe mit der Feile.» Und schließlich: «Bruchstücke von Obsidian ritzen echte Edelsteine nicht, an den nachgemachten wird jeder Ritz weiß.»

Die Beobachtungen der antiken und mittelalterlichen Gelehrten, daß die Minerale unterschiedliche Ritzhärten aufweisen, sind erst Anfang des 19. Jahrhunderts von Carl Friedrich Mohs in der *Härteskala der Mineralien* systematisiert worden. In dieser Skala steht der Diamant mit Härte 10 an der Spitze. Glas (Fensterglas) hat die Härte 5, was indes nicht heißt, daß der Diamant doppelt so hart ist wie Glas. Hier geht es lediglich um die Rangfolge der Ritzhärte, und die spielte eben für die Echtheitsprüfung der verschiedenen Edelsteine bereits bei den «Alten» die bestimmende Rolle.

Welche Kenntnisse schon Plinius von den unterschiedlichen Härtegraden der Minerale hatte, geht nicht nur aus den obigen Zitaten hervor. Auch er erkennt dem Diamanten die größte Härte zu, nennt ihn «Adamas», den «Unbezwingbaren». Aber er weiß auch, daß nicht alle Edelsteine härter sind als Glas und daß die Probe mit der Feile hier offenbar zu falschen

Schlüssen führen müßte. Deshalb empfiehlt er z. B., den Opal (Ritzhärte 5,5) dadurch von der Opalimitation zu unterscheiden, daß man beobachte, wie der echte und der falsche Opal auf das Sonnenlicht reagieren: Der echte Opal zeige wechselnde Farben unterschiedlicher Intensität, die auf den Fingern hellen Glanz erzeugen, während der aus Glas imitierte das Sonnenlicht ungehindert passieren lasse.

Versuche, unkundigen Käufern entsprechend behandelte (farblich verfälschte) Edelsteine der geringwertigen Arten oder aber Glasimitationen als echte Rubine, Saphire, Smaragde und sogar Diamanten zu verkaufen, gibt es bis in unsere Zeit. Schon die «Alten» hatten regelrechte «Rezeptbücher», aus denen zu entnehmen war, welche Minerale und Metalle mit welchen Mitteln zu «veredeln» seien. Repräsentativ hierfür sind der *Papyrus Graecus Holmiensis* und der *Papyrus Leidensis X*, die beide zwar erst Ende des 3. oder Anfang des 4. Jh. u. Z. entstanden sind, deren Inhalte aber bereits zu Theophrastos' Zeiten Fachkundigen bekannt gewesen sein müssen.

In Rezept 48 des *Papyrus Graecus Holmiensis* heißt es u. a.: «Erweiche Kristall durch Kochen in Bocksblut. Dasselbe Rezept gilt auch für Glas». Die Legende vom Bocksblut, das die einzige Substanz sei, Diamanten zu erweichen, hielt sich bis zum ausgehenden Mittelalter. Im übrigen reduzieren sich die oft fabulösen Rezepte dieses Papyrus überwiegend auf die Fälschung mit Kristall, das jedoch, wie aus dem Zitat eindeutig hervorgeht, dem farblosen Glas gleichgesetzt wird.

In Venedig sah sich der *Rat der Zehn* im Jahre 1487 sogar genötigt, juristisch gegen die Umtriebe der Edelsteinfälscher vorzugehen, die, wie es in einem eigens erlassenen Gesetz hieß, eine Schande für die Weltstadt Venedig seien.

Aus Kolumbien wurde Anfang der 60er Jahre unseres Jahrhunderts eine geradezu heimtückische Art der Fälschung von Smaragden bekannt. Unter Lieferpartien echter Steine fand man täuschend ähnliche Glasimitationen, deren Flächen sogar angeätzt worden waren, um natürliche Kristallflächen vorzutäuschen. Auch ähnlich präparierte Diamantimitationen aus Straß sind aus afrikanischen Ländern bekannt.

Dennoch ist Edelsteinimitation heute nicht schlechthin mit bewußter Fälschung gleichzusetzen. Kein Theaterdirektor könnte es sich wohl leisten, die Versicherungsbeträge für den Brillantschmuck aufzubringen, den die Akteure vieler Opern, Operetten oder Schauspiele tragen müssen. Auch in der Mode sind die «Glitzersteinchen» aus Straß nicht nur in unserer Zeit unentbehrlich. Schon in den 20er Jahren gehörte der «Simili» in der Brosche oder Krawattennadel zum «guten Ton» des weniger betuchten Bürgers.

Ebenso ist es bei anderen Edelsteinen. Auch hier erfreuen sich neben synthetisch erzeugten Edelsteinen Glasimitationen besonders bei den weniger zahlungskräftigen Bevölkerungsschichten wachsender Nachfrage. Katzenaugen (eine Quarzvarietät) werden nach einem US-amerikanischen Patent aus einem zusammengesinterten Block von lichtleitenden Fasern aus Borosilikatglas (Mohs-Härte 6,5) hergestellt. Der US-Amerikaner Slocum brachte 1974 eine täuschend ähnliche Opalimitation auf den Markt, wobei er das Glas mit unregelmäßig geformter, verschiedenartiger Folie hinterlegte. Das Farbspiel dieses «Opals» ist brillanter als das des echten.

Eine besondere Rolle im heutigen Schmuckgewerbe spielen die sogenannten Dubletten und Tripletten, die hergestellt werden, um einen hochwertigen Edelstein zu «vergrößern» oder ihm eine bessere Färbung (Beryll-Glas-Beryll-Triplette) und Härte (Granat-Glas-Dublette) zu verleihen.

Diamantimitationen lassen sich auch gewinnen, indem man eine dünne Diamantschicht auf transparente Schmucksteine, Glas und Kunststoffe nach einem Syntheseverfahren aufbringt. Um Rubinimitationen herzustellen, schmilzt man Granatplättchen auf flüssige Tropfen von gefärbtem Glas auf. Gelungene Imitationen von Smaragden ergeben sich, wenn geschliffenes grünes Glas mit einer Granatschicht als Härteschutz versehen wird.

Natürlich werden Imitationen heute von keinem Juwelier als «echt» verkauft, obgleich die entsprechenden Bezeichnungen mitunter für den uneingeweihten Käufer ebenso irreführend sind wie viele Namen für echte Edelsteine. So mancher, der aus Großmutters Schmuckschatulle einen «echten» Rubin geerbt hat, ist später enttäuscht, wenn er erfährt, daß es sich um einen «Kap-Rubin» handelt, einen Pyropen (eine Granatart). Das «Kap» deutet auf die Herkunft hin: Südafrika, wo Pyrope in größeren Mengen im Diamantbergbau gefunden werden. Irgendwann wird so auch aus der Bezeichnung «Tecla-Smaragd», unter der die Quarz-Glas-Quarz-Triplette verkauft wird, das «Tecla» verschwinden. Wer später den Stein als Smaragd erwirbt oder erbt, wird sich nicht weniger übervorteilt oder enttäuscht fühlen als jener, der seine «Wiener Brillanten» als unvergänglichen Schatz gehütet hat und plötzlich erfahren muß, daß es billiger Tand ist.

# Eine unerschöpfliche Weite

Hab ich tausendmal geschworen
dieser Flasche nicht zu trauen,
bin ich doch wie neugeboren,
läßt mein Schenke fern sie schauen.
Alles ist an ihr zu loben,
Glaskristall und Purpurwein,
wird der Pfropf herausgehoben,
sie ist leer und ich nicht mein.

Johann Wolfgang Goethe

Fünftausend Jahre alt ist also die Geschichte des Glases. Und da drängt sich unwillkürlich die Frage auf: Steht die Verwendung von Glas historisch noch am Anfang oder bereits in der Phase des Wachstums? Ist sie gar schon in die Phase der Sättigung eingetreten und bewegt sich ihrem Ende entgegen? Was bedeutet es, wenn heute bereits Glasrohr von mehr als 1 m Durchmesser, maschinengezogenes Flachglas von weniger als 0,05 mm Dicke, optische Glaslinsen mit einem Durchmesser von weniger als einem Millimeter erzeugt werden?

Wenn es überhaupt möglich sein sollte, darauf eine schlüssige Antwort zu geben, dann gewiß nicht für alle Glasarten und Glasanwendungen in einem. Versuchen wir daher, uns einen Überblick zu verschaffen.

Das *Behälterglas* wird wohl in den nächsten 20 Jahren den Gipfel seiner Verbreitung erreichen oder überschreiten. Viele Entwicklungstendenzen in industriell fortgeschrittenen Ländern deuten darauf hin, daß herkömmliche, bisher in vieler Hinsicht mit Behälterglas verknüpfte Verfahren in Wissenschaft und Technik, im Haushalt und auf anderen Gebieten zunehmend in den Hintergrund rücken. Weinkruken, Flaschen und Weckgläser werden durch neue Glasqualitäten leichter oder entfallen durch Plast- bzw. Metallbehälter oder modernere Konservierungsverfahren – wie das Tiefkühlen – völlig. Auch ist ziemlich sicher, daß die herkömmliche Fernsehröhre in 20 bis 30 Jahren durch flache Bildröhren ersetzt sein wird. Beim *Beleuchtungsglas* sind die Glühlampen am weitesten ausgereift, die Verbreitung der Leuchtstoffröhren nimmt weiter zu, Halogenleuchten und Metalldampflampen sind «steil im Kommen». Was den Bereich unserer *Haushalte* angeht, so kann man erwarten, daß das *schöne Glas* wie eh und je das Bild auf dem Tisch und in der Vitrine bestimmen wird. Die Bearbeitungsmaschinen werden immer mehr perfektioniert. Heute gehört ja schon eine ordentliche Portion Glaskenntnis und -erfahrung dazu, gepreßtes Bleiglas von handgeschliffenem und poliertem zu unterscheiden. So ist zu erwarten, daß uns die nächsten Jahre einigermaßen preiswerte maschinengeschliffene und -polierte sowie mit Laserstrahl computergesteuert gravierte Trinkgläser, Schalen und Karaffen bringen, während geschliffene Gläser aus der Hand des qualifizierten Handwerkers oder gar des Glaskünstlers in Anbetracht des zunehmenden Interesses rarer und teurer werden. Aber die Produkte dieser Industrie- und Handwerksbranche sind aus unserem Leben nicht wegzudenken.

In der Hauswirtschaft spielt auch das *feuerfeste* Glas in seinen verschiedenen Varianten als wasserklares oder getöntes Backschüsselglas oder als opalweißes Glasgeschirr weiterhin eine zunehmende Rolle. Man darf erwarten, daß sich die Tendenz «Vom Herd auf den Tisch» noch in vielen Abwandlungen fortsetzt. Das Hauswirtschaftsglas bleibt also noch über zwei, drei Jahrzehnte jung, gehört aber dennoch schon zu den ausgereiften Techniken.

Ganz anders ist die Situation im *technischen Bereich*. Beginnen wir beim klassischen Bereich der technischen Glasanwendung, der *Optik*. Zweifellos wird die rationelle Herstellung hochpräziser optischer Systeme für die Fotografie im weitesten Sinne, von Varioobjektiven für den «Normalverbraucher» über die vielen wissenschaftlich-fotografischen Anwendungen bis hin zur Mikrostrukturerzeugung, immer neue Anforderungen erheben. Es sieht ganz danach aus, daß die klassischen Schmelzverfahren Schritt für Schritt durch neuartige Verfahren, wie die Gel-Technologie und die CVD-Technologie, ergänzt werden müssen.

Und eine zweite Richtung ist ganz offensichtlich: die Herstellung präziser Halbzeuge, im Einzelfall sogar die Urformung fertiger Linsen für *Beleuchtungsoptiken*. Hinzu gesellen sich schließlich noch viele Forderungen nach Optiken einerseits im Infrarotbereich für Medizin-, Wärme- und Militärtechnik, andererseits im Ultraviolettbereich für die Mikroskopie und die Mikrostruktur-Erzeugung, die sogenannte *Photolithographie*.

Erwähnt sei an dieser Stelle auch, daß die Glastechnologie für Brillenträger die Möglichkeit offen läßt, anstelle einer Zwei- oder Mehrstärkenbrille den kontinuierlichen Übergang vom hochbrechenden Glas zum normalen Brillenglas zu verwirklichen.

Völlig neue Horizonte eröffnen sich für die Übertragung von Signalen und Informationen mittels *Lichtleiter*. Diese Technik wird in den nächsten Jahren die Telefonie und die Bildübertragung revolutionieren. Auch die neu entstehende *Sensor-Technik* wird sie sich erobern, also die Erfassung von optischen Signalen für numerisch und adaptiv gesteuerte Maschinen und Roboter. Für die nächsten 10 bis 20 Jahre kann man dieser Richtung ein starkes Wachstum voraussagen, denn sie steckt eigentlich erst in den Anfängen. Die Telefonie mit Lichtleitern allerdings ist schon weit verbreitet. Das überrascht um so mehr, als noch vor wenigen Jahren ungewiß war, ob sie sich wirtschaftlich durchsetzen oder nur einigen Spezialanwendungen vorbehalten bleiben wird. Nach den USA und Japan beginnen nunmehr auch die UdSSR, die DDR, die BRD, Frankreich, Großbritannien und andere mit der breiten Einführung dieser Neuerung.

Bei der Anwendung von speziellen Gläsern in der *Elektronik* ist wohl die ausgeprägteste Entwicklung völlig neuer Lösungen zu erwarten.

Die flachen Farbfernsehröhren werden eine Genauigkeit der Formgebung verlangen, wie sie bei den klassischen Kathodenstrahlröhren nicht bekannt und noch undenkbar war, obgleich auch schon die gegenwärtige Generation der Farbfernsehröhren für heutige Begriffe extreme Anforderungen an die Reproduzierbarkeit und Exaktheit geometrischer Strukturen erhebt.

In raschem Vormarsch ist die *Glaskeramik*. Ihr eröffnen sich bisher ungeahnte Einsatzgebiete. Für die Anwendung extrem harter und verschiedenster Varianten bearbeitbarer Glaskeramiken, für biokompatible Materialien, die eine neue Generation der Prothetik für Knochen und Zähne ermöglichen, eröffnet sich ein weites Feld, von dem in den nächsten Jahren viel die Rede sein wird.

Wir haben von den Glasfasern gesprochen, die Informationen übertragen. Gewiß wird man sich aber in den nächsten Jahrzehnten auch die bekannte Tatsache zunutze machen, daß *gebündeltes faserförmiges Material* mechanisch wesentlich stärker belastbar ist als massives. Ernstzunehmende Spezialisten halten auch glasfaserverstärkten Beton anstelle von eisenarmiertem und sogar glasfaserverstärkte Metall-Legierungen für möglich.

Erwähnung verdienen schließlich auch einige weitere Anwendungen, die große wirtschaftliche Bedeutung erlangen können. Glas setzt sich vorwiegend aus Oxiden oder Fluoriden zusammen und kann chemisch sehr stabil sein. Darauf aufbauend geht gegenwärtig eine bedeutsame Glasanwendung aus der Phase der Forschung in die praktische Erprobung über, die gewiß weltweite Verbreitung finden wird: die *Deponie radioaktiver Abfälle in Form von Gläsern*. Die Oxide, die beim radioaktiven Zerfall entstehen, mischt man mit entsprechenden Materialien und schmilzt dieses Gemenge zu einem Glas zusammen. Derartige Blöcke mit den eingeschmolzenen radioaktiven Abfällen lassen sich leicht deponieren. Sie scheinen eine günstige Möglichkeit zu sein, die künftig in größeren Mengen zu erwartende «Asche» der Kernenergie sicher aufzubewahren.

Und noch ein Gebiet der Glasanwendung von volkswirtschaftlichem Rang wird bald in den Mittelpunkt des allgemeinen Interesses rücken: die sogenannten *Sonnen-Kollektoren*. Mit Hilfe von Anordnungen aus Glas auf Hausdächern läßt sich die Sonnenenergie zur Aufbereitung von Warmwasser, aber auch für andere Zwecke nutzen.

Diese wenigen Beispiele künftiger Glasanwendung lassen sich in vieler Hinsicht fortführen. Sie werden uns künftig immer alltäglicher sein, und wir werden uns, selbst wenn sie aus heutiger Sicht noch so «ausgefallen» erscheinen mögen, rasch an sie gewöhnen, ja ohne sie bald nicht mehr auskommen.

Extrem neue Forderungen bisher unbekannter Glasanwendungen gehen von der *Optik* und der *Elektronik* aus. Um sie zu realisieren, reicht erwiesenermaßen der klassische Schmelz- und Erstarrungsprozeß nicht mehr aus.

Unter klassischer Schmelztechnik ist die Erhitzung des Gemenges zu verstehen, bis seine sämtlichen Bestandteile eingeschmolzen sind. Dabei lösen sich die Kristallite der Gemengebestandteile völlig ineinander auf. Die regelmäßigen Anordnungen der Verbindungen reißen auf, ordnen sich in wirren Ketten, durchmischen sich mit denen anderer glasbildender Bestandteile und lagern in sich Moleküle der Glasmodifikation ein. Dieses Prinzip der vollständigen molekularen Durchmischung ist die Grundlage der Glasbildung, durch kein anderes technologisches Prinzip ersetzbar.

Zwei Möglichkeiten gibt es, eine solche ideale molekulare Vermischung zu erreichen: die flüssige Lösung und das Gasgemisch. Beide Möglichkeiten haben prinzipielle Bedeutung für die Erschließung bisher unzugänglicher oder gar noch weithin unbekannter Glasanwendungen und für die Herstellung entsprechender Glasarten mit ganz spezifischen Eigenschaften.

Das Prinzip der *Glasherstellung aus der Gas-(oder Dampf-)Phase* beruht – einfach ausgedrückt – darin, daß man in eine sehr heiße Zone, etwa in eine Plasma-Entladung oder eine Knallgasflamme, eine verdampfungsfähige Substanz bläst, zum Beispiel Siliziumtetrachlorid oder Bortribromid, aus der sich ein Borosilikat-Glas aufbauen läßt. In der heißen Zone zerfällt diese Verbindung, bildet sich zu Oxiden um, lagert sich bereits im weiteren Flug etwas zusammen und schlägt dann auf einem Trägermaterial auf. Bevor die Oxide überhaupt zu regelmäßiger Ordnung finden und Kristallite bilden können, kühlt man sie so schnell ab, daß sie im ungeordneten, eben amorphen, Zustand erstarren. Damit ist das Trägermaterial mit dem gewünschten Glas ummantelt.

Dieses Prinzip der Glasherstellung wird in Zukunft als sogenanntes *tiegelfreies Verfahren* weiter ausgebaut. Es wird Gläser ermöglichen, die nach dem klassischen Verfahren nicht herstellbar sind, und zwar aus dem einfachen Grund, weil bei ihrer Erschmelzung in Anbetracht der enorm hohen Temperaturen jedes Schmelzgefäß selbst mit einschmelzen würde.

Auch das andere Prinzip, die *Herstellung von Gläsern mit spezifischen Eigenschaften aus der flüssigen Lösung*, ist inzwischen auf dem Vormarsch. Der Trick, die völlige Durchmischung in der Lösung aufrechtzuerhalten, bis der feste Glaskörper erreicht ist, besteht darin, die Lösung nur zu einem *Gel*, zu einer geleeartigen Masse, erstarren zu lassen. Dieses Gel enthält natürlich zunächst noch viel Lösungsmittel, das man in einem weiteren Arbeitsschritt herausdiffundieren läßt. Das geschieht heute bereits in wenigen Stunden. Wenn dann das innere «Gerüst» steht, wird das Material durch Erhitzung über den Erweichungspunkt hinaus zusammengeschmolzen, konsolidiert, zum festen Körper überführt. Der entscheidende Vorteil dieses Verfahrens besteht darin, daß sich die ideale Vermischung bei Zimmer-Temperatur herbeiführen läßt und daß man für das Zusammenschmelzen «von unten her» an den notwendigen Temperaturbereich herankommt, ohne unbedingt jene Temperaturbereiche zu berühren, die für die Kristallkeimbildung oder das Kristallwachstum die günstigsten Bedingungen bieten.

Ohne Zweifel werden aus dieser *Salz-Gel-Technologie*, die sich gerade im Übergang von der Grundlagenforschung zur praktischen Anwendung befindet, völlig neue Möglichkeiten der Glasherstellung und -anwendung entstehen.

Bereits jetzt beherrscht man das Prinzip der Salz-Gel-Technologie (des Sol-Gel-Verfahrens) für dünne Schichten. Das ist von Interesse für die Entspiegelung der hochbrechenden Linsen in der Massenproduktion von Fotoobjektiven. Auch aus der Herstellung von Glas für Lichtleitfasern liegen, wie wir lesen konnten, inzwischen viele positive Forschungsergebnisse vor. Und schon hat sich eine neue Möglichkeit eröffnet, die von der Tatsache ausgeht, daß die erste Stufe des Sol-Gel-Verfahrens ein außerordentlich poröses Material hervorbringt. Es wird inzwischen für den Aufbau spezieller Katalysatoren und für die Speicherung von bestimmten Materialien genutzt; sogar als Verstärkungselement für Zement sollen sich Sol-Gel-Gläser der ersten Verarbeitungsstufe eignen.

Es fällt außerordentlich schwer, nicht ins Schwärmen zu verfallen, wenn man über die künftigen Möglichkeiten der Herstellung und des vielfältigen Einsatzes von Glas nachdenkt. Dabei haben solche Arbeitsrichtungen, wie etwa die, anstelle von Oxiden in den glasbildenden Substanzen Halogenide (Fluoride) oder gar Nitride einzusetzen, eben erst einige vielversprechende Ergebnisse gezeigt. Die bisherigen 5000 Glasjahre waren fast ausschließlich den Oxid-Gläsern vorbehalten. Der gläserne Spinnwirtel, den man in einem Hünengrab aus der jüngeren Steinzeit in Blidegn auf Südfünen, einer dänischen Insel im Belt, fand, besteht ebenso aus einem Oxidglas wie noch fast alle unsere heutigen Gläser. Aber Fluorid-Gläser erweisen bereits ihre viel weiter reichenden Möglichkeiten, und schon zeigen sich Nitrid-Gläser mit ihren großen Perspektiven am Horizont künftiger Glasanwendung.

Ist es zulässig, von einer bevorstehenden «Glas-Zeit» zu sprechen? Das wäre gewiß nicht angebracht, zumal die gesellschaftlichen Epochen nicht von Stoffanwendungen gekennzeichnet werden, mögen sie noch so faszinierend sein. Aber vielleicht ist aus unserem Streifzug durch die Geschichte des Glases deutlich geworden, wie sich die Entwicklung seiner Herstellungsverfahren und die Erschließung seiner Anwendungsgebiete bis hin zur wissenschaftlichen Vorausberechnung neuer Gläser selbst, immer neuer Synthesen und Strukturen, erst allmählich und dann, vor allem in den letzten 100 Jahren, immer rasanter beschleunigt hat.

Vor 20 Jahren wußten wir noch nichts über die Realisierbarkeit der Lichtleiternachrichtentechnik, über die biokompatiblen Glaskeramiken, die Sol-Gel-Glastechnologie und über Schmelztechnologien im Weltraum. Was wird vom Glas in abermals 20 Jahren zu berichten sein, von dem wir heute noch nicht einmal andeutungsweise etwas wissen?

# Anhang

Auch habe ich eine Menge von nie gesehenen
Fixsternen beobachtet, die die Zahl derer,
die man mit bloßem Auge wahrnehmen kann,
um mehr als das Zehnfache übertrifft,
und weiß nun, was die Milchstraße ist,
über die sich die Weltweisen
zu allen Zeiten gestritten haben.

GALILEO GALILEI

Märkisches Museum
Kulturhistorisches Museum
der Hauptstadt der DDR
Am Köllnischen Park 5
1020 Berlin

*Gläser hauptsächlich aus brandenburgischen Hütten*
*vom 17./18. bis Mitte 19. Jahrhundert,*
*vor allem aus den Marienwalder, Potsdamer*
*und Zechliner Glashütten*

Staatliche Museen zu Berlin, Ägyptisches Museum
Bodestraße 1–3
1020 Berlin

*Kulturgeschichtliche Glassammlung aus dem*
*alten Orient und der griechisch-römischen Zeit*

Staatliche Museen zu Berlin, Antiken-Sammlung
Bodestraße 1–3
1020 Berlin

*Kulturgeschichtliche Antiken-Glassammlung aus dem*
*alten Orient (6.–3. Jahrhundert v.u.Z.),*
*der römischen Kaiserzeit und den germanischen Glashütten*
*des Rheinlandes*

Staatliche Museen zu Berlin
Frühchristlich-byzantinische Sammlung
Bodestraße 1–3
1020 Berlin

*Antike Gläser des 3. bis 6. Jahrhunderts aus Giza,*
*Syrien und Rom*

Staatliche Museen zu Berlin
Islamisches Museum
Bodestraße 1–3
1020 Berlin

*Gläser des islamischen Kulturkreises*
*aus verschiedensten Ländern des Orients*

Staatliche Museen zu Berlin
Kunstgewerbemuseum Schloß Köpenick
Schloßinsel
1170 Berlin

*Glas aus dem 15./16. Jahrhundert bis zur Gegenwart,*
*mit bedeutenden Sammlungen an Jugendstilglas*
*und DDR-Glas*

Staatliche Museen zu Berlin
Museum für Ur- und Frühgeschichte
Bodestraße 1–3
1020 Berlin

*Europäisches Glas der Römer- und Völkerwanderungszeit*

Staatliche Museen zu Berlin
Museum für Volkskunde
Bodestraße 1–3
1020 Berlin

*Nationales Brauchtum repräsentierende Gläser,*
*besonders aus Süd- und Norddeutschland*

Staatliche Museen zu Berlin
Vorderasiatisches Museum
Bodestraße 1–3
1020 Berlin

*Unikate früher vorderasiatischer Glastechnik*
*vom 13./12. Jahrhundert v.u.Z.*
*bis zum 2. Jahrhundert u.Z.*

## Sammlungen im Bezirk Potsdam

Bezirksmuseum
Wilhelm-Külz-Straße 10–11
1500 Potsdam

*Gläser aus dem 17. Jahrhundert bis zur Gegenwart,*
*zumeist märkischer Herkunft*

Potsdam-Museum
Otto-Nuschke-Straße 28/30
1500 Potsdam

*Gläser, Kelche, Flaschen, Vasen, Becher*
*und andere Exponate, zumeist aus Brandenburg*

## Sammlungen im Bezirk Frankfurt (Oder)

Städtisches Museum
Löwenstraße 4
1220 Eisenhüttenstadt

*Gläser aus der Hütte Fürstenberg/Oder (1864 bis 1952).*
*Vorwiegend Gebrauchsglas*

Bezirksmuseum «Viadrina»
C.-Ph.-E.-Bach-Straße 11
1200 Frankfurt (Oder)

*Gebrauchsglas des 18. Jahrhunderts,*
*u.a. Violen, Medizinfläschchen und Weinflaschen*
*sowie 400 Glassiegel des 18. und 19. Jahrhunderts*
*aus brandenburgischen Hütten;*
*Gebrauchs- und Schmuckgläser vom 19. Jahrhundert*
*bis zur Gegenwart*

Stadtmuseum
Platz der Roten Armee 1
8600 Bautzen

*Glas vom 17. bis 20. Jahrhundert,*
*vorwiegend aus Böhmen, Sachsen und Schlesien*

Katholisches Domstift St. Petri
An der Petrikirche 5
8600 Bautzen

*Kleine Sammlung an Gläsern und Services*
*vom Ende des 17. bis zum 19. Jahrhundert,*
*vor allem aus Sachsen, Böhmen und Schlesien*

Landesmuseum für Vorgeschichte,
Forschungsstelle für die Bezirke
Dresden, Karl-Marx-Stadt und Leipzig
Japanisches Palais
8060 Dresden

*Sächsische Glasfunde*
*aus frühgeschichtlicher Zeit bis zum 18. Jahrhundert*

Staatliche Kunstsammlungen Dresden
Grünes Gewölbe,
Albertinum
8010 Dresden

*Glassammlung der sächsischen Kurfürsten,*
*im Prinzip bis zur Zeit Augusts des Starken angelegt*

Staatliche Kunstsammlungen Dresden
Museum für Kunsthandwerk
Schloß Pillnitz
8012 Dresden

*Gläser mit zwei Sammlungsschwerpunkten:*
*Vorbilder für das Kunsthandwerk und*
*kunsthistorische Entwicklungslinien.*
*Großen Raum nimmt das sächsische Glas*
*vom 17. bis 20. Jahrhundert ein.*
*Daneben Gläser aus der Antike,*
*aus Venedig und Deutschland bis zum Bauhaus*
*sowie zeitgenössische Stücke aus der DDR*

Staatliche Kunstsammlungen Dresden
Museum für Volkskunst
Köpkestraße 1
8010 Dresden

*Volkskünstlerisches Glasschaffen*
*mit Schwerpunkt Sachsen, aber auch aus Böhmen*
*und Thüringen*

Staatliche Kunstsammlungen Dresden
Skulpturensammlung Albertinum
Georg-Treu-Platz
8010 Dresden

*Gläser der Antike aus dem östlichen bis südöstlichem*
*Mittelmeergebiet, aus vorrömischer und römischer Zeit*

Städtische Kunstsammlungen
– Museum Haus Neissstraße 30
Neissstraße 30
8900 Görlitz

*Gläser der Spätantike und des Barock aus Böhmen,*
*Brandenburg, Sachsen, Schlesien und Thüringen*
*sowie Hüttenglas aus der Oberlausitz*

Heimatmuseum
Comeniusstraße 6
8709 Herrnhut

*Gläser aus Böhmen und Sachsen, mit Vorrang Oberlausitz*

Kloster St. Marienstern
Cisinskistraße 35
8291 Panschwitz-Kuckau

*Kleine Sammlung an Gläsern und Services*
*mit Emailmalerei und Schnitt aus dem*
*17. bis 19. Jahrhundert, vor allem aus Sachsen,*
*Böhmen und Schlesien*

Stadtmuseum
Johannisstraße 5
8700 Löbau

*Kleine Sammlung,*
*vorwiegend Gläser aus der Oberlausitz*

Stadtmuseum
Klosterhof 2
8300 Pirna

*Sächsisches Glas vom 17. bis 20. Jahrhundert*

Heimatmuseum Schloß Klippenstein
Schloßstraße 6
8142 Radeberg

*Gläser des 19./20. Jahrhundert aus Böhmen und Sachsen
sowie neuzeitliche Exponate der Radeberger Hütte*

Heimatmuseum
Bergstraße 9
8360 Sebnitz

*Kleine Sammlung von Gläsern des 18./19. Jahrhunderts*

Heimatmuseum und Landeskulturkabinett
Lohmener Straße 18
8306 Stadt Wehlen

*Gläserner Bienenstock*

Stadt- und Kreismuseum
Klosterstraße 3
8800 Zittau

*Gläser vom 17. bis 20. Jahrhundert aus Böhmen,
Sachsen und Schlesien*

Bezirksmuseum
Schloß Branitz
7500 Cottbus

*Glas aus Lausitzer Hütten aus dem
18. bis 20. Jh. Sammlung, z.Z. keine ständige Ausstellung*

Spreewald-Museum
7543 Lübbenau

*Glas vom 17. bis 20. Jahrhundert aus Manufakturen
Mitteleuropas*

Museen der Stadt Arnstadt
Schloßplatz 1
5210 Arnstadt

*Gläser verschiedenster Herkunft*
*vom 17./18. Jahrhundert bis zur Gegenwart*
*mit Schwerpunkt Thüringen*

Wartburg-Stiftung
5900 Eisenach

*Gläser vom 16. bis 19. Jahrhundert,*
*meist aus deutschen Hütten und Manufakturen*

Thüringer Museum
Markt
5900 Eisenach

*Thüringer Gläser des 17./18. und des frühen*
*19. Jahrhunderts sowie Glas aus Hessen und Böhmen*

Museum für Kunst und Kunsthandwerk
Angermuseum
5000 Erfurt

*Kunstgläser vom 17. Jahrhundert bis zur Gegenwart*
*mit Schwerpunkt Thüringen*

Museum für Thüringer Volkskunde
5000 Erfurt

*Gläser bäuerlichen und handwerklichen Lebenskreises*
*aus dem 17. Jahrhundert bis zur Gegenwart*

Schloßmuseum
Schloß Friedenstein
5800 Gotha

*Gläser vom Altertum bis zur Gegenwart*
*mit Sammlungen venezianischen, böhmischen*
*und thüringischen Glases*

Staatliches Heimat- und Schloßmuseum
Schloß
5400 Sondershausen

*Vorwiegend thüringisches Glas*
*von der Neuzeit bis zur Gegenwart*

Kunstsammlungen zu Weimar
Burgplatz 4
5300 Weimar

*Gläser vom 16. Jahrhundert an aus Böhmen,*
*Deutschland und Venedig*

## Sammlungen im Bezirk Gera

Staatliches Museum Schloß Burgk
Schloß Burgk
6551 Burgk

*Gläser des 18. und 19. Jahrhunderts aus Böhmen,*
*Sachsen und Thüringen*

Museen der Stadt Gera,
Museum für Kunsthandwerk im Ferberschen Haus
Greizer Str. 37/39
6500 Gera

*Größere Glassammlung, vorwiegend 18. und*
*19. Jahrhundert, mit Schwerpunkt Böhmen und Schlesien*

Sammlung Antiker Kleinkunst
am Institut für Altertumswissenschaften
Friedrich-Schiller-Universität
Kahlaische Straße 1
6900 Jena

*Antike Gläser des 3. und 4. Jahrhunderts*
*aus den oströmischen Provinzen*

Stadtmuseum Jena
Am Planetarium 12
6900 Jena

*Kleine Glassammlung aus Thüringen*
*vom 18. Jahrhundert bis zur Gegenwart*

Optisches Museum
der Carl-Zeiss-Stiftung Jena
Carl-Zeiss-Platz 12
6900 Jena

*Darstellung der historischen Entwicklung*
*des optischen Präzisionsgerätebaues in Jena*
*und der damit verbundenen Bedeutung des optischen*
*Glases anhand zahlreicher optischer Geräte*
*wie Fernrohre, Mikroskope, opthalmologische Geräte,*
*Theodoliten u.a.*
*Ausgestellt ist auch die Multispektralkamera MKF 6*
*aus dem VEB Carl Zeiss JENA, die zur*
*spektralen Erkundung der Erde dient.*

Staatliche Museen Heidecksburg
Schloßbezirk 1–3
6820 Rudolstadt

*Thüringer Glas des 18. Jahrhunderts*

Städtisches Kunstgewerbe- und Heimatmuseum
Aumaische Straße 30
6570 Zeulenroda

*Gläser aus Böhmen, Schlesien und Thüringen*

## Sammlungen im Bezirk Leipzig

Schloßmuseum
Schloß
7400 Altenburg

*Glas aus deutschen Hütten vom 16. bis 19. Jahrhundert*

Staatliches Lindenau-Museum
Ernst-Thälmann-Straße 5
7400 Altenburg

*Kleine Sammlung römischer und syrischer Gläser*
*aus dem 1. bis 3. Jahrhundert*

Antikenmuseum der Karl-Marx-Universität
Ritterstraße 9–13
7010 Leipzig

*Kleine Sammlung römischer Gläser*

Museum des Kunsthandwerks – Grassimuseum
Johannisplatz
7010 Leipzig

*Reiche Glassammlung von der Antike bis zur Gegenwart*

## Sammlungen im Bezirk Halle

Archäologisches Museum (Robertinum)
Martin-Luther-Universität
Universitätsplatz 12
4020 Halle

*Antike Gläser aus römischer Zeit*

Staatliche Galerie Moritzburg
Friedemann-Bach-Platz 5
4020 Halle

*Kunstgewerblich orientierte Glassammlung*
*vom 7. Jahrhundert v.u.Z. bis zur Gegenwart*

Schloßmuseum
Schloßberg 1
4300 Quedlinburg

*Kleine Sammlung von Gläsern*
*aus dem 18. und 19. Jahrhundert*

Kulturhistorisches Museum für Weißenfels
und Umgebung
Zeitzer Straße 4 (Schloß)
4850 Weißenfels

*Kleine Sammlung sächsischen Glases*
*vom 17. Jahrhundert bis zur Gegenwart*

Staatliche Schlösser und Gärten
Schloß Wörlitz
4414 Wörlitz

*Kleine Sammlung böhmischer, brandenburgischer*
*und sächsischer Gläser*

Museum Schloß Moritzburg
Schloßstraße 6
4900 Zeitz

*Einfache Gläser aus dem 17. bis 20. Jahrhundert*

## Sammlungen im Bezirk Karl-Marx-Stadt

Staatliches Museum Burg Falkenstein,
Museum für Kultur- und Jagdgeschichte
9720 Falkenstein

*Gläser aus dem 17. bis 19. Jahrhundert,*
*vorzugsweise mit Jagdmotiven*

Stadt- und Bergbaumuseum
Am Dom 1
9200 Freiberg

*Gläser aus dem 17./18. Jahrhundert sowie eine*
*kleine Anzahl von Gläsern mit Bergbaumotiven*
*aus dem 16. Jahrhundert bis zur Gegenwart*

Museum und Kunstsammlung
Schloß Hinterglauchau
9610 Glauchau

*Antike Gläser aus dem 1./2. Jahrhundert.*
*Gläser des 18./19. Jahrhunderts aus Böhmen und Sachsen*

Städtische Textil- und Kunstgewerbe-Sammlung
Museum am Theaterplatz
9040 Karl-Marx-Stadt

*Kleine Sammlung zeitgenössischer Gläser*

Vogtlandmuseum
Nobelstraße 11/13
9900 Plauen

*Kleine Sammlung von Hohlgläsern aus sächsischen*
*und thüringischen Hütten des 17./18. Jahrhunderts*

Heimatmuseum und Naturalienkabinett
Schloß Waldenburg
9613 Waldenburg

*Kleine Anzahl böhmischer, brandenburgischer*
*und sächsischer Gläser als Bestandteil*
*der «Linkischen Sammlung»*

Städtisches Museum
Lessingstraße 1
9540 Zwickau

*Böhmische, fränkische, sächsische und thüringische*
*Gläser aus dem 17. Jahrhundert bis zur Gegenwart*

## Sammlungen im Bezirk Magdeburg

Stadt- und Domgemeinde – Domschatz
Domplatz 16a
3600 Halberstadt

*Wenige, aber bedeutende frühe Gläser,*
*u.a. ein Hedwigsglas mit Ornamentschliff,*
*14. Jahrhundert, und ein Karlspokal mit*
*noppenbesetztem Glas aus dem 9. Jahrhundert*

Museen, Gedenkstätten und Sammlungen
der Stadt Magdeburg
Otto-von-Guericke-Straße 68–73
3010 Magdeburg

*Kleine Sammlung von Gläsern der Antike*
*sowie aus dem 17. bis 20. Jahrhundert*

Feudalmuseum
Schloß
3700 Wernigerode

*Gebrauchs- und Repräsentationsgläser*
*des 17. bis 19. Jahrhunderts, vorwiegend aus Böhmen,*
*Brandenburg, Österreich, Sachsen, Thüringen*
*und Schlesien*

## Sammlungen im Bezirk Suhl

Museum für Glaskunst
6426 Lauscha

*Breites Spektrum von Lauschaer Kunstglas, Bijouterie*
*bis zu technischen Glasartikeln*
*aus dem 16. Jahrhundert bis zur Gegenwart*

## Sammlungen im Bezirk Neubrandenburg

Kreisheimatmuseum
E.-Thälmann-Straße 23
2030 Demmin

*Sammlung von Gebrauchsgläsern*
*aus dem 19./20. Jahrhundert*

Müritz-Museum
Friedensstraße 5
2060 Waren

*Kleine Sammlung mecklenburgischen Hüttenglases*
*des 18. und 19. Jahrhunderts*

Museum der Stadt
Gutenbergstraße 3
2080 Neustrelitz

*Kleine Anzahl von Mecklenburg–Strelitzer Waldglas*
*sowie von Glasstempeln*

Heimatstube
2101 Rothenklempenow

*Waldglas-Sammlung aus der Produktion*
*der benachbarten «Glashütte»*

Volkskundemuseum
Prenzlauer Tor
2090 Templin

*Uckermärker Waldglas sowie Glasstempel*

260

## Sammlungen im Bezirk Schwerin

Kreisheimatmuseum
Müllerweg 2
2862 Goldberg

*Gläser aus mecklenburgischen Hütten
des 18. und 19. Jahrhunderts*

Museum der Stadt
Straße des Friedens 87
2850 Parchim

*Gläser aus Mecklenburgischen Hütten
des 19. Jahrhunderts*

Historisches Museum
Großes Moor 38
2750 Schwerin

*Reiche Sammlung, vor allem Gläser
aus mecklenburgischen Hütten des 17.
bis 20. Jahrhunderts*

## Sammlungen im Bezirk Rostock

Kulturhistorisches Museum
Klosterhof
2500 Rostock

*Vorwiegend böhmische und deutsche Gläser
aus dem 18. Jahrhundert bis zur Gegenwart*

Heimatmuseum
An der Kirche 8/9
2440 Schönberg

*Glas aus dem 18. Jahrhundert bis zur Gegenwart,
zumeist aus Mecklenburg*

Kulturhistorisches Museum
Mönchstraße 25–27
2300 Stralsund

*Sammlung von Glas aus der Frühgeschichte
bis zur Gegenwart*

# Literatur

ABC Glas. Autorenkollektiv;
Federführung: H.-J. Illig.
Leipzig: VEB Deutscher Verlag für Grundstoffindustrie
1983.

A Short History of Glass.
Corning/New York:
The Corning Museum of Glass, 1982.

Atlas zur Geschichte. Band 1.
Gotha/Leipzig: VEB Hermann Haack,
Geographisch-Kartographische Anstalt, 1981.

*Beckmann, J.*: Beyträge zur Geschichte
der Erfindungen.
3. Band. Leipzig 1792.

*Bernhardt, D.*: Die Entwicklung der Brille.
In: Augenoptik *98* (1981)6.

*Biruni.* Sbornik statej.
Moskau/Leningrad:
Verlag der Akademie der Wissenschaften 1950 (russ.).

*Böttger, W.*: Kultur im alten China.
Leipzig–Jena–Berlin: Urania-Verlag 1977.

*Brentjes, B.*: Von Schanidar bis Akkad.
Leipzig–Jena–Berlin:
Urania Verlag 1968.

Breslauer Sammlungen
XXXI. Versuch vom Jahr 1725. Januar.

Das große Bilderlexikon der Antiquitäten.
Dresden: VEB Verlag der Kunst 1976.

Der Brief über den Nutzen des Glases von
Lomonossow (1752). In: Wissenschaftliche Zeitschrift
der Friedrich-Schiller-Universität Jena.
Jahrgang 8 (1958/59);
Gesellschafts- und sprachwissenschaftliche Reihe, Heft 1.

*Doppelmayr, J. G.*: Historische Nachricht
Von den Nürnbergischen Mathematicis und Künstlern.
Nürnberg 1730.

*Drahotová, O.*: Europäisches Glas.
Mit Fotos von G. Urbánek
und Zeichnungen von I. Kafka.
Praha: Artia Verlag 1982.

Endlich Waffe gegen die Bilharziose?
In: Neuer Weg. Bucuresti, *36* (1984) 10965.

*Engels, F.*: Dialektik der Natur.
In: Marx/Engels: Werke, Bd. 20.
Berlin: Dietz Verlag 1975.

*Fetzer, W.*: Johann Kunckel.
Leben und Werk des großen deutschen Glasmachers
des 17. Jahrhunderts.
Herausgegeben von: Glas – Keramik,
Volkseigener Außenhandelsbetrieb der DDR, 1977.

*Fischer, F. E.*: Das Gesamtgebiet der Glasätzerei,
Aetzen der Tafelgläser, Hohlgläser,
Beleuchtungsartikel, unter Zuhilfenahme
der neuesten Druckverfahren, Berücksichtigung
vieler diesbezüglicher Errungenschaften
wie Tiefschnitt, Guillochiren etc.
Braunschweig: F. Vieweg & Sohn 1892.

*Gerber, R.*: Christoph Willibald Gluck.
Potsdam:
Akademische Verlagsgesellschaft Athenaion 1950.

Glas aus vier Jahrtausenden.
Wegleitung 212 des Kunstgewerbemuseums
der Stadt Zürich zur Ausstellung «Glas aus vier Jahrtausenden»,
5. Mai bis 8. Juli 1956.

Glasmuseum Wertheim.
Im Verlag «Förderkreis Wertheimer Glasmuseum e. V.».
Wertheim 1977.

*Goder, W.*: Johann Kunckel und Johann Friedrich Böttger.
– Zwei Erfinder – ein Glas- und Porzellanmacher.
In: Silikattechnik, *33* (1982) 2.

*Gorki, M.*: Klim Samgin. Vierzig Jahre.
Erstes Buch.
Berlin und Weimar: Aufbau Verlag 1976.

*Haase, G.*: Einige Bemerkungen
zum geschnittenen Glas der Dresdener Hütte
hinsichtlich seiner Bedeutung
innerhalb des künstlerischen Schaffens in Dresden.
In: Annales du 7ᵉ Congrès International
d'Etude historique du Verre.
Edition du Secrétariat Général.
Liège 1978

*Haase, G.*:
Zur Kunstgeschichte des sächsischen Glases.
In: Sächsisches Glas.
Katalog der Staatlichen Kunstsammlungen Dresden.
1975.

*Haevernick, T. E.*: Antike Glasarmringe und ihre
Herstellung.
In: Glastechnische Zeitschrift (1952) 25, S. 212ff.

*Haevernick, T. E.*: Die Glasarmringe und Ringperlen
der Mittel- und Spätlatènezeit auf dem europäischen
Festland.
Bonn: Habelt 1960.

*Haynes, E. B.*: Glass Through the Age.
London 1959.

*Helm, D.*: Farben und Färben
von Edelsteinen in der Antike.
Dissertation. Frankfurt/Main, 1978.

*Hoffmann, R.*: Das Museum für Glaskunst Lauscha.
Ein Spiegelbild volkskünstlerischen Schaffens.
Herausgegeben vom Museum für Glaskunst Lauscha,
1971.

*Hoffmann, R.*: Zur sozialen Lage
der Werktätigen in der Lauschaer Glasindustrie
unter den Bedingungen kapitalistischer
Produktionsverhältnisse.
Herausgegeben vom Museum für Glaskunst Lauscha,
1977.

*Hofmann, B.*: Glasharmonika und Glasharfe.
In: Musika IV, 1950.

*Hofmann, C.*: Bemerkungen zu den Forderungen
nach Weiterentwicklung optischer Gläser.
In: Bild und Ton, *30* (1977), S. 357.

*Hofmann, C.*: Wechselwirkung zwischen Glasentwicklung
und Optikentwicklung bis 1800.
In: Augenoptik, *101* (1984) 4.

*Honey, W.*: Glass.
London: Victoria and Albert Museum, 1946.

*Hucke, K.*: Das Geheimnis, mit Torf Glas zu brennen.
Sonderdruck aus dem Heimatkundlichen Jahrbuch
für den Kreis Segeberg.
Jahrgang 1974. Bad Segeberg: C. H. Wäsers Druckerei.

*Hüter, K.-H.*: Aus der Geschichte der Formgestaltung
des Jenaer Hauswirtschaftsglases.
In: Jenaer Rundschau, *29* (1984) 2.

*Kämpfer, F.*: Glaskunst in der DDR.
In: Bulletin de l'Association Internationale
pour l'Histoire du Verre, Nr. 7, 1973–1976.
Herausgegeben vom Generalsekretariat in Liège,
Frankreich.
(Dieses Heft enthält auch eine ausführliche
Bibliographie der Glasliteratur in der DDR seit 1945.)

*Kämpfer, F.*: Viertausend Jahre Glas.
Dresden: VEB Verlag der Kunst 1966.

*Kisa, A.*: Das Glas im Altertume.
Erster bis Dritter Teil.
Leipzig: Verlag von Karl W. Hiersemann, 1908.

*Klaproth, M. H.*: Über die Kunst,
in Glas und Porzellan zu ätzen.
In: Monatsschrift der Akademie der Künste
und mechanischen Wissenschaften zu Berlin.
II. Teil. 1788.

Kleine Enzyklopädie Weltgeschichte, Bd. 1 und 2.
Leipzig: VEB Bibliographisches Institut 1981.

*Klingender, F. D.*: Kunst und industrielle Revolution.
Dresden: VEB Verlag der Kunst 1974.

*Lobmeyr, L.*: Die Glasindustrie, ihre Geschichte,
gegenwärtige Entwicklung und Statistik.
Stuttgart: Spemann, 1874.

*Lomonossow, M. W.*: Vollständige Werkausgabe, Bd. 9.
Moskau:
Verlag der Akademie der Wissenschaften 1955 (russ).
Deutsche Übersetzung aus:
Geschichte der russischen Literatur, Bd. 1.
Berlin: Verlag Kultur und Fortschritt 1952.

*Marx, K.*: Das Kapital, Erster Band.
In: Marx/Engels: Werke, Bd. 23.
Berlin: Dietz Verlag 1975.

*Morosow, A. A.*: M. W. Lomonossow.
Moskau: Verlag «Molodaja Gwardija» 1955.

*Neuburger, A.*: Die Technik des Altertums.
Leipzig: R. Voigtländer's Verlag 1919.

*Nölle, G.*: Technik der Glasherstellung.
2., überarbeitete Auflage.
Leipzig: VEB Deutscher Verlag für Grundstoffindustrie
1982.

*Pazaurek, G. E.*: Gläser der Empire- und
Biedermeierzeit.
Leipzig: Verlag von Klinkhardt & Biermann 1923.

*Petronius:* Satiricon. Berlin: Rütten & Loening 1984.

*Pososchkow, I. T.*: Das Buch von Armut und Reichtum.
Moskau 1937 (russ.).

*Prausnutz, P. H.*: Neue Glasfiltergeräte.
In: Glas und Apparat, 7 (1926) 19.

*Rosenfeld, H. F. u. H.*: Deutsche Kultur
im Spätmittelalter 1250–1500.
Wiesbaden: Akademische Verlagsgesellschaft 1978.

*Schade, G.*: Deutsches Glas
von den Anfängen bis zum Biedermeyer.
Mit Fotos von Walter Danz.
Leipzig: Koehler & Amelang 1968.

*Schebeck, E.*: Böhmens Glasindustrie und Glashandel.
Quellen zu ihrer Geschichte.
Prag: Verlag der Handels- und Gewerbekammer 1878.

*Schlosser, J.*: Das alte Glas.
Dritte Auflage.
Braunschweig: Klinkhardt & Biermann 1977.

*Schmidt, R.*: Das Glas.
Zweite, vermehrte und verbesserte Auflage.
Berlin und Leipzig:
Vereinigung wissenschaftlicher Verleger,
Walter de Gruyter & Co. 1922.

*Schubarth, E. L.*: Handbuch der technischen Chemie.
3., verm. Ausgabe,
Bd. 1. Berlin: Rücker u. Püchler, 1839.

*Sieber, I.*: Geschichte der Stadt Haida.
Verlag der Stadt Haida 1913.

*Spauszus, S.*: Glas, ein Werkstoff mit Zukunft.
In: Urania (1980) 3.

*Spauszus, S.; Schnapp, J. D.*:
Glas – allgemeinverständlich.
Leipzig: VEB Fachbuchverlag 1977.
Urkundenbuch zur Thüringer Glasgeschichte.
Wiesbaden: Franz Steiner Verlag GmbH, 1973.

*Vávra, J. R.*: 5000 let sklářského díla
Praha: Orbis 1953.

*Vollstädt, H., Baumgärtel, R.*: Edelsteine.
2. überarb. Auflage.
Leipzig:
VEB Deutscher Verlag für Grundstoffindustrie 1982.

*Wartke, R.-B.*: Glas im Altertum.
Zur Frühgeschichte und Technologie antiken Glases.
Katalog zur Sonderausstellung
des Vorderasiatischen Museums Berlin
Herausgeber: Staatliche Museen zu Berlin (DDR), 1982.

*Wermusch, G.*: Adamas.
Diamanten in Geschichte und Geschichten.
Berlin: Verlag Die Wirtschaft 1985.

*Zschimmer, E.*: Die Glasindustrie in Jena
– ein Werk von Schott und Abbe.
Jena: Eugen Diederichs, 1912.

# Bildnachweis

Die Bildunterschriften in diesem Buch enthalten in Klammern den Standortnachweis der abgebildeten Gegenstände. Er ist in vielen Fällen zugleich der Bildnachweis. Soweit uns von Museen und anderen Institutionen Fotografen zusätzlich namentlich genannt wurden, sind sie nachfolgend in alphabetischer Folge ausgewiesen, desgleichen die Namen der Fotografen, deren Bilder uns auf anderen Wegen zugegangen sind.

Bötetür (Seite) 62; Deutsche Fotothek Dresden 67, 99 (Steuerlein), 120 (Möbius), 123 (links), 154, 155, 157 (Großmann), 158, 159 (Döhring); Döhring 55; Dreßler 70; Fetzer 114; Hege 69; Kabelka 182, 183, 184, 192, 193, 195, 204 (links); Karpinski 29, 63, 65, 75, 80, 81, 88, 89, 91, 96, 97, 100, 101, 102, 103, 104, 112, 124, 125, 126, 127, 129, 130, 131 (links), 132, 133, 134, 135, 149 (rechts); Kießling 153, 233, 234, 235; G. Kilian 71; Kühn 64; Lessing 44; Linde 141, 145, 149 (links), 177; Pfauder 57, 60; Schröter 196, 197; Verlag Die Wirtschaft/Schleusener 9, 11, 116, 117, 123 (rechts), 131 (rechts), 174, 175; Wonneberger 7, 11, 93, 217, 245.